SCHULT · BOOTSPFLEGE – SELBST GEMACHT

JOACHIM SCHULT

Bootspflege - selbst gemacht

6. verbesserte und erweiterte Auflage

KLASING & CO GMBH

Von Joachim Schult erschienen
im Delius Klasing Verlag folgende Titel:

Das ist Segeln
Das ist Motorbootfahren
Mayday – Yachten in Seenot
Segeln mit Rollreffanlagen
Bootspflege selbst gemacht
Bootsreparaturen selbst gemacht – Kunststoffboote
So arbeitet das Segel
Segeltechnik leicht gemacht
Richtig ankern
Segeln mit dem 7. Sinn 1
Segler-Lexikon
Notfälle an Bord – was tun?
Nachtfahrt
Segler-Quiz
Mittelmeerküste
Bootsurlaub im Mittelmeer
Yachtpiraten

ISBN 3-87412-100-3

Printed in Germany 1990
Umschlag: Siegfried Berning
Druck: Ludwig Auer GmbH, Donauwörth

Inhalt

Empfehlenswerte Werkzeuge für Bootspflege und leichte Bootsreparaturen

Bootspflege ist eine Freizeitbeschäftigung. Man ist dazu in frischer Luft auf dem Wasser (oder in der schipperlosen Zeit zumindest in Wassernähe) und kann handwerkliche Fertigkeiten pflegen, zu der uns Berufe im Zeitalter der Automation keine Gelegenheit mehr geben. Die Industrie liefert uns dazu eine Vielzahl preiswerter und leistungsfähiger Werkzeuge.

Schwingschleifer oder Rutscher

Elektrisches Gerät (220 Volt) mit einer handtellergroßen Hartgummischeibe, auf die das gewünschte Schleifpapier geklemmt werden kann. Sie paßt sich auch leicht gewölbten Flächen zur Bearbeitung an. Handelsüblich in mehreren Größen erhältlich. Gute Erfahrungen habe ich mit dem neuen Turbo-Rutscher von FESTO (Ulmer Str. 48, 7300 Esslingen) gemacht. Er ist nicht nur mit einem integrierten Absauger gefertigt, sondern schont die Handgelenke auch durch einen vibrationsarmen Lauf.

Bohrmaschine (Bohrschrauber)

Neben handelsüblichen Modellen für den elektrischen Landbetrieb (220 V) gibt es von Skil (Aachener Str. 313, 5000 Köln 41) einen handlichen, kabellosen Rechts-Links-Bohrschrauber mit eingebauter Batterie, der auch unterwegs eingesetzt werden kann. Ladegeräte für 220 V und

12V erlauben die Aufladung auch an Bord. Die Ladezeit beträgt eine Stunde. – Ich benutze einen solchen, nur 1,2 kg schweren Bohrschrauber seit vielen Monaten und bin immer wieder überrascht, wie leistungsfähig das Gerät ist und wie viele Arbeiten man mit Batteriebetrieb verrichten kann. – Es gibt mehrere Typen solcher kabelloser Bohrmaschinen.

Poliervorsatz für Bohrmaschine

Ein Rahmen, der einer Eisensäge ähnelt und in den ein ca. 20 cm langer Schleif-Zylinder mit weichen Synthesefasern eingespannt ist. Die Drehachse wird wie ein üblicher Bohrer in das Mundstück der Maschine gesteckt. Bei der Arbeit zum Schleifen und Polieren hält eine Hand die Bohrmaschine, die andere den Polierbügel. Vertrieb: Compass Yachtzubehör, Lüdinghauser Str. 34, 4715 Ascheberg.

Sandstrahlen

Bisher verbindet man diese Bearbeitung immer mit umständlichen Großanlagen und die Anwendung für einen großflächigen Stahlrumpf. Es gibt jedoch im Fachhandel auch preisgünstige Klein-Strahl-Pistolen (Abb. 1), die zur Strahlreinigung von kleineren Metall-Oberflächen dienen, wenn man für die Konservierung einen optimalen Untergrund schaffen will.

Strahlpistolen zum Entfernen von Rost, Schmutz und Farbe

Eine handliche, in zwei Größen lieferbare Strahlpistole fertigt die Firma Wonisch-AtV GmbH (Bürgermeister-Reiger-Str. 24, 8860 Nördlingen.) Sie arbeitet mit einem Strahlmittel, das (analog zum „Sandstrahlen“) aus Hochofenschlacken besteht, in jeder Stadt erhältlich ist und nur 6,– DM für 50 kg kostet. Luftbedarf ca. 185 Liter/min mit 5 bis 6 bar. Besonders empfehlenswert für die Entfernung von Rost an schwer zugänglichen

Abb. 1: Sandstrahlpistole

Abb. 2: Schleifmaschine

Stellen und zum Entfernen von Farbe mit exakter Abstrahlung insbesondere jener Flächen, wo andere Werkstoffe anschließen.

Schleifmaschinen

Zur Bearbeitung großer Flächen benutzt man am besten spezielle Geräte (Abb. 2), die den Schleifstaub gleichzeitig absaugen und so die Arbeit erleichtern. Im allgemeinen genügt auch eine Schleifscheibe, die als Zusatzgerät der Bohrmaschine benutzt werden kann – In jüngster Zeit hat sich ein Haftschleifer bewährt, bei dem auch über den Mittelpunkt geschliffen werden kann. Hierbei wird die Schleifscheibe nur auf den Teller aufgelegt, und sie haftet dort ohne lästiges Schrauben. Haftschleifscheiben halten bis zu 10 mal länger als bisher gebräuchliche Schleifscheiben, und sie lassen sich blitzschnell wechseln. Verkauf Richard W. Riemer, Schulze-Bremer-Str. 25, 4403 Senden 1. – Gut bewährt hat sich zum Entfernen alter Farbanstriche und Rost auch der mitteltourige Winkelschleifer von FESTO (Ulmer Str. 48, 7300 Esslingen) und der Rundschleifer der gleichen Firma, der nicht nur für Malerarbeiten, sondern auch zum Rühren und Mischen von Farben sowie zum Entrosten und Polieren einsetzbar ist. – Ebenfalls für Bootsüberholungen bewährt sind die Elektro-Winkelschleifer der Firma Fein (Leuschnerstr. 41–47, 7000 Stuttgart), die auch mit Absaugvorrichtung geliefert werden können. Man erreicht mit ihnen sehr gute staubfreie Schleifleistungen bei Laminaten, Spachtel, Unterwasseranstrichen und Deckaufbauten.

Handschleifvorrichtung für Trocken- oder Naßschliff

Eine interessante Neuheit für den Feinschliff auf Kunststoff und anderen Werkstoffen, Spachtel, Füller und Lacken aller Art ist die Dual-Flex-Handschleifvorrichtung von Fein (Leuschnerstr. 41–47, 7000 Stuttgart). Die Handhabung ist einfach: Man spannt einen Gummiring über das (in unterschiedlichen Größen lieferbare) Handschleifgerät, legt das Schleifblatt entsprechender Körnung auf, klemmt es mit dem Gummiring fest und kann handlich-sicher arbeiten – auch beim flexiblen Schleifen an Rundungen und Kanten.

Schleifkissen

Zum Abschleifen alter, verbrauchter Antifouling-Anstriche eignet sich am besten das auch im Haushalt benutzte Scotch Brite-Schleifkissen (Abb. 3) mit seinem Handgriff. Es ist einfacher zu handhaben als Schleifpapier, das man über einen Kunststoff-Schwamm oder einen Styropor-Block als Schleifkissen gelegt hat. – Im Handel sind auch Gummi-Schleifklötze mit Nagelklemmen, die sich leichten Rundungen gut anpassen.

Meßbecher

Zum spritzfähigen Einstellen der Ein- und Zweikomponenten-Kunststoffarben notwendiger Auslauf-Meßbecher (Abb. 4), mit dem man die zum Farbspritzen erforderliche Dünnflüssigkeit des Anstrichmittels feststellen kann: Man hebt den gefüllten Meßbecher aus dem Gebinde heraus und prüft mit der Stoppuhr die Zeit, in der er durch die Bodenöffnung leergelaufen ist. Für das spritzfähige Einstellen von Hempel Poly Enamel 5510 werden beispielsweise folgende Werte angegeben: Düse 1,5 mm; Druckluft 4,0 bis 4,5 bar; Luftmenge pro Minute 250 bis 300 Liter; Zeitmessung mit Auslaufmeßbecher: 16 bis 18 Sekunden. Dauert die Auslaufzeit länger, muß das Anstrichmittel mit Verdünnung abgestimmt werden, bis man die entsprechenden Richtzeiten erreicht.

Abb. 3: Schleifkissen

Abb. 4: Meßbecher

Airless Spritzgerät

Es wird (jedoch vorwiegend im Werftbetrieb) zum Auftragen dickschichtiger Grundierungen und Antifoulings benutzt (Abb. 5) und läßt sich so einstellen, daß man für dünn- wie dickflüssige Anstrichmittel gleichermaßen die gewünschte Schichtdicke erzielen kann.

Luft-Spritzpistole

Eine moderne Weiterentwicklung der konventionellen Spritzpistole, die sprühnebelarmes Arbeiten beim Auftragen von Lacken und Farben ermöglicht (Abb. 6). Im Fachhandel erhältlich. – Der Metallschutz-Vertrieb, Kaninchenborn 26, 2400 Lübeck 1 liefert Sicmo-Spritzpistolen aller Typen für die Verarbeitung aller Arten von Anstrichmitteln.

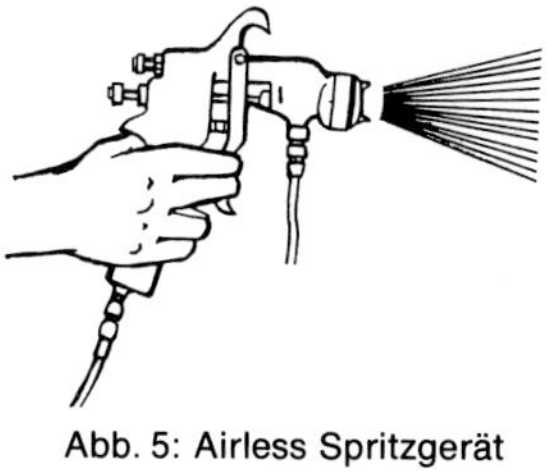

Abb. 5: Airless Spritzgerät

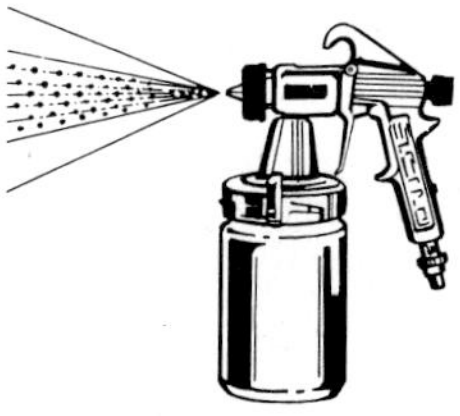

Abb. 6: Spritzpistole

Heißluftgebläse

Ideales Gerät zur einfachen Entfernung alter Anstriche sowie von Gelcoat-Feinschichten bei Reparatur der Blasenpest (Osmosis) auf GFK-Booten (Abb. 7). Die Firma Westermann KG, Bargteheider Str. 36, 2000 Hamburg 73 liefert ein solches H., das sich stufenlos von 20° bis 650° C regeln läßt, zu Preisen von 279,– bis 499,– DM je nach Leistung und Größe. – Die Schweizer Firma Karl Leister, in Deutschland vertreten durch Franz Herz KG, 5450 Neuwied 21 (Engers) bietet nicht nur Heißluftgebläse, sondern doppelt isolierte Heißluftschweißgeräte preisgünstig und mit zahlreichen Zusatzgeräten an. Man kann mit ihnen nicht nur Anstriche trocknen und entfernen, sondern auch Kunststoffe schweißen, schrumpfen, biegen und löten.

Flächenstreicher, Mohair-Flächenkissen

Ein Streichkissen mit Handgriff und (auswechselbarem) wollähnlichem Überzug, das auch einen letzten, gleichmäßigen „tränenfreien“ Anstrich sichert, wenn man nicht mit einer Spritzpistole arbeiten kann. Vertrieb durch Compass-Yachtzubehör, 4715 Ascheberg

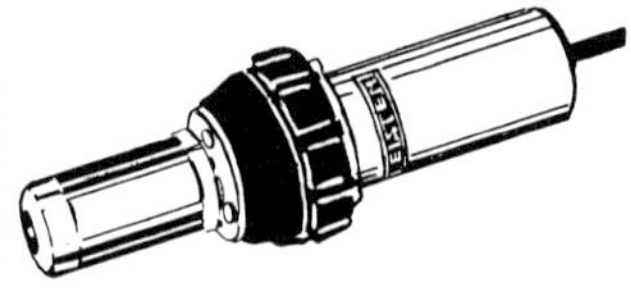

Abb. 7 Heißluftgebläse

Abb. 8 Elektro-Schwingschleifer

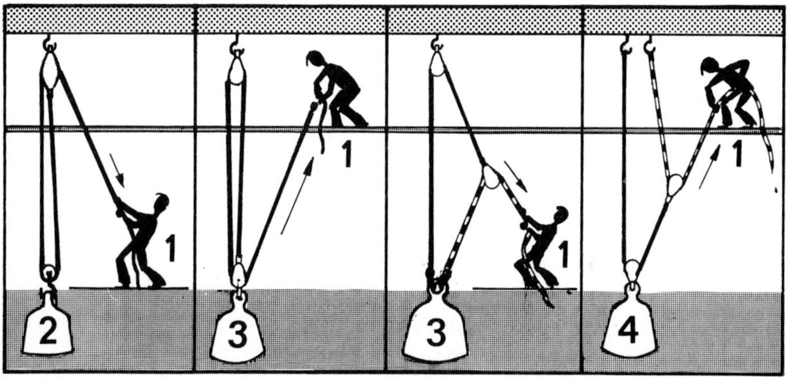

Abb. 9 A Abb. 9 B Abb. 10 A Abb. 10 B

Taljen helfen pflegen – aber sie bedürfen selbst der Pflege

An Bord werden Taljen mitgeliefert, wenn man ein Boot kauft. Hier kann man in einer stillen Stunde im Cockpit nachdenken, ob die holenden Parten richtig laufen und die Kraftersparnis so günstig wie möglich eingerichtet ist. Mit den gleichen Taljen kann man im Winterlager mehr Nutzen erzielen, wenn man zwei von ihnen richtig miteinander verbindet.

Mit zwei Blöcken kann der Segler seine Kraft nicht nur verdoppeln, sondern bei richtiger Anordnung auch verdreifachen und sogar vervierfachen. Das ist übliches Hebezeug zum senkrechten Heißen oder waagerechten Holen: Mit 500 N Kraft kann ein einzelner eine Last von 100 kg heben (Abb. 9 A); dreht man die Talje um, so daß die holende Part an der geholten Last angreift (Abb. 9 B), kann man mit 500 N Kraft auch 150 kg Last heben. Das kostet aber mehr Muskulatur im Rücken und ist für Männer nicht empfehlenswert, die sonst nicht hart Hand anlegen müssen. Aber auch sie kommen mit zwei Blöcken aus, um 150 kg durch ihr **hängendes** Gewicht bequem anzuheißen (Abb. 10 A): Sie bauen eine Ladetalje, wie man sie in der Kleinschiffahrt für zwei gekoppelte Bäume benutzt und bei denen einer der beiden einscheibigen Blöcke an der holenden Part des anderen einscheibigen Blockes befestigt ist, mit der

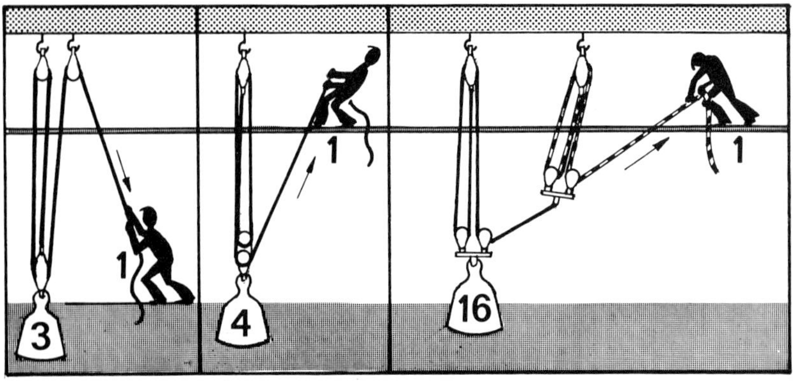

Abb. 11 A Abb. 11 B Abb. 12

festen Part ebenfalls an der Last. Drehen wir auch diese Talje um und bauen ein Jolltau zum Jolltau (Abb. 10 B), lassen also die holende Part mit ihrem Block an der Last, werden wir um weitere 500 N stärker und können mit der Kraft **eines** Mannes sogar 200 kg anheißen. (Der Reibungsverlust, der bei zwei Blöcken zwei Zehntel beträgt, wurde hier bewußt unberücksichtigt gelassen.)

Mit einer Arbeitstalje, der sogenannten „Dritten Hand" (aus einem einscheibigen und einem zweischeibigen Block), erreichen wir eine Kraftersparnis von einem Drittel, wenn der Einzelblock mit der Last angeheißt wird (Abb. 11 A) und sogar von einem Viertel, wenn der Doppelblock mit der holenden Part an der Last hängt (Abb. 11 B). Die Rechnung lautet dann bei A: 150 kg Last und 45 kg Reibungsverluste = 195 kg : 3 Parten = man muß nur 65 kg hochziehen. Im Beispiel B: 150 kg Last und 45 kg Reibungsverluste = 195 kg : 4 Parten = man muß nur 48 kg hochziehen. Die Zahl der Parten, die durch die mit der Last verbundenen Blöcke laufen, bestimmt den Grad der Arbeitserleichterung. Mit zwei dieser Handtaljen, die man hintereinander schäkelt (Abb. 12), kann ein Mann allein sogar eine Last von 500 kg bewegen, d. h. schon ein kleines Kajütboot auf einer Rollbahn allein in den Schuppen ziehen. Die Kraftersparnis beträgt 1:16 – aber die Reibung in den insgesamt 6 Scheiben muß mit ca. 60% der Last addiert werden.

Frühling

Malen und Ausrüsten

Der Frühling des Bootseigners beginnt eigentlich schon weit vor dem Frühlingsanfang unseres Kalenders. Wenn die Sonne höher steigt und die Tage länger und wärmer werden, lockt das Boot. Er kommt so in den laufenden Jahresrhythmus wieder hinein, der ihn glücklich macht. Unsere wartungsarmen Boote lassen die Arbeitszeit immer mehr zusammenschrumpfen; so verlängert sich die Saison auch in den Frühling und den Herbst hinein. Kleine Boote machen weniger Sorgen als große, und wer die Saison mit einem Neubau beginnt, kann diesen ersten Abschnitt unbedenklich überschlagen – sein Boot ist topfit und sauber, er mag mit der Lektüre der laufenden Pflegearbeiten zur Werterhaltung in der Sommerzeit beginnen.
Die wichtigste Arbeit des Frühlings ist das Konservieren der nicht verrottungsfreien Teile unseres Bootes mit Farbe. Hier will ich nicht wiederholen, was die Farbhersteller an Anleitungen für ihre speziellen Produkte jedem Bootseigner kostenlos mit auf den Weg geben. Ich kann mich auf einige Tips aus der Praxis beschränken, die Ärger, Zeit und Geld sparen helfen.
„Der Mensch ist ein Werkzeug benutzendes Lebewesen," sagte schon Thomas Carlyle im vergangenen Jahrhundert. „Mit Werkzeug ist er alles, ohne Werkzeug ist er nichts." Wieviel mehr gilt dieser Satz in unserer Zeit und bei der Entwicklung der Technik, die gerade in jüngster Zeit immer wirkungsvollere Hilfsmittel für den Menschen lieferte. Aber es wird dadurch nicht leichter, „am Ball" zu bleiben und alles zu kennen und in seiner Anwendung zu beherrschen, was die Physik und besonders die Chemie uns jährlich an neuen trickreichen Bundesgenossen für die Bootspflege liefern.

Handwerkszeug für die Bootsüberholung

Handschuhe: Mehrere Arten sind praktisch: Alte Woll- oder Baumwollhandschuhe sind gut zum Schleifen. Kurze Handschuhe mit Gummiüberzug oder alte Lederhandschuhe eignen sich zum Streichen. Zum Arbeitsschutz gebräuchliche Gummihandschuhe, die fast bis an die Ellbogen reichen, benötigt man beim Umgang mit Lösungsmitteln, Waschmitteln, Beizen und ähnlichen Chemikalien.

Putzlappen: Man benötigt eine ganze Anzahl von ihnen, in verschiedenen Größen und aus den unterschiedlichsten Materialien. Am besten sind taschentuchgroße Leinenlappen, die sich zum Abwischen, zum Aufnehmen von Schmutz und Farbe sowie zum Reinigen der Hände eignen. Viele Putzlappen kann man sparen, wenn man sich eine Rolle Küchenpapier griffbereit am Werkzeugkasten haltert.

Pützen: Man verwendet ohnehin drei (am besten durch unterschiedliche Farbe zu unterscheidende) Pützen an Bord: für Seewasser, für Frischwasser und für Schmutzwasser. Sie werden auch für die Bootspflege eingesetzt. Eine Pütz für das saubere Seifenwasser, die andere für das saubere Waschwasser und die dritte für das Schmutzwasser.

Streichen und Fegen: Zum Grundieren dicke Kurzhaarpinsel, zum Absetzen kleine Langhaarpinsel. Ein Pinsel für farbige Anstriche, und davon getrennt ein Pinsel für farblosen Lack und Firnis. Zum Putzen der Metallteile eine Drahtbürste, zum Schrubben eine Wurzelbürste und zum Wegfegen des Staubes nach dem Schleifen ein weicher, langhaariger Handfeger.

Pinsel: Zur Bootspflege benötigt man mehrere Arten von ihnen (Abb. 13): Breitbürsten (a) und Rundbürsten (b); sogenannte Heizkörperpinsel (c), um in entlegene Ecken zu kommen und Strichzieher (d) für Feinarbeiten. Große Flächen bearbeitet man mit der Lammfell- oder Nylonrolle (e), die viel Farbe aufnehmen kann. An einem Abstreifsieb (f) reduziert man sie auf eine streichfähige Menge.

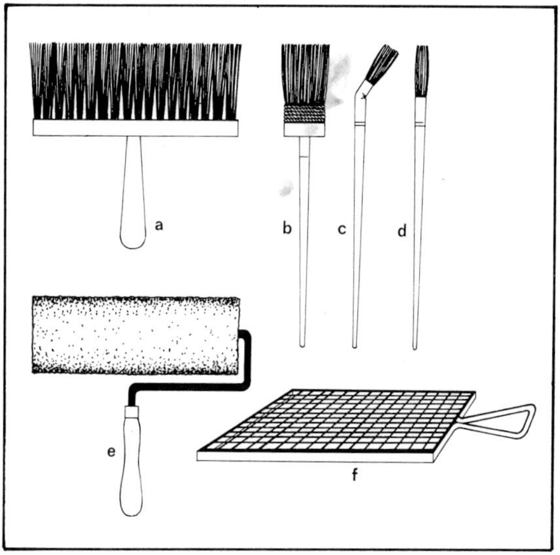

Abb. 13

Messer und Spachtel: Man benötigt ein Kittmesser, um Füllmaterial wie Spachtelmasse oder flüssiges Holz einzustreichen; außerdem einen breiten Spachtel zum Entfernen der Farbe. Dazu natürlich ein scharfes Bordmesser, um zu schneiden, am besten mit einem Marlspieker, um Schäkel zu öffnen oder feste Spannschrauben aufzudrehen. Sehr nützlich ist auch ein Zahnspachtel mit einer Zahnweite von ca. 3 mm und einer Zahntiefe von ca. 2 mm sowie abgerundeten Zähnen. Er erleichtert die Herstellung einer gleichmäßig dicken Schicht (z. B. bei der Reparatur der . . . Osmosis) und macht die nachfolgenden Schleifarbeiten leichter.

Schaber, als Dreikant- oder Flachschaber, mit einfachem Handgriff oder mit langem Stiel muß man nur noch selten benutzen. Ihre Auswahl hängt von der Größe des Bootes und der Art der Pflegearbeiten ab. Zu einem Schaber gehört auch eine Feile, um ihn gelegentlich zu schärfen.

Farbentferner sind an ihre Stelle getreten. Benutze ein möglichst zähflüssiges Material, das besonders an senkrechten Bordwänden nicht so schnell ablaufen kann. Es soll möglichst mit Wasser abwaschbar sein. Man kann auch Farbpinsel damit reinigen. Wie man damit umgeht und welche Ergiebigkeit diese Chemikalien haben, erklären die Gebrauchsvorschriften jedes Präparates.

Lösungsmittel benötigt man, um Farben zu verdünnen und Pinsel zu waschen. Man kauft den richtigen Verdünner für jede Farbe gleich mit ein. Verdünner sind meistens feuergefählich. Man stelle sie weit genug von offenen Feuern ab – auch von Zigarettenkippen!

Atemschutz: Gute Unterwasserfarben enthalten wirksame Giftstoffe, die man nicht einatmen sollte. Wenn man am Unterwasserschiff arbeitet, ist das Aufsetzen einer Atemmaske wichtig (Abb. 14). Manche vertragen

Abb. 14

auch den Geruch von Lacken oder Farben nicht; für sie ist eine Mund- und Nasenmaske die beste Vorbeugung. Eine solche Feinstaub-Filtermaske, die nur 7 Gramm wiegt und mit der ungehindertes Atmen und Sprechen möglich ist, bietet jetzt die Firma Compass-Yachtzubehör, 4715 Ascheberg an. Das Vliesmaterial hält auch den feinsten Staub ab. Eine Maske für 4,80 DM reicht für 8 Arbeitsstunden.

Augenschutz ist genauso wichtig, wenn man mit Sandpapier oder mit Giftfarben, mit Lösungsmitteln oder Schleifmaschinen arbeitet. Am besten ist eine Schutzbrille, die speziell für die Bootsüberholung von Compass-Yachtzubehör, 4715 Ascheberg angeboten wird: Sie ist auch für Brillenträger vollsichtig und hat vier Ventilationsöffnungen mit einem Bronze-Feinsieb, die für optimale Luftzirkulation bei gleichzeitiger Verhinderung des Eindringens von Staubteilchen sorgen.

Schleifpapier ist ein wichtiges Hilfsmittel. Wie man es auswählt und benutzt, ist in einem besonderen Abschnitt ausführlich beschrieben.

Abdeckband leistet gute Dienste (Abb. 15), wenn man gerade Begrenzungslinien zwischen zwei unterschiedlichen Farbanstrichen (z. B. am Wasserpaß) ziehen muß. Wenn man den Bereich, den man mit einer bestimmten Farbe streichen will, vorher seitlich mit Klebeband absetzt, ist dies jedoch nicht schwer. Man vergesse aber nicht, den Klebestrei-

Abb. 15

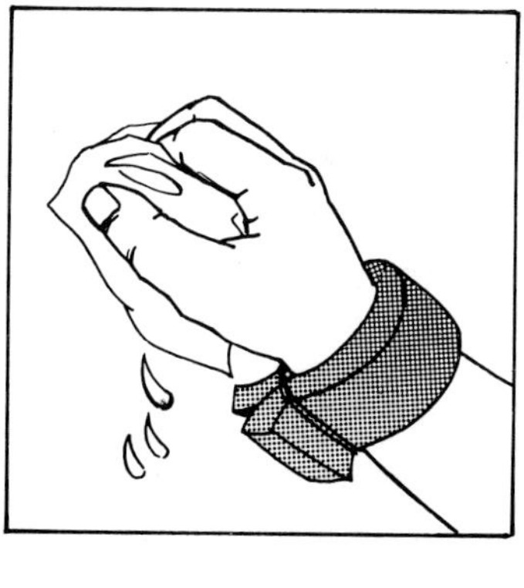

Abb. 16

fen so schnell wie möglich zu entfernen. Ist die Farbe erst angetrocknet, reißt man mit dem Klebeband auch den Farbfilm ein.

Waschmittel, die sich für die Bootspflege eignen, sind mit Konservierungsmitteln, Kriechölen, Chromputz und anderen Wundermitteln ebenfalls in einem besonderen Abschnitt mit vielen derzeit lieferbaren Präparaten aufgeführt.

Farbroller sind nicht leicht zu handhaben – aber sie sparen Zeit, wenn man große Flächen streichen muß. Dann gehört eine ausreichend große Farbschale dazu, um den Roller immer wieder neu mit Farbe zu füllen. Qualitativ gute Farbroller kann man nach sorgfältiger Reinigung in jedem Frühjahr neu benutzen.

Seihtuch und Filter sind notwendig, wenn man halbleere Dosen weiterbenutzt: Man legt ein Stück eines alten Nylonstrumpfes über eine offene, saubere Farbdose, befestigt es mit einem breiten Gummiring und gießt den abgestandenen Lack in eine neue, saubere Farbschale.

Schaumgummi um das Handgelenk (Abb. 16) saugt das Wasser auf, wenn man den Bootsboden abwaschen muß. Das Wasser kann so nicht über den Unter- und Oberarm zum Körper laufen. Man behält trockene Kleidung und einen trockenen Körper.

Löcher im Pinselstiel sind praktisch, wenn man die Farbarbeiten (z. B. in der Mittagspause) kurz unterbrechen muß, aber die Pinsel nicht auswaschen will. Man durchbohrt sie hoch genug über dem Bund (Abb.17), damit man ein Stückchen Draht hindurchstecken und sie in einen Topf mit Lösungsmittel hängen kann – Terpentin bei Ölfarben, Nitroverdünnung bei Nitrolacken und den mitgelieferten Verdünner für die entsprechenden Kunstharzfarben.

Streichtöpfe erhalten entweder ein Abstreifblech oder einen Draht, der nicht ganz in der Mitte quer über den Farbtopf läuft (Abb. 18). So können Pinsel nicht tropfen. Wer den Topf mit der Hand halten muß, sieht sich im Winter nach einem billigen Haushaltsbehälter mit Handgriff um.

Tropffänger für Pinsel fertigt man sich aus einem zerschnittenen Gummiball (Tennisball) an. Man bohrt in die Mitte der einen Hälfte ein Loch

Abb. 17

Abb. 18

und steckt den Pinselstiel hindurch (Abb. 19). So kann auch dann keine Farbe ins Gesicht tropfen, wenn man über Kopf das Unterwasserschiff streichen muß.

Spritzpistolen können bei großflächigen Malerarbeiten eine wertvolle Hilfe sein. Man beginnt mit dem Spritzen neben der Fläche und zieht dann den Spritzstrahl im Kreuzgang über die Fläche, wobei man jedes Mal etwas über den Rand hinausgeht. Nur wenn man senkrechte und

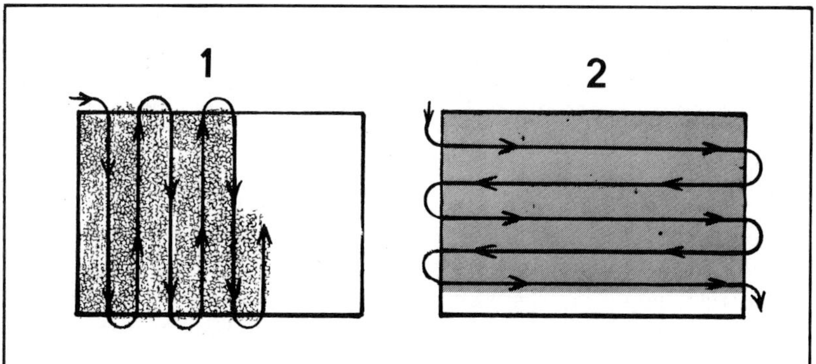

Abb. 20

Abb. 19

Abb. 21

waagerechte Arbeitsgänge (Abb. 20) miteinander koppelt, erhält man in Farbton und Schichtdicke gleichmäßige Flächen. Bei waagerechten Flächen (Abb. 21) spritzt man die Farbe in einem Abstand von ca. 30 cm im Winkel auf.

Arbeitslampen

Natürlich hat man an Land immer eine Kabellampe zur Verfügung, die auch bei Pflege- und Reparaturarbeiten im schlecht erleuchteten Motorenraum oder in der dunklen Bilge genügend Licht spenden kann. Unterwegs kann für Reparaturen in diesen Dunkelbereichen nicht nur bei Nacht guter Rat teuer sein. Mir leistet hierzu der HALOGEN SERVICE-SPOT von Osram gute Dienste: Es ist eine faustgroße Lichtquelle mit einer Magnethalterung, die sich an meinem Stahlboot überall anheften läßt, und auch auf Booten aus anderen Werkstoffen gibt es sicher überall genügend Haftplätze. Die Lampe hat eine 4 m lange, ausdehnbare, flexible und kunststoffisolierte Leitung mit einem Universalstecker, so daß ich sie nahezu überall einsetzen kann. Sie kann in einem Lederbeutel aufgehängt werden und verbraucht bei 12 Volt 20 Watt.

Vor Beginn der Malerarbeiten

Jeder Bootsmaler weiß, daß der Untergrund vor einem Farbanstrich sauber sein muß; Feuchtigkeit und Fett, Wachs und Öl, Schmutz und Staub müssen entfernt werden. Aber wann sind sie tatsächlich „sauber"? Viele Oberflächen, die auf den ersten Blick vor Sauberkeit zu glänzen scheinen (wie brandneue Glasharzboote oder Aluminium-Rümpfe), sind gar nicht so „sauber", wie es für einen neuen Farbüberzug erforderlich ist: Der Kunststoffbootsbauer muß wachshaltige Trennmittel benutzen, um den Rumpf sicher entformen zu können, und die Aluminiumplatten legen einen weiten Weg auf den gut geölten Rollenstraßen zurück, ehe sie in der Außenhaut unseres Bootes zur Ruhe kommen. Neue Chromteile erhalten eine Schutzschicht aus der Sprühdose, die man erst vor dem Verkauf entfernt, und neue Fender rollen auf der Außenhaut das schützende Wachs ab, in das sie der Hersteller oder Händler vor dem Verkauf vorsorglich einwickelte. Das sind – bei neuen Booten – fast immer unsichtbare Fremdkörper, die aber darum nicht harmloser sind als die weißen Salzschichten, die das getrocknete Seewasser auf Deck und Außenhaut hinterläßt und in der sich bei jedem Regentag neue gefährliche Feuchtigkeit einnisten kann.

Die erste Arbeit also heißt: Mit Waschmittel und Seife, (am besten warmem) Wasser und harten Bürsten allen sichtbaren und unsichtbaren Schmutz entfernen. Besitzt das Boot bereits einen Farbanstrich, untersuche man diesen sorgfältig auf Risse, Beschädigungen oder Stellen, an denen sich seine Verankerung mit dem Untergrund gelöst hat. Hält das alte Farbkleid dieser kritischen Prüfung nicht stand, dann muß man es – ohne Rücksicht auf sein gutes Aussehen – mit Schaber und Farbentferner abnehmen.

In den letzten Jahren sind viele Reinigungsmittel benutzt worden, die jedoch nicht alle die richtige Saubermann-Arbeit leisteten: Lack, Verdünner und Azeton empfehlen sich nicht; sie trocknen zu schnell und lösen sich bereits auf, ehe sie richtig tief gewirkt haben. Stattdessen nehme man die Reiniger (Cleaner), die der entsprechende Farbhersteller für die Vorbehandlung empfiehlt. Ihre Wirkung ist nicht nur größer, man kann auch sicher sein, daß sie sich mit den folgenden Anstrichen vertragen werden.

Reinige den Bootsrumpf in jedem Falle, bevor du mit dem Schleifen beginnst! Beim Schleifen entsteht Wärme, und wenn man eine schmutzige Oberfläche mit der Schleifscheibe bearbeitet, drückt man Salz, Wachs, Öl und andere Rückstände direkt in die Poren des Rumpfes oder in die unteren Farbschichten hinein, wo sie haften bleiben. Erst unter dem neuen Farbüberzug werden sie wieder aktiv – mit Rissen und Blasen auf der schönen neuen Oberfläche!

Da Wachs, Fett und Öl unsichtbarer Schmutz sind, nehme man zum Reinigen nur immer kleine Stellen vor. In jedem Fall bearbeite man nicht mehr als einen Quadratmeter zu gleicher Zeit. Trage eine ordentliche Menge Reiniger auf diesen Bereich und bearbeite ihn kräftig mit Lappen. Ist das Tuch schmutzig, wringe es aus, damit du nicht deinerseits den entfernten Schmutz wieder auf andere Flächen verteilst. Erst wenn der Lappen keinen Schmutz mehr abnimmt, beginne mit dem Schleifen. Die Schleif-Rückstände werden trocken entfernt, am besten mit dem Staubsauer, der auch kleinste Rückstände aus tiefen Poren holt.

Diese Arbeit wird meistens am Abend erledigt sein, während der Neuanstrich für den folgenden Tag vorgesehen ist. Man nutze die Nacht aus, um noch eine kleine Stelle mit der neuen Farbe zu bestreichen, die tags darauf das ganze Boot erhalten soll. Dann kann man vor dem eigentlichen Beginn der Anstricharbeiten prüfen, ob sich der alte Untergrund und der neue Farbanstrich auch so vertragen, wie man es erwartet.

Kleines Lexikon der Anstrichmittel

Abdeckband, das
Leicht haftendes, fingerbreites Papierband zur Herstellung scharfkantiger Trennstriche zwischen unterschiedlichen Anstricharten oder Farben. Handelsüblich in mehreren Arten lieferbar.

Abstreifgitter, das
Handgroßer, mit engem Maschendraht bespannter Metallrahmen und Handgriff zum Einstellen der gewünschten Farbmenge an einem Farbroller.

ätzende Grundierung, die (Wash Primer)
Eine → Grundierung, die speziell zur Vorbehandlung von → Aluminium und verzinktem → Stahl vor weiteren Anstricharbeiten dient.

Antifouling, die (engl.) wörtlich: gegen Bewuchs
Ein Schutzanstrich im Unterwasserbereich, der den Bootskörper vor → Bewuchs schützen soll. Man unterscheidet drei Grundformen: → Weich-Antifouling, → Hart-Antifouling und → selbstpolierende Hart-Antifouling. Eine A. wirkt durch Auslaugung von bioaktiven Wirkstoffen, auch Biozide genannt, und kann deshalb nur über einen langen Zeitraum gegen Bewuchs schützen, wenn die Biozide in der richtigen Konzentration zum richtigen Zeitpunkt am rechten Ort vorhanden sind. Für den gewünschten Zeitraum einer etwa 6-monatigen Segelsaison und die entsprechenden Wasserverhältnisse von See- oder Binnenrevieren muß daher eine genügende → Schichtdicke des Schutzanstriches vorhanden sein. Sie nützt jedoch nicht, wenn Schichten anderer Schadstoffe wie Öl,

Silikon, Säuren, Laugen, Kalk, abgestorbene Algen oder verbrauchter → Matrix die in der A. enthaltenen Biozide daran hindern, direkten Kontakt zum ansetzenden Bewuchs zu erhalten. Daher muß man für jeden Zweck und jedes Gewässer eine richtige A. wählen

Bewuchs, der (Fouling)
Zusammenfassende Bezeichnung aller im Wasser auftretenden Pflanzen und Tiere, die sich auf dem Unterwasserschiff von Booten ansiedeln, wenn bestimmte Bedingungen wie Salzgehalt und Nährstoffgehalt des Wassers, ausreichende Temperatur und Lichtintensität sowie genügend Sauerstoff vorhanden sind. Man unterscheidet drei hauptsächliche Arten von B.: Einen schleimigen Überzug durch Mikro-Organismen, zum Beispiel Bakterien und Diatomeen. – B. durch Pflanzen, die wie Seegras aussehen. Hierbei handelt es sich um fädige Grünalgen oder Braunalgen, die sich durch Sporen vermehren. Sie können sich innerhalb weniger Minuten und sogar in Fahrt bis zu einer Geschwindigkeit von 9 Knoten ansetzen. Vir ihnen ist man also nirgends sicher. – Ferner entsteht B. durch Seepocken, Röhrenwürmer, Moostierchen, Muscheln und ähnliche Meerestiere, die sich durch Larven vermehren. Sie benötigen zum Ansetzen drei bis vier Tage und vertragen nicht mehr Fahrt als 3 bis 4 Knoten. Je ungünstiger das Verhältnis Fahrtzeit zu Liegezeit bei einer Yacht, desto wichtiger ist die regelmäßige Erneuerung einer richtigen → Antifouling als Schutz gegen B.

Cleaner, der (engl.) Deutsch → Reiniger

Cleaning Pad (engl.) Deutsch → Schleifkissen

Degreaser (engl.) Deutsch → Entfetter

DD-Anstriche
→ Zwei-Komponenten-Anstrichmittel auf → Basis DD.

DD
Kurzbezeichnung für „Desmodur“ und „Desmophen“ als Rohstoffe für Polyurethane, die als Bindemittel zur Herstellung von Anstrich- und

Beschichtungsstoffen dienen. Diese sogenannten „DD-Lacke“ aus Lackrohstoffen der Farbenfabriken Bayer waren die ersten Polyurethane-Anstrichstoffe. Sie werden heute in ähnlicher Zusammensetzung auch von anderen chemischen Werken als Lackrohstoffe geliefert.

Ein-Komponenten-Produkt, Ein-Komponenten-Farbe (One Can Enamel)
Eine Beschichtung, bei der Stammlack und Härter bzw. alle Anteile eines Anstrichmittels gleichzeitig und gemeinsam im Gebinde enthalten sind. Sie bedingen meistens sorgfältig abgestimmte Feuchtigkeitsverhältnisse beim Trocknen, richtige Lagerung und schnellere Verarbeitung als → Zwei-Komponenten-Mittel und erreichen (durchgehärtet) auch meistens nicht deren Festigkeit.

Enamel (engl.) Deutsch → Lackfarbe

Entfetter, der (Degreaser)
Ein handelsübliches, wirksames Lösungsmittel-Gemisch, um Trennwachs und Fett von Farbüberzügen und Bootsrümpfen aus allen Werkstoffen abzulösen. Auch zum Reinigen von Pinseln, Farbroller und Spritzgeräten besonders bei frischen → Zwei-Komponenten-Farben und → Grundierungen geeignet.

Ergiebigkeit (einer Farbmenge)
Die meistens auf den Gebinden oder in den Verarbeitungsanleitungen angegebene Farbmenge, die zum Anstrich einer bestimmten Fläche bei einer Schichtdicke von 30 bis 40 Micron erforderlich ist. Sie wird in Liter durch Quadratmeter angegeben, beispielsweise: 250 ml/m^2. Wird das Anstrichmittel dicker oder dünner aufgetragen, so ändert sich die E. im gleichen Verhältnis, wie die Schichtdicke zu- oder abnimmt. Nur bei einer → ätzenden Grundierung bezieht sich die E. auf eine Schichtdicke von 10 Micron.

EP
Chemische Kurzbezeichnung nach DIN 7728 für Epoxydharz (als Basis für den Anstrichaufbau).

EP-Anstriche
Anstrichmittel auf Epoxydharz-Basis, im allgemeinen als Zweikomponenten-Lack geliefert. Besonders widerstandsfähiger Schutz für alle hart beanspruchten Teile wie Außenhaut, Decks und Aufbauten. Das Mischungsverhältnis ist anders als bei Anstrichmitteln auf PUR-Basis: Meistens 6 Gewichtsteile Stammlack zu einem Gewichtsteil Härter. Für die Verarbeitung sind höhere Lufttemperaturen (über 10° C) und geringere Luftfeuchtigkeit erforderlich. EP-Anstrichmittel können auch in Verbindung mit Glasfasermatten verarbeitet werden, um absolut wasserdichte Schutzüberzüge mit erhöhter Festigkeit und Elastizität zu erreichen.

Farbentferner, der (paint stripper)
Es gibt spezielle F. als wirksame Abbeizer alter Lacke und Farben auf Holz- und Metallbooten. Sie weichen alte Anstriche so radikal auf, daß man die Schichtung mit dem → Spachtelmesser abschieben kann. Die nackten Stellen werden dann mit → Reiniger nachbehandelt. – Achtung! Für Boote aus → GFK gibt es spezielle F., die insbesondere eine alte → Antifouling entfernen, ohne die . . . Gelcoatschicht nennenswert anzugreifen. Nur sie dürfen bei Kunststoffbooten benutzt werden!

Filler (engl.) Deutsch → Spachtel, Spachtelmasse

Finish, das (engl.)
Letzter Anstrich bei Malerarbeiten

Flächenkissen, das (Paint Pad)
Ein handelsübliches Arbeitsgerät, dessen weiche Auflage einen auswechselbaren Mohair-Überzug besitzt und zur Verarbeitung von Lackfarben dient, wenn keine Spritzpistole zur Verfügung steht. Bei seiner Benutzung entsteht eine glatte, hochglänzende Fläche ohne Pinselstrich-Struktur.

Füller, der (Filler)
Eine meistens mit Epoxid-Harz vermischte Zwei-Komponenten-Füllmasse, die in zwei kleinen Tuben geliefert wird und sich zur Reparatur

kleinerer Schäden an GFK-Booten wie zur Beseitigung von kleinen Unebenheiten nach der ersten Grundierung eignet.

Gelcoat (engl.) Deutsch: Obere, oft farbige Feinschicht bei Booten aus → GFK.

GFK (GRP) Abkürzung für glasfaserverstärkter Kunststoff

Grundierung, die (Primer)
Spezielle Erzeugnisse, um für bessere Haftung der Folgeanstriche oder als wasserbeständige Schicht über einem porenhaltigen Untergrund zu dienen. Es gibt → Ein-Komponenten- und → Zwei-Komponenten-G. und Spezial-G. für die unterschiedlichen Bootsbaumaterialien → GFK, → Stahl, → Aluminium und → Ferro-Zement sowie als Zwischenschichten beim Wechsel von → Weich-Antifouling auf → Hart-Antifouling oder den Produkten eines Farbenherstellers zum anderen. Zur Vorbehandlung von → Aluminium und verzinktem Stahl werden auch → ätzende Grundierungen eingesetzt.

Haftprimer, der (Wash-Primer)
Eine → ätzende Grundierung zur Vorbehandlung von Aluminium- und Stahlbooten für weitere Anstriche. Im allgemeinen ein Zwei-Komponenten-Produkt

Hart-Antifouling, die (Hard-Antifouling)
Bei diesem Typ einer → Antifouling ist das Bindemittel (→ Matrix) im Wasser unlöslich. Im Gegensatz zu einer → Weich-Antifouling bleibt es hart und quillt nicht auf. Während der Freiwasserzeit werden die bioaktiven Wirkstoffe oder Biozide aus der „harten" Matrix ausgelaugt, und das leere Bindemittel-„Gerüst" bleibt erhalten. Es ist jedoch porös und würde beim Folgeanstrich die Bindemittel aus dem neuen Anstrich in sich hineinsaugen, wenn es nicht entfernt wird. Die poröse alte Schicht muß daher unbedingt beseitigt werden, bevor eine neue → Antifouling aufgebracht wird. Man muß sie daher entweder → abschleifen oder

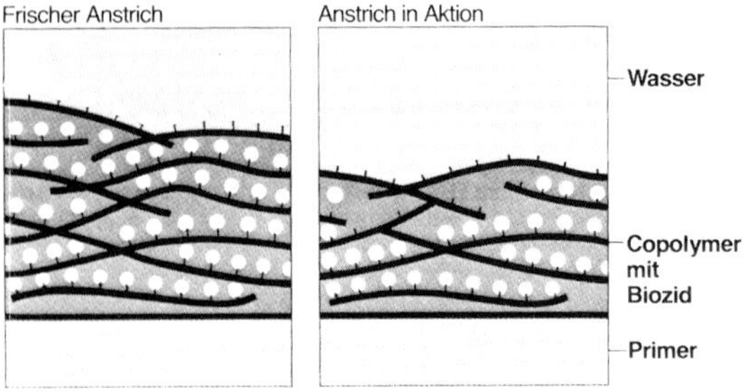

durch → Versiegelung mit einem → Sealer-Überzug abdecken. – Im Gegensatz zur Weich-Antifouling kann die Wirkungsdauer der H.-A. durch erhöhte Schichtdicke verlängert werden. Bei einer zu dicken Farbschicht würden die Biozide jedoch zu langsam durch das leere Bindemittelgerüst an die Oberfläche gelangen. Ihre Aktivität läßt sich während der Saison jedoch durch Abbürsten im Wasser anregen. – Bei einer Konservierung mit H.-A. können die Boote im Winterlager tage- oder gar wochenlang stehenbleiben, bevor sie ins Wasser kommen. Diese Lagerzeit ist jedoch von der Lagerung in der Halle oder im Freien abhängig. Sonnenschein sowie ungünstige Umweltbedingungen verkürzen diese Zeit. – Als bioaktive Wirkstoffe werden metall-organische Zinnverbindungen benutzt, die keine galvanische Korrosion verursachen. Es sind aber auch kupferhaltige Farbmittel im Handel, vor dessen Benutzung Stahlboote eine → Grundierung gegen Elektrolyse erhalten müssen. In warmen Gewässern, bei starkem Algenbefall sowie starker chemischer Verschmutzung des Wassers verwendet man besser eine ... selbstpolierende H.-A.

Härter, der

Bei Zwei-Komponenten-Anstrichmitteln meistens flüssiger Zusatz (aus Aminen), der eine chemische Reaktion (Polymerisation) einleitet, der zur Aushärtung des Anstrichmittels führt. Der mit dem H. abgestimmte Beschleuniger ist bereits im Hauptteil des Anstrichs (Bindemittel oder → Matrix) enthalten. Man darf für jedes → Zwei-Komponenten-Produkt nur den jeweil passenden, mitgelieferten H. verwenden.

Intervallzeit, die
In einigen Verarbeitungsrichtlinien von Yachtfarben benutzter Begriff für → Topfzeit. Er wird jedoch auch als notwendige Wartezeit zwischen zwei aufeinander folgenden Anstrichen verstanden.

Light Primer (Engl.)
Wörtlich „helle" → Grundierung, die als wasserundurchlässige → Zwei-Komponentenschicht im Über- und Unterwasserbereich verarbeitet wird. Besonders nützlich bei der Beseitigung einer → GFK-Blasenpest (→ Osmose).

LT-Lack, auch Schlußlack oder (engl.) Topcoat genannt
Ein streichfähiges, klebfrei trocknendes Kunstharz, das (meistens mit Farbpigmenten eingefärbt) zum Neuanstrich gebrauchter Kunststoffboote dient. Siehe Seite 54.

Matrix (engl.) Grundsubstanz und Bindemittel in → Lackfarben, → Antifouling und anderen Anstrichmitteln.

Osmosis, die (auch: Osmose, die)
Pestartig verbreitete Blasenbildung auf den Unterwasserschiffen von Booten aus → GFK, die nach zwei bis 10 Jahren Segelzeit entstehen kann und auf Verarbeitungsfehler während des Baus, qualitativ schlechtes Material oder nicht optimale Anwendungstechnik zurückzuführen ist. Die Blasen von 0,5 bis 15 mm Durchmesser sind Ausdruck einer interlaminaren, osmotischen Quellung, bei der (See)Wasser die Gelcoatschicht des Unterwasserschiffes molekular durchdrungen und sich mit wasserlöslichen Kristallen in dem darunter liegenden, äußeren Laminat verbunden hat. Ursachen und Reparaturmöglichkeiten dieser „Blasenpest" sind ausführlich an anderer Stelle dieses Buches erläutert.

Paint Pad (engl.)
Ein → Flächenkissen mit wollähnlicher Oberfläche zum Auftragen eines Farbanstriches.

Polish (engl.). Deutsch → Politur

Primer (engl.)
Internationales Fachwort für einen Voranstrich, eine → Grundierung, den ersten Anstrich oder einen Zwischenanstrich und die hierfür erforderliche Type des Anstrichmaterials.

PUR
Chemische Kurzbezeichnung nach DIN 7728 für Polyurethane (als Basis für den Anstrichaufbau.)

PUR-Anstriche
Lufttrocknende Reaktionslacke auf Polyurethane-Basis für alle Arten von Schutzanstrichen von Booten aus Stahl, Aluminium, Sperrholz, Kunststoff und Beton. Die Verarbeitungszeit der fertigen Mischung ist auf 6 bis 8 Stunden begrenzt. Bei Temperaturen unter +5° C kommt keine einwandfreie Filmbildung mehr zustande. PUR-Anstriche sind → Ein-Komponenten-Produkte, die ohne Einwirkung von → Härter nur über die Oxydation mit dem Luftsauerstoff aushärten. Sie müssen erfahrungsgemäß mindestens alle zwei Jahre erneuert werden und sind nicht so widerstandsfähig wie → Zwei-Komponenten-Anstriche.

Reiniger, der (cleaner)
Spezielle Lösungsmittelkombination zum Entfernen von Schmutz, Öl, Teer, Fett usw. sowie zum Reinigen der Pinsel. Muß vor einem Neuanstrich angewendet werden, um für gute Haftung zu sorgen. Einwirkungszeit ca. 15 Minuten, hinterher gut abspülen. Manche Firmen liefern spezielle Reinigungs- und Entfettungsmittel für Kunststoff, Aluminium, Zink usw. Auch als R. für . . . Bilgen verwendbar.

Rubbing (engl.) Deutsch → schleifen, reiben

Sealer (engl.)
Internationales Fachwort für einen Anstrich, der der Versiegelung der unterliegenden Farbschichten dient.

Sealer Coat (engl.)
Internationales Fachwort für eine → Grundierung, die gleichzeitig der Versiegelung dient, auch Isolier-Primer genannt

Selbstpolierende Hart-Antifouling, die (Self Polishing Copolymer Antifouling; SPC-Hard-Antifouling)
Eine Weiterentwicklung der → Hart-Antifouling als selbst-aktivierender Schutzanstrich. Die Wirkstoffe gegen den → Bewuchs sind chemisch an ein Bindemittel gebunden, das durch den Reibungswiderstand des Wassers in Fahrt weggewaschen wird. Dadurch wird nicht nur die Farbschicht geglättet und der Bootsboden durch die Fahrt „poliert", auch die nächste Lage der → Antifouling wird aktiviert und eine unverbrauchte Giftschicht dem Wasser dargeboten. Die S.H.-A. erhöht dadurch nicht nur die Bootsgeschwindigkeit, sie verringert auch den

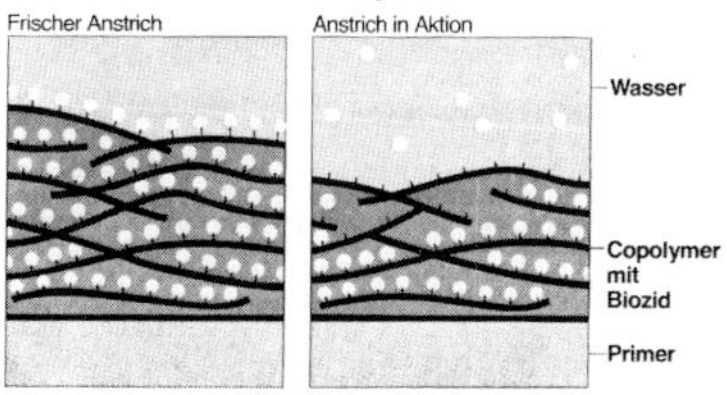

Selbstpolierende Hart-Antifouling

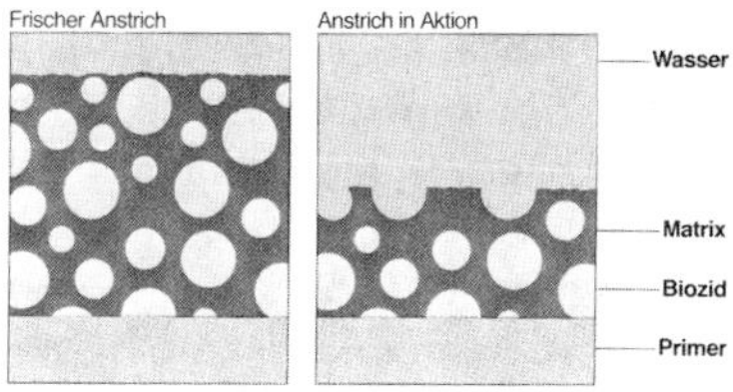

Weich-Antifouling

Kraftstoffverbrauch und bietet verstärkten Bewuchsschutz, ohne daß man vor dem Folgeanstrich → schleifen muß. – Der Anstrich kann dick und kräftig sowie ohne Rücksicht auf mögliche Farbläufer und Wellen aufgetragen werden. Sie schleifen sich später selbst ab. Damit der Schutz eine ganze Saison hält, sollten möglichst drei Schichten von mindestens je 30 Micron aufgebracht werden. Zum Entfernen alter Anstriche genügt das Abspritzen mit einem Hochdruckreiniger. Ich habe auf meinen Langfahrten seit 1978 nahezu 40 000 Seemeilen mit den Typen „Micron 25" und „Mille 7670" gesegelt und mußte diesen Schutzanstrich frühestens nach 10 Monaten Fahrtzeit erneuern.

Spachtelmasse, die (auch nur: Spachtel, der) (Filler)
Weiche, aus plastischen Kunststoffen gefertigte und mit Filzstoffen angereicherte Masse zur Bearbeitung von größeren Flächen im Überwasserbereich. Man benutzt heute fast ausschließlich Zwei-Komponenten-S. und bringt diese vorzugsweise nach der ersten Grundierungsschicht auf.

Schichtdicke, die
Sie ist für den optimalen Anstrich von → Antifouling, → Grundierung sowie aller anderen Anstrichmittel wichtig und wird in → Micron gemessen und angegeben. 1 μm = 1 Micron = 1 Micrometer = $^{1}/_{1000}$ mm. Wird die empfohlene S. bei Antifoulings unterschritten, so verringert sich die Zeit, in der das Boot gegen Bewuchs geschützt ist, etwa im gleichen Verhältnis. Desgleichen sinkt die Wasserdichtigkeit bei einer Grundierung mit einem → Primer, wenn die S. verringert wird. Ebenso ändert sich die → Ergiebigkeit, wenn die S. dicker oder dünner ist. Die S. ist auch von den Werkzeugen abhängig, mit denen gearbeitet wird: Farbrolle ca. 30 μm; Pinsel ca. 40 μm; Luft-Spritzpistole ca. 30–100 μm; Airless-Spritzanlage (im Werftbetrieb) ca. 50–200 μm. – Rauhe Oberflächen benötigen eine größere S. als eine glatte Bordwand.

Tacky (engl.)
In Verarbeitungsrichtlinien häufig gebrauchtes Fachwort für „noch leicht klebrig" und in Verbindung mit der richtigen Zeit zum Auftragen einer neuen Farbschicht benutzt.

Teaköl, das (teak oil, teak sealer, teak finish)
Ein Konservierungs- und Pflegemittel auf Naturölbasis für dunkles Naturholz, Stabdecks, Grätings und andere Holzteile innen und außen, das sehr dünnflüssig ist, gut in das Holz eindringt und das Deck rutschsicher hält. Farblos oder mit geringen Pigment-Zusätzen (gegen Auslaugung durch Sonnenstrahlen im Decksbereich) erhältlich.

Topfzeit, die
Die Zeit, in der das mit einem → Härter angerührte und im Bindemittel bereits vorbeschleunigte Anstrichmittel eines → Zwei-Komponenten-

Produktes vom flüssigen Zustand in einen gelierenden, nicht mehr streichfähigen Zustand am Beginn des Härtungsprozesses übergeht. Bei hohen Lufttemperaturen ist die T. bei gleichem Mischungsverhältnis kürzer als bei kälterem Wetter.

Trimline (engl.), Deutsch → Wasserpaß

UP
Chemische Kurzbezeichnung nach DIN 7728 für ungesättigte Polyester (als Basis für den Anstrichaufbau).

Varnish (engl.) Deutsch → Klarlack

Versiegelung, die (sealer)
Ein meistens auf → Zwei-Komponentenbasis gefertigter Zwischenanstrich zur Untergrundsättigung von → GFK-Laminaten, bei denen die Feinschicht (→ Gelcoat) entfernt wurde. Eine V. wird auch vor einer → Grundierung Boote anderer Werkstoffe benutzt

Wash-Primer (engl.)
Internationales Fachwort für eine → ätzende Grundierung.

Wasserpaßfarbe, die (Trimline Enamel)
Eine speziell für die Bedingungen am Waserpaß entwickelte, deckende und glänzende Farbe, die beständig gegen Süß- und Salzwasser, gegen Ölverschmutzung im Hafen sowie die meisten Reinigungsmittel ist. Sie wird handelsüblich in zahlreichen Farbtönen geliefert und schließt am Bootsrumpf nach oben an die Antifouling an. Zum Absetzen eignen sich am wirkungsvollsten Schablonenbänder (Tesabänder), die auch mehrfach aufeinanderfolgende scharfe, in Farben unterschiedliche Lack-Zierlinien zulassen.

Weich-Antifouling, die
Der Begriff „Weich" für diesen Typ einer → Antifouling beruht auf der Tatsache, daß das Harz des Bindemittels (auch → Matrix) genannt im

Wasser aufquillt und „weich" wird. Während der Wirkungszeit der W.-A. wird die Oberfläche ständig weggewaschen, und dadurch werden neue, darunterliegende Schichten freigelegt. Dieser Vorgang erfolgt jedoch relativ unkontrolliert und beschleunigt sich mit der Zeit durch das Aufquellen. Auch wenn sich eine W.-A. somit im Laufe einer bestimmten Zeit abgenutzt hat, kann man die Farbschicht beim Auftragen nicht unbedenklich über eine empfohlene Dicke hinaus erhöhen, um eine länger anhaltende Wirkung zu erzielen. Das Boot muß nach jeder Saison einen neuen Unterwasser-Schutzanstrich erhalten. Da die Harze des Bindemittels mit dem Sauerstoff der Luft reagieren, muß das Boot spätestens 24 Stunden, nachdem es mit W.-A. gestrichen wurde, ins Wasser, da sich sonst die Wirkungsdauer des Antifoulings verkürzt oder sogar verloren geht. Bedingt durch die Wasseraufnahme des Bindemittels müssen bei Folgeanstrichen Reste des Altanstrichs entfernt werden. Ratsam ist auch, zuerst einen Zwischenanstrich mit einem → Versiegler (→ Sealer) vorzunehmen. – Da als bioaktiver Wirkstoff Kupferanteile benutzt werden (Kupferoxid oder Kupferpulver), müssen Boote aus Stahl zusätzlich durch einen entsprechend dicken Anstrich mit einer → Grundierung (Primer) gegen Elektrolyse geschützt werden. Es gibt spezielle W.-A. für kältere Gewässer (Ost- und Nordsee) und für warme Gewässer (Mittelmeer), in denen die Yachten auch ganzjährig im Wasser bleiben.

Zwei-Komponenten-Produkte, Zwei-Komponenten-Farben (Two Can Enamel)
Eine Beschichtung, für die zwei getrennte Gebinde geliefert werden, das eigentliche Anstrichmittel und der → Härter. Das übliche Mengenverhältnis ist 3:1. Vor Beginn der Anstricharbeiten gießt man den Härter in die Anstrichdose und verrührt beide Komponenten sorgfältig, ehe mit dem Auftragen begonnen wird. Eine Z.-K.-P. hat eine bestimmte → Topfzeit, in der es verarbeitet werden muß, ehe es zähflüssig und nicht mehr streichfähig wird. Härte, Abriebsfestigkeit, Elastizität und Chemikalienbeständigkeit der Beschichtungen ist bei einem Z.-K.-P. größer als bei → Ein-Komponenten-Anstrichen, weil man aus zwei Bindemittel-Molekülen größere Bausteine für einen fest haftenden Anstrichaufbau fertigen kann als mit nur **einem** Baustein.

Schleifmittel und Schleifgeräte

Bei Schleif- oder Schmirgelpapier ist der Träger des Schleifkorns nicht nur Papier, sondern es wird auch Köper und Nessel als Unterlage verwendet. Papier benutzt man vorzugsweise für die Holzbearbeitung und den Handschliff. Köper ist besser für die Metallbearbeitung geeignet; das leichte Leinen macht auch Konturänderungen besser mit, paßt sich Rundungen leichter an und ist biegsamer für alle Ausnehmungen. Bei Köper unterscheidet man eine schwere X-Qualität und eine leichte J-Qualität. Der Buchstabe F hinter diesen Qualitätsbezeichnungen zeigt, daß das Schleifmittel besonders flexibel ist.

Das Schleifmittel besteht vorwiegend aus Korund (einem Mineral aus Aluminium-Oxyd) und Silicium-Karbid (Kristallen aus Sand und Koks). Feuerstein-Splitter (Flint) und Glas haben ihre Bedeutung als Schleifkorn weitgehend verloren.

Das Schleifmittel ist auf dem Schleifkornträger in offener oder unterschiedlich dichter Streuung aufgetragen (Abb. 22). Unterschiedliche Körnungsgrößen und Körnungs-Streuungen ergeben die unterschiedlichen Schleifmittel:

Sehr grobe Körnung	12	14	16
grobe Körnung	20	24	30
mittlere Körnung	36	50	60
Feinkorn	70	100	150
sehr feine Körnung	180	240	320
Mikrokörnung	400	500	600

Zum Holzschleifen wird vorwiegend Korund verwendet, in den Qualitäten Normal-Korund, Halbedel-Korund und Edel-Korund. Silicium-Karbid wird hauptsächlich für maschinelles Schleifen und für Mikrokörnungen benutzt.

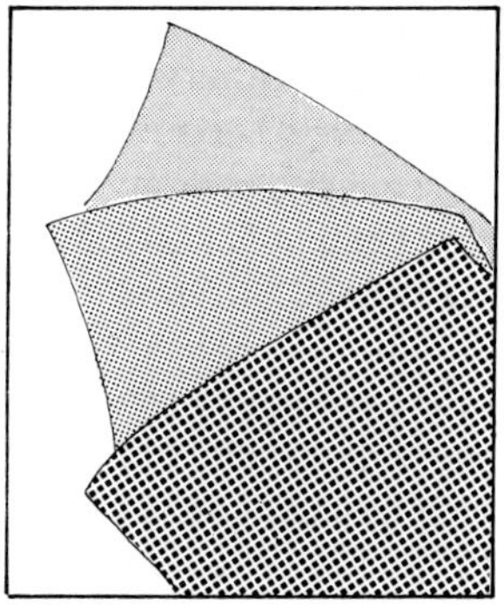

Abb. 22

Welche Körnung für die unterschiedlichen Schleifvorgänge?

Bei Trockenschleifpapier:

Nr. 40–80	Zum Abschleifen der Überreste alter Farbe nach Abbrennen oder Abbeizen
Nr. 100–120	Vor Aufbringen eines neuen Voranstrichs
Nr. 120–200	Vor Aufbringen einer neuen Lackfarbe und zur Erstbehandlung von Polyesterbooten

Bei Naßschleifpapier:

Nr. 200–300	Vor Aufbringung einer neuen Lackfarbe auf Grundlack
Nr. 300–400	Vor Aufbringen von neuem Bootslack und neuer Lackfarbe
Nr. 400–600	Für kleinere Ausbesserungen einer Lackschicht

Das Schleifen

Es erfolgt, um die Haftmöglichkeit des nachfolgenden Anstrichs zu verbessern. Besonders vor dem Übermalen alter Anstriche muß die Oberfläche so lange und sorgfältig geschliffen werden, bis sie vollkommen matt ist. Zwischen den einzelnen Anstrichen muß nur dann noch einmal nachgeschliffen werden, wenn das maximale Anstrich-Intervall überschritten ist oder wenn besonders glatte Flächen gewünscht werden.
Da Trockenschleifen relativ viel Staub erzeugt, ist das Naßschleifen nicht nur angenehmer. Es empfiehlt sich auch, wei man hierbei das Schleifpapier nicht so schnell zusetzt, wenn man es immer naß genug hält.
Antifoulings sollten grundsätzlich nur naß abgeschliffen werden, um eine Belästigung durch Schleifstaub zu verhindern. Hierbei muß man auch unbedingt mit Schutzbrille und Filtermaske sowie Gummihandschuhen arbeiten.
Alle Schleifarbeiten sind erst kurz vor dem Neuanstrich vorzunehmen. Steht die geschliffene Fläche längere Zeit offen, muß sie noch einmal fein nachgeschliffen werden. Nach dem Schleifen muß der Schleifstaub gründlich mit einem Reiniger (Cleaner), viel Frischwasser und Bürste abgewaschen werden.

Gitterleinen

Neue, selbstreinigende Schleifmittel, die wie Schleifpapier aus Silicium-Karbid-Kristallen gefertigt, aber 10 mal länger und vor allem beidseitig verwendbar sind. Sie passen auf Schwingschleifer und Schleifklotz gleichermaßen und sind auch für Trocken- wie Naßschleifen geeignet. Selbstreinigende G. sind besonders für die Bearbeitung alter Antifouling zu empfehlen. Lieferung über den Fachhandel.

Schleifmaschinen sparen Arbeit

Der beste Helfer für die Bootspflege ist der Vibrationsschleifer oder Rutscher (Abb. 23): Das Schmirgelblatt wird eingespannt und von der Maschine in eine in Faserrichtung verlaufende schnelle Hin- und Herbewegung versetzt. Die Arbeit läßt sich gut kontrollieren, und der Vibrationsschleifer ist für Grob- und Feinschliff zu verwenden.
Beim Winkelschleifer (Abb. 24) rotiert das Schleifblatt mit beträchtlicher Geschwindigkeit (ca. 7000 U/min). Für die Holzbearbeitung und für ebene Flächen ist dieses Gerät wenig geeignet. Dafür leistet es gute Dienste bei Stahlrümpfen, Schweißnähten usw.
Eine bessere Schleifwirkung als mit dem Rutscher ergeben Bandschleifer, die auch als Zusatzgeräte für Bohrmaschinen lieferbar sind. Zwar haben sie nur eine geringe Bandbreite und lassen nur den Schliff kleiner

Abb. 23

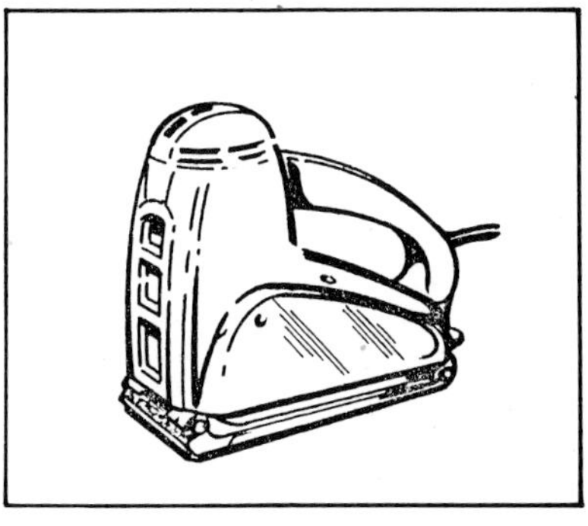

Abb. 24

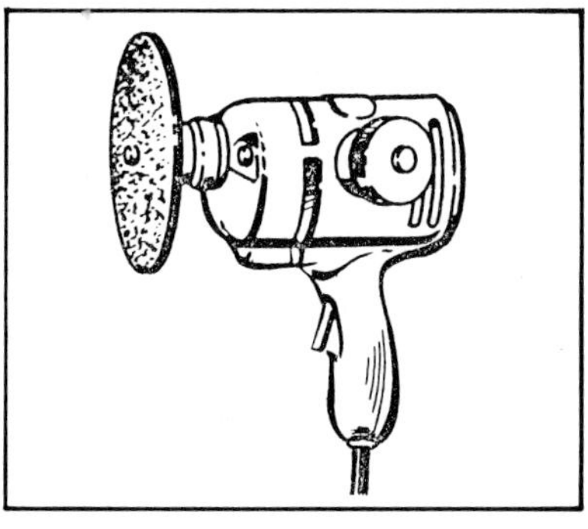

Flächen zu, aber mit flexiblen Bändern kann man auch Rundungen wirksam bearbeiten.

Tricks mit Schleifpapier

Am besten schleift es sich mit einem Polster, über das man den Bogen Schleifpapier legen kann (Abb. 25). Der Schleifklotz soll so geformt sein, daß er gut in der Hand liegt. Als Untergrund für Schleifmittel eignen sich Kork und Gummi. Wer seine Hände schonen will, schneide sich einen faustgroßen Styroporblock (Abb. 26) und klebe an seine Unterseite eine ca. 2 cm dicke Filzschicht. Mit Klebstoff angeheftet kann man jetzt das Schleifmittel noch feinfühliger verwenden. Der Handel liefert zahlreiche nützliche Handschleifvorrichtungen (siehe Werkzeuge).

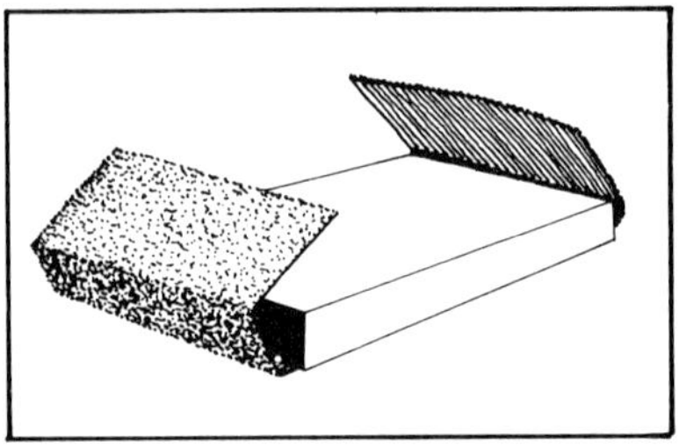

Abb. 25 ▲

Abb. 26

Abb. 28

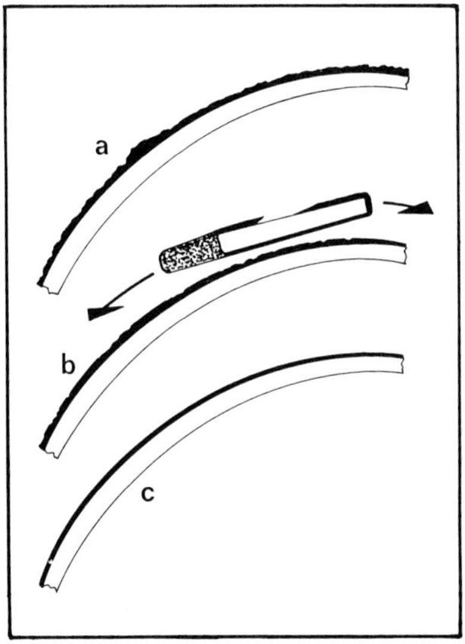

Wie die Schleiffläche (übertrieben) nach einem Farbanstrich aussieht, zeigt Abb. 28, a: Rillen und Furchen sind insbesondere dort entstanden, wo der Pinsel beim Lackieren senkrecht abgehoben wurde. Hier ist der Lack in kleinen Bergen und Tälern angetrocknet. Fühlt man beim Schleifen außerdem ausgeprägte Hochflächen, dann ist auch der darunter liegende Lack beim vorangegangenen Schleifen nicht genug bearbeitet worden. Den Untergrund bearbeitet man mit dem Schleifklotz leicht und weitmaschig, dafür aber in mehrmaliger Wiederholung. Nur so ist gewährleistet, daß sich die rauhe Fläche (Abb. 28, b) nach und nach in eine glatte Oberfläche von überall gleicher Dicke (Abb. 28, c) verwandeln kann. Wer zu lange und zu heftig den Untergrund an einer Stelle bearbeitet, sorgt für eine neue Berg- und Talbahn.

Farbbedarf und Ergiebigkeit

Die Farbenhersteller beziehen die angegebene Ergiebigkeit ihrer Produkte auf die ebenfalls genannte Trockenschichtdicke eines Arbeitsganges. Sie wird in Mikron angegeben. 1 μm = 1 Mikrometer = 1/1000 mm. Eine Schichtdicke ist von den benutzten Werkzeugen abhängig. Man erreicht

mit dem Pinsel	ca. 30– 40	Mikrometer
mit der Lammfellrolle	ca. 30– 40	"
mit der Mohair-Rolle	ca. 10– 20	"
mit der Luft-Spritzpistole	ca. 30– 70	"
mit einem Airless-Spritzgerät	ca. 50–200	"

Beim Spritzen hängt die Schichtdicke von der Standfestigkeit der Farbe und dem Anteil des Verdünners ab. Gleichzeitig beachte man, daß rauhe Oberflächen mehr Farbe benötigen als glatte und auch immer ein Rest in den Dosen zurückbleibt. Farbe geht auch als Spritznebel verloren.

Ermittlung der Farbmenge

Den Farbbedarf für die speziellen Bereiche (Unterwasserschiff, Überwasserschiff, Deck, Kajütdeck usw.) ermittelt man aus der geschätzten Fläche und der Ergiebigkeit der Farbe. Diese Ergiebigkeit gibt der Farbhersteller in Kilogramm/m² oder Liter/m² an. Die Flächen ermitteln wir – über den Daumen gepeilt – mit folgenden Faustformeln:

Unterwasserschiff für vollbauchige Fahreuge (Motoryachten, Jollen, Jollenkreuzer sowie Kielboote mit großer Verdrängung).

● (Breite + Tiefgang) x Länge in der Wasserlinie = Anstrichfläche

Unterwasserschiff von Kielyachten leichter und mittlerer Verdrängung sowie Kielschwertern:

● (Breite + Tiefgang) x 0,75 Länge in der Wasserlinie = Fläche

Überwasserschiff

● 2 (Länge über alles + Breite) x mittleres Freibord = Anstrichfläche

Deck

● Länge über alles x Breite = Anstrichfläche,

Nach Abzug der Flächen von Cockpit, Kajütaufbau, Luken usw. erhält man die Anstrichfläche, wenn man unterschiedliche Mittel verwendet.

● Länge über alles x Breite = Anstrichfläche,

wenn man Deck, Aufbau und Plicht mit den gleichen Mitteln behandelt.

Mast und Spieren

● Umfang x Länge = Anstrichfläche.

Berechnung des Farbenverbrauchs

Farbenbedarf = Anstrichfläche : Ergiebigkeit der Farbe

Beispiel: Für eine Anstrichfläche von 10 m² benötigt man bei einer Farbergiebigkeit von 10 m²/kg also eine Farbmenge von 1 kg.

Tips für das Handwerk des Bootsmalers

Wie man die Farben verarbeitet, sagen die ausführlichen Gebrauchsanleitungen der Farbhersteller und viele kostenlose Broschüren, die sie jedem Bootseigner mitgeben. Wir können uns auf einige Tips beschränken, die zur Organisation der Arbeit und Arbeitsvorbereitung gehören: Eine Checkliste für den Anstrich, die auch der Moses versteht und die jeder Helfer immer vor Augen haben soll (Abb. 29): Die Oberfläche naß oder trocken reinigen und schleifen. Der erste Anstrich erfolgt mit „Halböl", d. h. 50% Lack und 50% Verdünner. Anschließend muß ein 24stündiger Stop eingelegt werden: Die Schicht muß trocknen und härten. Mit dem Naßschleifen geht es weiter: Schleifreste werden mit dem Schwamm entfernt, und vor dem nächsten Anstrich wird alles mit dem Lederlappen trockengerieben. Der zweite Anstrich kann fetter sein: Nur 25% Verdünner, dafür 75% Lack oder Farbe aus der Dose. Wieder benötigt der Farbüberzug eine Ruhezeit von 24 Stunden, damit er nicht nur trocknen, sondern durchhärten kann. Dann wiederholt sich das Naßschleifen und Säubern, ehe das Boot seinen letzten Anstrich erhält: diesmal unverdünnt, aber mit der gut durchgerührten, vom Hersteller gelieferten Farbe.

Wenn man in geschlossenen Räumen arbeitet, beginnt man in der Nähe der Lichtquelle und geht dann weiter vom Fenster weg nach innen in die Dunkelheit hinein (Abb. 30). Man erkennt die Flächen besser, wenn das Licht von hinten kommt, und ist nicht geblendet, wenn man in falscher Arbeitsrichtung zu streichen beginnt.

Mit dem Lammfell- oder Nylonroller kann man wahlweise senkrecht oder waagerecht rollen (Abb. 31). Bei mehreren Anstrichen empfiehlt es sich, im Kreuzgang zu arbeiten, d. h. die Rollrichtung bei jeder Schicht zu wechseln.

Abb. 29

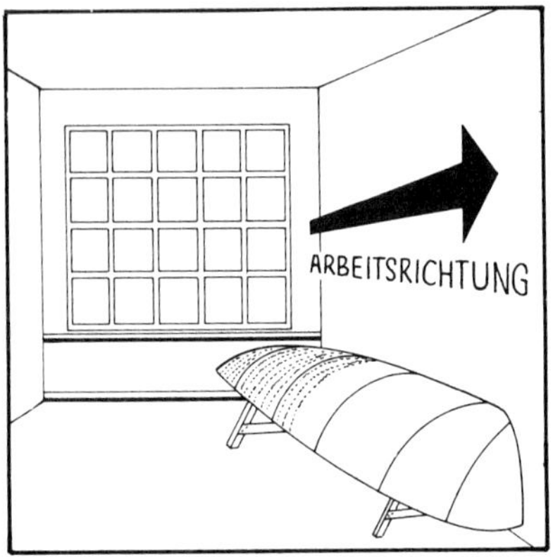

Abb. 30

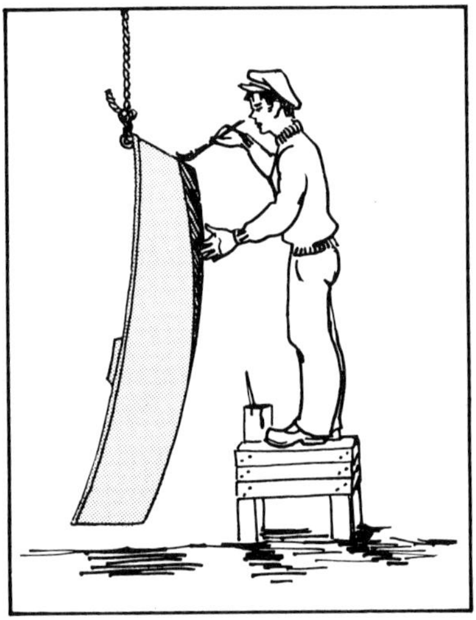

Abb. 32

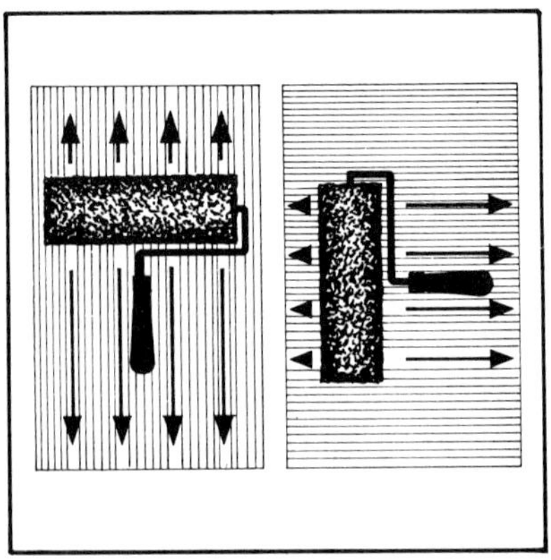

Abb. 31

Beiboote, kleine Jollen oder leichte Motorboote streicht man am besten, indem man sie am Vorsteven aufhängt (Abb. 32). Zuerst läßt man noch das Heck aufliegen und heißt den Bootsrumpf nur halbhoch an, um bequem den Boden des Vorschiffs und dessen Seiten säubern bzw. streichen zu können. Dann heißt man es ganz vor, bis auch das Heck frei über dem Boden schwebt, und erledigt die restlichen Arbeiten. Der Vorteil dieser Methode: Man kann die Arbeitsfläche immer so drehen, daß sie im Licht liegt.

Sind die Boote zu lang, aber nicht zu schwer, dann entfernt man die Unterstützungsflächen unter Kiel und Bordwand vor dem letzten Anstrich und hängt das Boot mit einem Bodenabstand von ca. 1,00 bis 1,50 m auf (Abb. 33). Damit es nicht schwingen kann, wenn man die Farbe aufträgt, befestigt man eine Querleiste beidseits auf dem Schandeck und nagelt diese an einer senkrechten Seitenstütze des Winterlagers fest. Jetzt bringt man den letzten Anstrich sektionsweise auf, d. h. man unterteilt das Boot in ca. 0,50 m bis 1,00 m breite Bereiche und streicht diese nacheinander vom Deck bis zum Kiel. Besonders schwierig ist der Wasserpaß zu ziehen.

Eine ruhige Hand reicht meistens nicht für eine gerade Wasserlinie aus, und auch Klebeband kann man erst auflegen, wenn man den Wasserpaß über die ganze (runde) Bootslänge richtig angezeichnet hat. Viele Möglichkeiten der Markung hat man hierzu entwickelt: Mit Hilfe einer Wasserwaage legt man eine Planke vor dem Bug und dem Heck in Höhe der Wasserlinie waagerecht (Abb. 34) und bestreicht dann eine Leine mit farbiger Kreide (bei weißen Booten) oder weißer Kreide (bei farbigen Booten), die durchgesetzt wird und zuerst am Vorschiff und dann in gleicher Form am Achterschiff auf jeder Seite über die Querhölzer gelegt und an den Bootsrumpf gebracht wird.

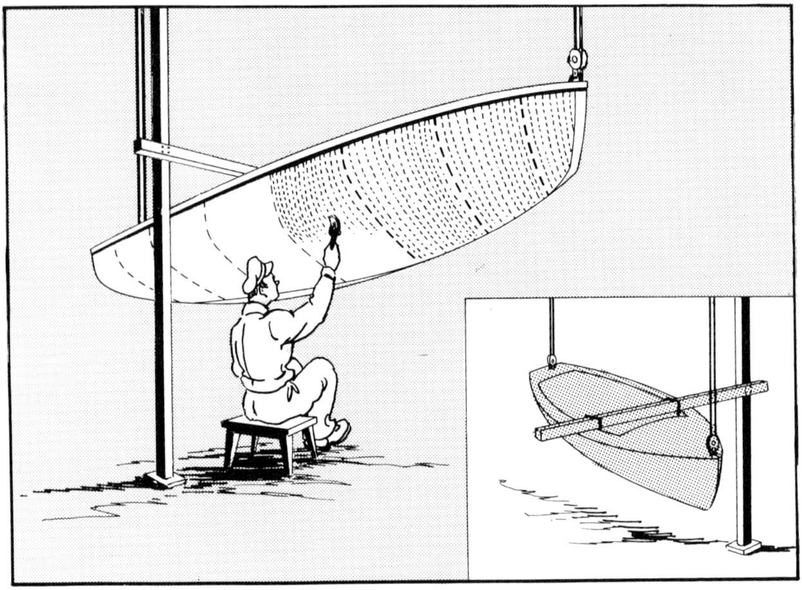

Abb. 33

Man kann das Problem auch optisch lösen und mit elektrischem Licht und einem Schattenreflex die Wasserlinie anzeichnen (Abb. 35): In Höhe der Wasserlinie hängt man eine elektrische Birne ca. 2 bis 3 m vom Boot entfernt querschiffs auf und zieht eine Schnur von zwei festen Punkten parallel zur Kielrichtung am Boot entlang. Sie wirft jetzt einen Schatten, den man am Bootsrumpf nachzeichnen oder an dem entlang man das Klebeband befestigen kann. Einen noch deutlicheren Effekt erhält man, wenn man anstatt der Leine einfach das Vorliek eines Vorsegels nimmt, weil dann das Segeltuch das ganze Unterwasserschiff verdunkelt.

Am elegantesten ist ein hydraulisches Verfahren, wie man es auch im Bauwesen benutzt: Man nimmt einen durchsichtigen dünnen Wasserschlauch ($^3/_8$" oder $^1/_2$") von eineinhalbfacher Wasserlinienlänge, den man mit Wasser und einigen Tropfen Pril zur Reduzierung der Ober-

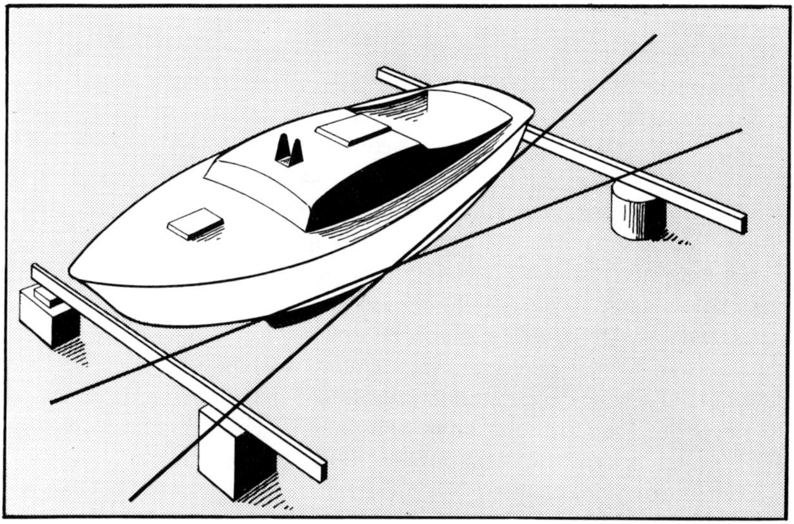

Abb. 34 ▲

▼ Abb. 35

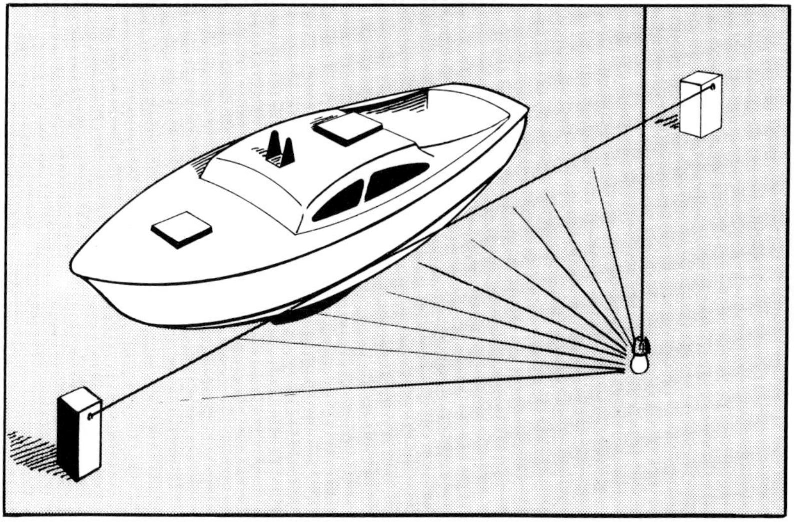

flächenspannung füllt. Hält man beide Enden hoch, so ist die Höhe des Wasserspiegels nach dem Prinzip der kommunizierenden Röhren auch bei unterschiedlicher Schlauchhöhe gleich (Abb. 36). Wenn das Boot waagerecht steht, befestigt man den Schlauch an einer Stelle des Bootes so, daß der Wasserspiegel des Schlauches sich in gleicher Höhe der Wasserlinie befindet. Mit dem anderen Schlauchende wandert man rund um das Boot (zuerst zur einen, dann zur anderen Seite) und zeichnet hierbei die Wasserlinie auf beiden Seiten über die ganze Länge an. Streut man noch einige Korkenkrümel auf die Wasseroberfläche, geht das Marken noch leichter. Steht das Boot weder querschiffs noch längsschiffs waagerecht, zeichnet man sich auf den Endpunkten des Schlauches über und unter dem Wasserspiegel im Abstand von je einem Zentimeter mit Fettstift einige Markierungsstriche und stellt zuerst entweder an Hand der Freibordhöhe oder eines alten, noch sichtbaren Punktes der Wasserlinie fest, wie weit das Boot aus der Waage liegt. Jetzt markiert man bei einer Neigung in Querschiffsrichtung die Seiten des geneigten Bootes um Plus oder Minus die entsprechenden Einheiten, und bei einer Neigung in Längsschiffsrichtung unterteilt man die Wasserlinie in so viele Marken, wie die Differenz zwischen Bug und Heck beträgt,

Abb. 36

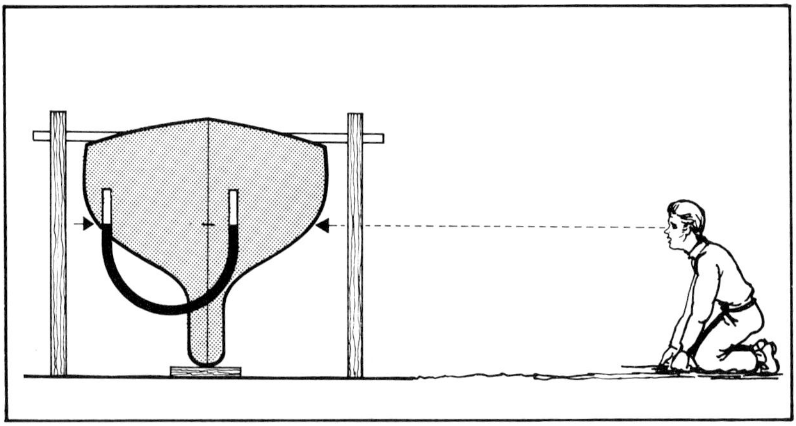

Abb. 37

und ordnet den entsprechenden Längenpunkten die entsprechenden Marken über oder unter dem Wasserspiegel der kommunizierenden Röhren zu. Eine elegante Methode, die Wasserlinie genau und sicher auszuwiegen und einen waagerechten Wasserpaß zu zeichnen.
Wenn die (meistens sehr teuren) Pinsel und Bürsten ihre Pflicht getan haben, nimmt man sie aus dem Verdünner und wäscht sie in warmem Seifenwasser aus, bis alle lose Farbe, Lösungsmittel und andere Rückstände voll entfernt sind (Abb. 37). Dann kämmt man die Bürsten und Pinsel durch, damit alle Haare und Borsten glatt sind, läßt sie gut trocknen, taucht sie in Leinöl und bindet eine leichte Leinentasche darum, damit sie im nächsten Jahr für die gleiche Arbeit wieder unbeschädigt bereitstehen.

Wie das Farbkleid die Bootsform verändert

Das Boot erscheint schlanker und größer, wenn eine weiße Außenhaut über einem dunklen Unterwasserschiff liegt. Die dunklen Aufbauseiten und der dunkle Zierstrich verstärken noch den Eindruck eines sehr langen Bootes (Abb. 38 A).
Gibt man dem Bootsrumpf dagegen bei gleichem dunklen Unterwasserschiff einen dunklen Farbanstrich, der nur durch einen weißen Wasserpaß getrennt ist, wirkt das Boot kompakter und klobiger (Abb. 38, B). Die hellen Kajütseitenwände unterstreichen noch den Eindruck eines hohen Freibordes.
Eine schwarze Außenhaut bei gleichzeitig weißem Unterwasserschiff machen ein Boot nicht nur schlank, ein heller Zierstrich gibt ihm noch eine gewisse Eleganz, weil die lange Fläche noch einmal unterteilt ist (Abb. 38, C). Der gleiche Eindruck wird noch einmal durch das dunkle Kajütdeck bei gleichzeitigen hellen Kajütseitenwänden auch auf dem Oberdeck erzeugt.
Mit einem dunklen Unterwasserschiff bei einem gleichzeitigen Streifen in Höhe des Schandecks wirkt die Freibordhöhe niedriger, und der Sprung wird betont. (Abb. 38, D). Die dunklen Kajütseitenwände in Verbindung mit einem hellen Kajütdach lassen den Kajütaufbau steif und hoch erscheinen.
Der Freibord wirkt niedriger und der Sprung ist noch mehr betont, wenn über einem dunklen Unter- und Überwasserschiff ein breiter weißer Streifen gemalt ist. Die dunklen Seitenwände des Kajütaufbaus betonen nicht nur den breiten weißen Schandeck-Strich, der Aufbau wirkt hoch und groß (Abb. 38 E).
Bleiben Überwasserschiff und Kajütaufbau weiß, wirkt das Boot unpersönlich und langweilig. Daran ändert auch der farbige Wasserpaß über dem dunklen Unterwasserschiff nichts (Abb. 38, F). Dem Boot fehlt die persönliche Note.

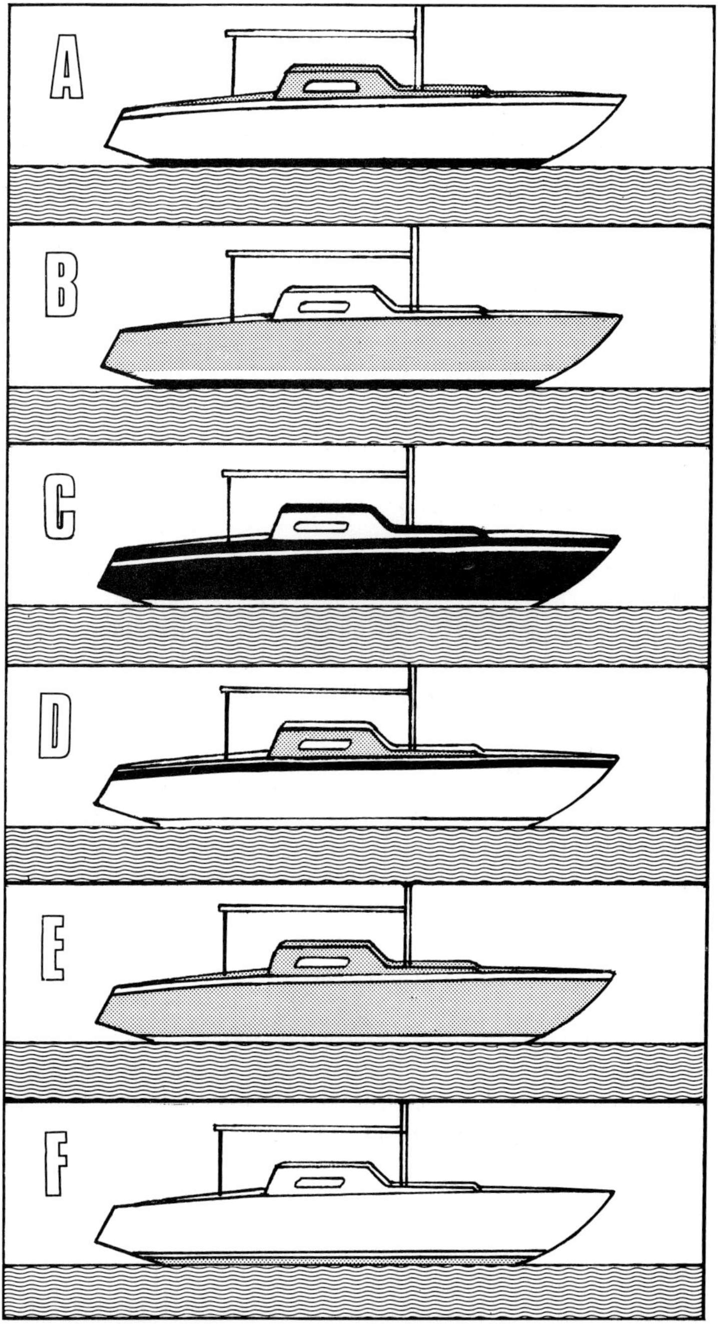

Abb. 38

Anstrichfehler

Abblättern von Farbanstrichen

Ursachen können sein: Streichen auf einer feuchten oder einer ungenügend gereinigten Oberfläche. Mischung von Farben unterschiedlicher, nicht verträglicher Zusammensetzung, zum Beispiel Bitumenfarben, Kunstharzfarben und Ölfarben. – Die Topfzeit einer Zwei-Komponenten-Farbe oder die Intervallzeit zwischen den Anstrichen wurde nicht beachtet und während der Anstricharbeiten über- oder unterschritten. – Die Grundierung (der Primer) blieb zu lange ohne nachfolgenden Anstrich.

Bewuchs des Unterwasserschiffes nach dem Neuanstrich

Die Ursachen eines sehr frühzeitigen Bewuchses können sein: Zu starkes Verdünnen der Antifouling beim Anstrich, ungenügende, zu geringe Schichtdicke beim Auftragen oder ungenügendes Umrühren der Antifouling vor Beginn der Malerarbeiten. – Der Anstrich hat vor dem Abslippen zu lange unter direkter Sonnenbestrahlung oder in großer Hitzeeinwirkung gestanden. – Das Streichen erfolgte unter schlechten Wetterbedingungen wie Regen, Nebel, Frost oder unter Einwirkung von Kondenswasser. – Der Liegeplatz des Bootes befindet sich im Einzugsbereich von Abwässern chemischer Fabriken, so daß alkali- oder säurehaltiges Wasser auf den Unterwasseranstrich einwirken kann. – Es wurde eine falsche Sorte von Antifouling für das entsprechende Gewässer gewählt. – Der Bootsboden ist noch schmutz- oder ölhaltig gewesen, als mit dem Anstrich begonnen wurde.

Bläschenbildung auf dem Überwasserschiff

Das Streichen erfolgte auf Flächen, die entweder direkter Sonnenbestrahlung und damit zu großer Hitze ausgesetzt waren, oder die vor Beginn der Malerarbeiten noch zu feucht waren. – Das Malen wurde nicht sorgfältig genug oder zu hastig vorgenommen.

Blasenbildung auf dem Überwasserschiff
Die benutzten Malerwerkzeuge wurden vor dem Anstrich im Wasser aufbewahrt und waren bei Gebrauch noch nicht ausreichend trocken. – Die Oberflächen waren beim Streichen noch zu feucht. – Es wurden mehrere dickschichtige Anstriche übereinandergemalt, die vor jedem Neuanstrich noch nicht trocken genug waren. – Die Voranstriche aus Zwei-Komponenten-Farben waren noch nicht genügend ausgehärtet.

Blasenbildung auf dem Unterwasserschiff
Hauptursache kann die Osmosis oder die sogenannte „GFK-Pest" (siehe dort) sein. – Weitere Verursacher sind nicht ausgehärtete Unterwasseranstriche. – Auch galvanische Korrosion oder der durch Anoden des kathodischen Schutzsystems hervorgerufene Einfluß von alkalischen Lösungen kann für diese Blasenbildung verantwortlich sein.

Lackierte Oberflächen werden matt
Streichen bei feuchter Witterung oder unter Wetterbedingungen mit starken Temperaturschwankungen können die Ursachen bei Außenanstrichen sein. – Bei Innenanstrichen sind unzureichende Ventilation hieran schuld.

Nachsacken des Farbfilms
Ursachen sind: Eine schlechte Belüftung des Raumes während des Streichens. – Unsachgemäße Handhabung der Spritzpistole. – Auftragen einer zu dicken Farbschicht mit Pinsel oder Rolle.

Reißen des Farbfilms
Diese Erscheinungen von feinen Rissen auf der äußersten Farbschicht bis zum Brechen des Farbfilms auf dem Untergrund entstehen durch: Auftragen einer härteren Farbe auf einer weichen Grundierung. – Streichen von Kunstharzfarben über bitumenhaltige Farben. – Zu kurze Trockenzeiten zwischen den Anstrichen. – Wenn während der Anstricharbeiten die Lufttemperatur plötzlich und stark gefallen war.

Runzeln

Sie bilden sich, wenn man die Farbe zu dick aufgetragen hat oder die Oberflächentrocknung infolge direkter Sonnenbestrahlung zu schnell erfolgte.

Oberflächenstreifen

Diese Erscheinung entsteht, wenn ein ungeübter Maler mit zu kräftigen Pinselstrichen zu dicke Farben aufgetragen hat.

Trocknung zu langsam

Diese unerwünschte Tatsache ist hauptsächlich auf zu niedrige Lufttemperaturen zurückzuführen. – Andere Ursachen können eine ungenügende Durchtrocknung des vorhergehenden Anstrichs und nicht ausreichende Belüftung des Raumes sein. – Auch das Streichen auf wachshaltigen oder öligen Flächen sowie die Nichtbeachtung des richtigen Mengenverhältnisses Härter zu Basisfarbe können hierfür verantwortlich sein.

Verlust von Glanz

Hauptsächliche Ursachen sind die vorangegangene übermäßige Verwendung von alkalischen Reinigungsmitteln. – Die Erscheinung kann auch durch Anstricharbeiten bei Nebel, Regen oder Frost bedingt sein, oder der Endanstrich erfolgte auf noch ungeeignetem, porösem Untergrund.

Verfärben des Farbanstriches

Schwefelhaltige Gase in der Luft, die insbesondere in der Nähe von Ölhäfen vorhanden sein können, durch chemische Fabriken oder benachbarte Gaswerke in die Luft abgegebene Schwefelwasserstoffe oder von Chemiewerken verseuchte Gewässer können die Ursache sein, daß sich ein grüner Farbton gelblich oder bläulich verfärbt oder insgesamt Farbtöne heller oder dunkler werden.

Weniger Schmutz und mehr Sicherheit durch Ausschäumen toter Räume

Unzugängliche Ecken und Winkel, die man im Sommer nicht ständig sauberhalten will, kann man ausschäumen. Es ist kinderleicht, mit Hilfe von zwei flüssigen Komponenten A und B ein Gemisch herzustellen, das sich nach wenigen Sekunden – wie von Geisterhand entfacht – auf das Vierzigfache seines Ausgangsvolumens aufbläht und innerhalb weniger Minuten erstarrt. (Siehe Schult: Bootsreparaturen – selbst gemacht; Kunststoffboote)
Auch Auftriebstanks, deren Entlüftungsstutzen vor dem Segeln immer geschlossen und nach der Fahrt, damit sich kein Schwitzwasser bildet, wieder geöffnet werden müssen, lassen sich in Hartschaum-Abteilungen verwandeln, die zu über 95 % aus einer unendlichen Zahl von eingekapselten Luftbläschen bestehen.
Das Aufblähen geht schnell vor sich – aber dabei kann der Hartschaum seine Gefängniswände sprengen, wenn die Luftlöcher nicht groß genug sind! Verbleibende Hohlräume können gefährlich werden. Darum beachte man beim Ausschäumen dieser meist allseitig geschlossenen Kästen und Räume:

Ausschäumen von geschlossenen Tanks

Eine Jolle wird so aufgebockt, daß die Einfüll- und die Entlüftungsöffnungen ganz oben liegen (Abb. 39). Auf die Wasserlinie darf man dabei keine Rücksicht nehmen.
Große Räume benötigen nur **eine** Einfüllöffnung, aber mehrere Entlüftungen (Abb. 40). Besser ist jedoch, wenn man mit zwei Personen und durch zwei Öffnungen gießt, weil sich dann der Hartschaum besser verteilen kann (Abb. 41).

Abb. 41. Abb. 39 (oben links) Abb. 42. Abb. 40 (oben rechts)

Mit zwei Gießbechern muß man in jedem Fall arbeiten, wenn zwei Räume durch ein gemeinsames, durchbrochenes Schott verbunden sind (Abb. 42). Die Entlüftungsstutzen liegen unmittelbar neben der Wand. Sehr flache Räume (Abb. 43) müssen ebenfalls mit zwei Bechern gleichzeitig gefüllt werden. Drei Entlüftungsöffnungen (am Rande und in der Mitte) sind ausreichend. Füllt man den Schaumstoff nur seitlich ein, dann bleibt auf der Entlüftungsseite ein Hohlraum, in dem sich Schwitzwasser sammeln kann.

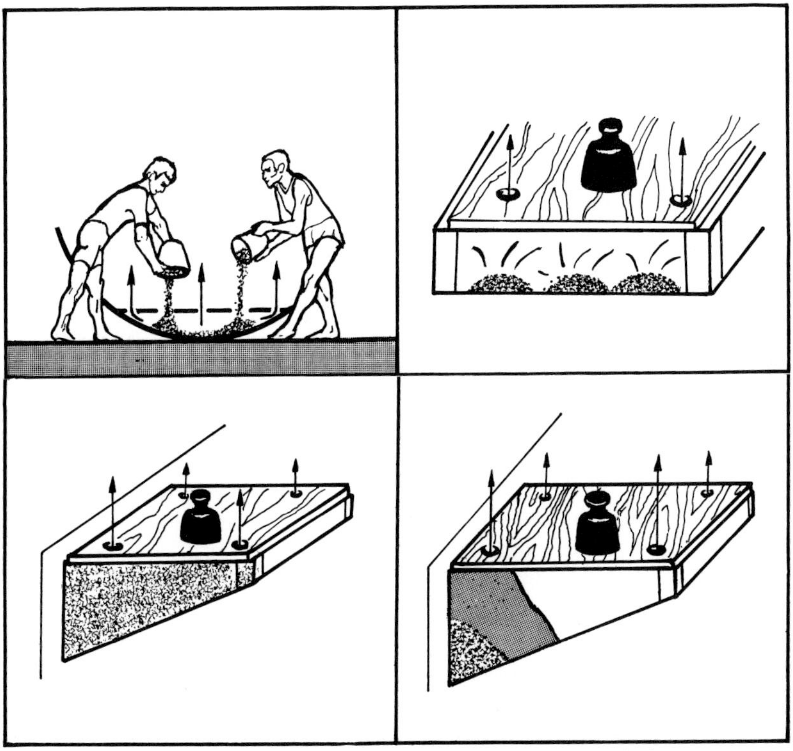

Abb. 45. Abb. 43 (oben links)

Abb. 46. Abb. 44 (oben rechts)

Füllen offener Räume

Damit man sie mit Hartschaum ausfüllen kann und hinterher glatte Oberflächen erhält, benötigt man eine Sperrholzplatte entsprechender Größe (Abb. 44), in die – wie in den Abb. 39-43 gezeigt – Löcher gebohrt werden, damit die Luft an den Kanten entweichen kann. Schwere Teile (Gewichte) stellt man darauf, damit der sehr energiegeladene Schaum die Abdeckplatte nicht anheben kann.

Bei flachen Senken gießt man zuerst die vermischten Komponenten auf den Boden und deckt dann den Raum ab. Hat der Boden jedoch Gefälle, muß man die flüssigen Komponenten gleichmäßig verteilen, bevor sie zu schäumen beginnen (Abb. 45). Ist die Mischung in eine Ecke geflossen, kann sich der aufschäumende Kunststoff nur unvollkommen ausdehnen (Abb. 46). Man erhält dann nicht das volle gewünschte Volumen, sondern weniger Schaum mit höherer Dichtigkeit.

Arbeit mit flüssigen Schaumstoffen

Zur Herstellung von Polyurethan-Schaumstoff bietet der Handel bereits Gebinde mit den beiden flüssigen Komponenten A und B an. Man ermittelt anhand der Gebrauchsanweisung, aus wie vielen Gramm flüssigen Schaumstoffs das entsprechende Volumen eines festen Schaumkörpers entsteht. Dann mißt man den entsprechenden Raum, der auszuschäumen ist, aus und ermittelt das genaue Mischungsverhältnis 1 : 1 durch exaktes Einwiegen. Anschließend vermischt man beide Komponenten intensiv mit Rührstab, Rührgerät, Bohrmaschine mit Mischpropeller oder ähnlichem, am besten mit nicht mehr als 900 U/min.

Beim Arbeiten muß man Schutzhandschuhe und Schutzbrille tragen. Die Komponente B ist giftig. Man muß das Einatmen ihrer Dämpfe vermeiden. Rückstände von B darf man nicht verbrennen, da hierbei giftige Gase entstehen. Verschüttete Komponente B wird am besten mit Sägemehl aufgenommen. Reste dieser Komponente dürfen nie in das Kanalisationssystem entleert werden, da dann das ganze Leitungssystem verstopfen kann.

Die Mischung erfolgt bei Raumtemperaturen von 19° bis 23° C. Die Topfzeit (d. h. der Zeitraum, in dem man das flüssige Material verarbeiten muß) beträgt ca. 30 Sekunden. Man darf daher nicht länger als 10 Sekunden mischen. 20 Sekunden hat man dann Zeit, um das durchgemischte Material aus dem Rührgefäß in die auszuschäumenden Hohlräume zu füllen. Hier dauert das Aufquellen ca. 3 Minuten. Der Schaum ist nach kurzer Zeit durchgehärtet.

Setzen und Verstagen des Mastes

Bei Klappmasten ist das Setzen des Mastes (und das Legen) kein Problem: Man setzt einen Jüttbalken („toten Mann"), der ungefähr die Basislänge des Vorsegeldreiecks hat, senkrecht auf den Mastfuß (Abb. 47), befestigt das Vorstag und eine Talje (die Großschot) an ihm und richtet den Mast auf, wenn der Drehbolzen eingezogen und gesichert ist. Am leichtesten geht dies mit einem Beschlag, wie man ihn auch zum Einsetzen einer Relingstütze benutzt (Abb. 48), auf den Mastfuß und einem ausreichend langen, dem Durchmesser entsprechenden Stahlrohr.
Besser ist eine zweibeinige Jütt, die man aus den (gleichlangen) Spieren des Bootshakens und des Spinnakerbaumes und nur mit einem zusätzlichen Topp-Dreiecksbeschlag bauen kann. Die untere Seite dieser Spieren, die in einen Fußbeschlag aus Gabel mit Tülle auslaufen,

Abb. 47

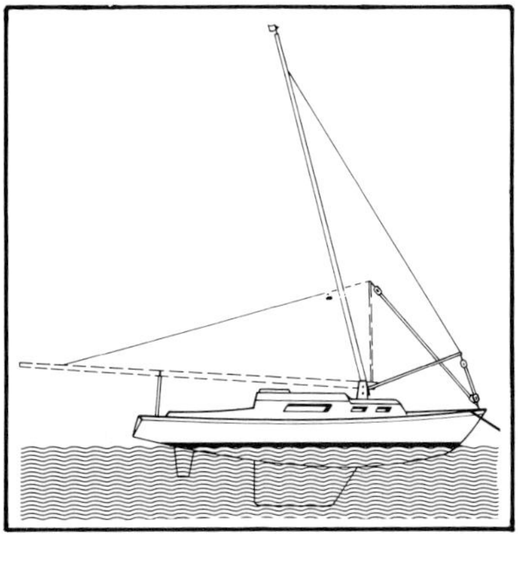

Abb. 48

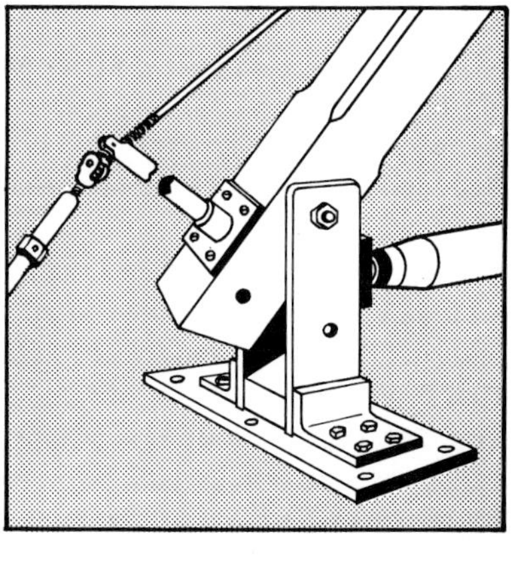

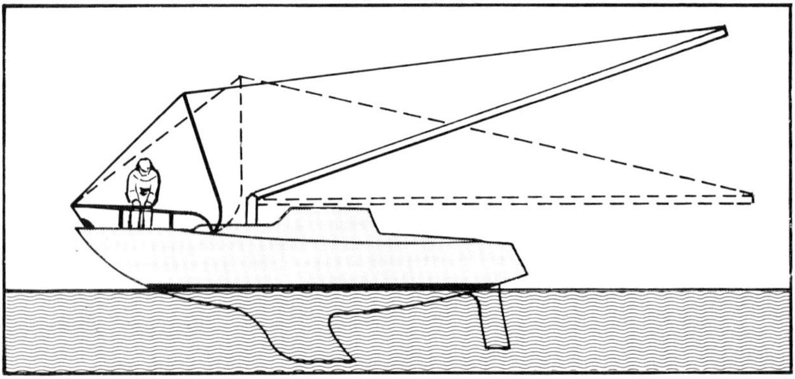

Abb. 49

werden mit den Püttingeisen verbunden, in die obere Verbindung setzt man das Vorstag und die Talje ein. Der Mast kann jetzt nicht ausscheren, weil die Jütt nicht neben den Mastbacken, sondern mehr achterlich ihren Drehpunkt hat. Auch den Bugkorb kann man als zweibeinige Jütt bauen (Abb. 49): Der feste vordere Seezaun wird beidseitig bis fast in Masthöhe verlängert, die Endpunkte sind hier drehbar gelagert. Die vordere Bugstütze sowie seitliche Stützen (Abb. 50) sind nicht fest, sondern durch Bolzen lösbar mit dem Handläufer verbunden, und das Vorstag kann dort gelascht werden, wenn der Bugkorb hochschwenken und als Jütt dienen soll.

So macht man es bei freistehenden Masten

Frei auf Deck stehende und nicht zu schwere Masten setzt man am besten an einer Brücke: Man macht das Boot mit einem Spielraum von ca. einer Drittel Bootslänge vor dem Steg fest (Abb. 51), so daß der Steven zuerst mit dem ganzen Boot von der Brücke freibleibt, später aber das Vorschiff bis zur Höhe des Mastes unter den Steg rutschen kann. Jetzt verbolzt man den Mastfuß mit seinem Decksbeschlag, und während ein Mann an Bord mit Großfall oder Achterstag den Topp zu holen

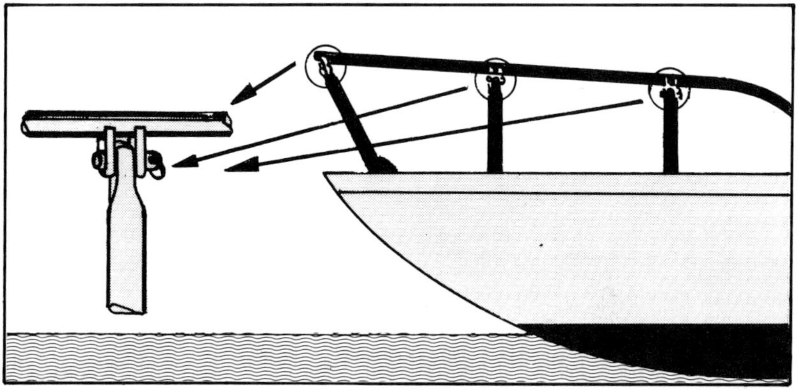

Abb 50

Abb. 51

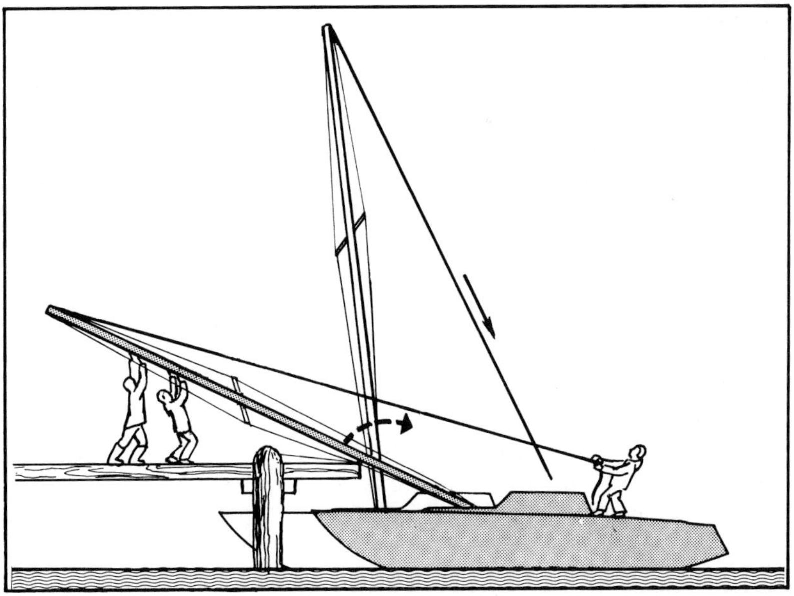

beginnt, richten zwei Helfer auf dem Steg das Mittelteil des Mastes auf. Je steiler er sich aufstellt, desto weiter rutscht das Boot durch das leichte Widerlager, das der Mast in seinem unteren Teil an den Brückenplanken findet, nach vorn, und bei senkrecht stehendem Mast stehen die beiden Helfer unmittelbar über dem Mastfuß. Sicherer schützt man einen längeren Mast gegen das seitliche Wegrutschen, wenn man ihn in die Gabel (einer alten Baumschere) nimmt.
An der Kante der Brücke, wo der Mast aufliegt, verhindert eine Schaumstoffmatte, ein alter Autoreifen oder ein ähnliches Polster, daß der Mast beschädigt wird.
Am besten ist natürlich ein Kran, unter den das Boot verholt wird, damit der Mast sicher aufgerichtet und eingesetzt werden kann.

Mit den Oberwanten beginnt die Mastverstagung

Wenn der Mast steht, setzen wir zuerst die Oberwanten durch: straff, aber nicht so steif, daß sich der Mast durch diesen Stauchdruck verbiegen kann. Peilt man an der Mastnut nach oben, kann man genau kontrollieren, ob der Mast gerade steht. Anschließend setzt man Vorstag und Achterstag durch. Jetzt darf der Mast nicht seitlich wegsacken. Normalerweise soll ein Mast gerade stehen. Ob man ihn mit Fall nach vorn oder achtern trimmen muß, hängt von den gewünschten Segeleigenschaften ab.
Dann kommen die Unterwanten an die Reihe, die Unterwantenpaare, das Fockstag (bei kuttergetakelten Booten) oder das Pipistag (ein zweites Vorstag bei einer Slup), das den Mast nach vorn hält, wenn nur je ein Unterwant von der Saling nach schräg achtern führt.
Dieses zusätzliche zweite Vorstag ist übrigens keine so üble Erfindung; es erleichtert auch das Übergehen der Vorsegel, deren Schoten sich nun nicht mehr am Mast und seinen Klampen vertütern können, und gibt dem Mann auf dem Vorschiff Halt, wenn er im Seegang an Deck arbeiten muß (siehe Abb. 235).

Kleines Lexikon für Schmierstoffe (Motoröle und Lagerfette)

Bei der Pflege des Bootsmotors sowie dem Abdichten der Lager (beispielsweise der Schwanzwelle, des Ruderschaftes und der Ankerwinsch) spielt die Auswahl der richtigen Schmierstoffe eine große Rolle. Viele Gebinde sind mit Buchstaben- und Ziffern-Kürzeln versehen, die die Leistungsfähigkeit der Produkte klassifizieren und den Verwendungszweck kennzeichnen. Auf sie allein ist man insbesondere beim Einkauf im Ausland angewiesen, wenn man die aufgedruckten Texte nicht (richtig) versteht. Hier sind einige Erläuterungen:

API

Abk. für American Petroleum Institute, Washington, USA, das → API-Klassifikationen für die Kennzeichnung von Motorölen und Getriebeölen entwickelt hat.

API-Klassifikation

Die Einstufung erfolgt nach Tests in verschiedene Leistungsklassen sowohl für Benzin- wie Dieselmotoren und kann beispielsweise lauten:

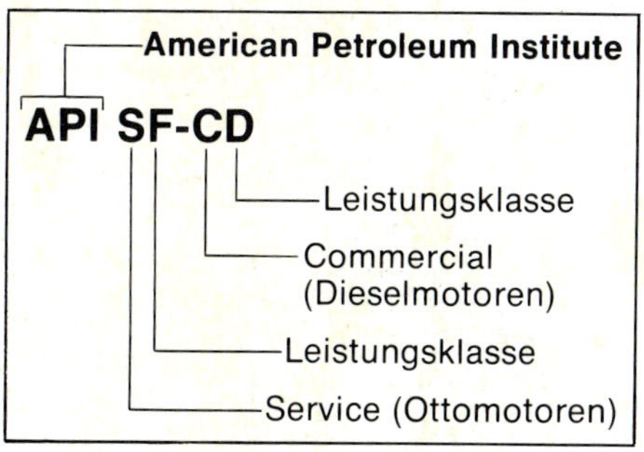

Als Kürzel werden angewandt und bedeuten:

Otto-Motoren:

SA Regular-Motorenöle ohne HD-Wirkung, für moderne Motoren ungeeignet.

SB Wie SA, jedoch mit Wirkstoffen gegen Verschleiß, Ölalterung und Korrosionen, etwa seit 1930 bekannt (als sog. Premium Öle).

SC Motorenöle mit Wirkstoffen zusätzlich zu SB gegen Kaltschlammbildung und Ölverkokung, etwa entsprechend Ford-Spezifikation M2C-101-A (1964–1967).

SD Motorenöle entsprechend den ab 1968 erhöhten Anforderungen nach Ford M2C-101-Bund GM6041-M (überdeckt SB und SC).

SE Motorenöle entsprechend den seit 1971/72 von der Automobilindustrie für Ottomotoren angesetzten Forderungen (stop-and-go-Verkehr) entsprechend Ford M2C-101-C und MIL-L-46 152.

SF Motorenöle mit erhöhter Oxydationsstabilität und verbessertem Verschleißschutzverhalten. Entsprechend den Anforderungen der Hersteller für Motoren ab Modelljahr 1980.

Diesel-Motoren:

CA Motorenöle für leichte Beanspruchung sowie Kraftstoffe bis 0,95% Schwefelgehalt. Entspricht MIL-L-2104 A.

CB Motorenöle für mittlere Beanspruchungen sowie ab 0,95% Schwefelgehalt. Entspricht Supplement 1 sowie DEF 2101 D.

CC Motorenöle für schwere Beanspruchungen entsprechend MIL-L-2104 B (erfüllt Caterpillar 1-H-Test).

CD Motorenöle für schwerste Beanspruchungen, insbesondere in aufgeladenen Dieselmotoren (erfüllt Caterpillar 1-G-Test) entsprechend MIL-L-2104 C, bzw. früher MIL-L-45199 B sowie Series 3.

Für Einbau-Benzinmotoren kaufe man nur Viertakt-Motoröle der Bezeichnungen „SE" und „SF", für Dieselmotoren nur „CC" und „CD". Aufgrund von Rationalisierungen werden meistens Motorenöle angeboten, die für Benzin- und Dieselmotoren gleichermaßen verwendet werden können und dann die oben genannte Bezeichnung tragen.

BIA

Abk. für Boating Industry Association (Vereinigung der US-Bootsindustrie), die Testzeugnisse für Zweitakt-Motorenöle ausstellt. Das entsprechende Zertifikat ist beispielsweise mit der Buchstabenkennung BIA TC – W versehen, in dem das Schlußkürzel heißt: Two cycle watercooled = für

Zweitakter, wassergekühlt. Insbesondere betrifft diese BIA-TC-Freigabe das Mischungsverhältnis, das von 1:16 bis 1:100 geht und 1 Liter Öl auf 16 Liter Treibstoff bzw. 1 Liter auf 100 Liter Treibstoff bedeutet. Achten Sie beim Kauf eines Außenbordmotorenöls auf das BIA-Zeichen!

HD
Abk. für Heavy Duty, deutsch etwa „schwere Beanspruchung", bei der Kennzeichnung der Motoröle. Ursprünglich übliche Bezeichnung für Diesel-Motorenöle nach → MIL-Spezifikation (MIL-L-2104). Heute allgemein verwendete Bezeichnung für eine Reihe von Zusätzen und Eigenschaften des Motorenöls, um Verbrennungsrückstände zu lösen, gegen Korrosion zu schützen und den Verschleiß des Motors zu reduzieren.

MIL (siehe nächste Seite)

NLGI-Klassen
NLGI = Abk. für National Lubricating Grease Institute in den USA, deren Klasseneinteilung für Lagerfette aller Art in die DIN-Norm übernommen wurde. Die Messung der Walkpenetration erfolgt nach einem Prüfverfahren, bei dem der Weichhaltegrad nach der Kegelmethode (DIN 51804) geprüft wird: Er gibt die Eindringtiefe eines Kegels in Zehntelmillimetern in das Prüffett an. So ergeben sich folgende Klassen:

NLGI-Klasse	Walkpenetration
000	445 bis 475
00	400 bis 430
0	355 bis 385
1	310 bis 340
2	265 bis 295
3	220 bis 250
4	175 bis 205
5	130 bis 160
6	85 bis 115

Die NGLI-Klasse „000" mit einer Walkpenetration von 445, d. h. einer großen Eindringtiefe des Kegels, stellt ein Fließfett dar. Demgegenüber bezeichnet die Klasse „6" mit einer Walkpenetration von 85 ein sehr zähflüssiges Fett, z. B. Wasserpumpenfett für den Ruderschaft. Mehrzweckfette haben die Klassen 1+2, Wälzlagerfette 3+4, Staufferfette 1+2, Getriebefette 0.

MIL
Abk. für „Military" aus den Military-Spezifikationen der US-Army. MIL-Zertifikate werden nach Absolvieren von Testprogrammen erlangt und von den US-Militärbehörden erteilt. Am bekanntesten sind die Spezifikationen mit den Mindestanforderungen für Diesel-Motorenöle MIL-L-2104 und für Getriebeöle MIL-L-2105.

SAE
Abk. für Society of Automotive Engineers. Die Kurzbezeichnung ist für die Einteilung der Schmierstoffe in Viskositätsklassen für Motoröle, also ihre unterschiedlichen Flüssigkeitsstufen von Bedeutung.

SAE-Viskositätsklassen für Motoren-Schmieröle
Sie reiche von SAE 5 (dünnflüssig) bis SAE 50, was dickflüssig bedeutet. Die Viskositätsklassen betreffen die dynamische Viskosität mit der Maßeinheit Centipoise (cP) und die kinematische Viskosität, Maßeinheit Zentistoke (cSt).
So bedeutet beispielsweise „SAE 15 W" einen cP-Wert von 2400 bis 4800 bei −17,8° C und „SAE 50" einen cSt-Wert von 16,8 bis 22,7 bei 98,9° C, und die übliche Bezeichnung „SAE 15 W-50" ein Motorenöl, das die Viskositätsforderung je einer Klasse bei −17,8 und +98,9° C erfüllt.
Nach meinen Erfahrungen können im gesamten Fahrtgebiet von Mitteleuropa und unter normalen Betriebsbedingungen einer Segelsaison Motorenöle mit der Viskosität „SAE 20 W-40" bedenkenlos für Benzin- und Dieselmotoren verwendet werden. Ausreichend ist jedoch bereits das spezielle Bootsmotorenöl (von Castrol) mit der Bezeichnung „SAE 20 W+30 HD", das die beiden Bereiche 20 W–20 und 20 W–30 überbrückt und auch preislich empfehlenswert ist.

Sommer

Wartung und Pflege

Reinigungsmittel für alle Bootsbereiche

Spezielle Reinigungs- und Pflegemittel für Boote sind noch rar. Aber da an Bord die gleichen Chromteile verwendet und ähnliche technische Anlagen benutzt werden wie beim Auto und die Lackschichten unseres Autos weitgehend auf den gleichen Grundstoffen basieren wie Gelcoat oder Farbüberzug unseres Bootes, lassen sich viele Pflegemittel des rollenden Verkehrs auch im maritimen Bereich benutzen. Dies gilt insbesondere für alle erprobten Motoren-Mittel.

Boote leiden mehr unter Verwitterungserscheinungen und Auskreidungen als Autos, die in der Garage stehen oder höchstens mit (süßem) Regenwasser in Berührung kommen. „Weiche" Mittel sind daher weniger empfehlenswert als „harte", und man kann auch kräftig mit harter Hand arbeiten, um eine rauhe, verwitterte Oberfläche wieder zu glätten. Das ist nicht nur bei einem Unterwasserschiff empfehlenswert, um das Boot schneller zu machen, sondern auch bei den weiten Decksflächen, wo sich mehr Schmutz ansammeln kann, je rauher die Oberflächen sind.

Am preiswertesten sind pastenförmige Mittel. Ihre Verarbeitung bedeutet aber auch die härteste Knochenarbeit. Flüssige Pflegemittel sind teurer, aber sie lassen sich auch von der Bordfrau verarbeiten. Am meisten Geld muß man für Sprühmittel ausgeben, weil hier ein Teil der Substanz im wahrsten Sinne des Wortes „in die Luft" geht. Die Mehrkosten nehme man nur in Kauf, wenn sie die einzige Möglichkeit bieten, an schwer zugängliche Teile von Motor oder Bordelektrik heranzukommen.

Die nachfolgende Liste der Pflegemittel erhebt keinen Anspruch auf Vollständigkeit. Sie zeigt nur, für welchen Zweck Fabrikate hergestellt und von welchen Firmen sie angeboten werden, damit sich der Bootseigner beim Einkauf im Fachhandel besser verständigen kann.

Für das tägliche Reinschiff

Quix-Alfa-Neutrale Seife
Quix-Yachting,
Höltenweg 85
4400 Münster
Tel. 0251/61 60 51

In See- wie Süßwasser verwendbare organische Bioseife zur Reinigung von Booten aus GFK, Stahl, Holz und Aluminium sowie für Teak-Decks. Ph-Wert neutral, UV-sicher, phosphat- und alkalifrei, biologisch voll abbaubar. Eimer ab 1 kg.

Wardopol Yacht-Cleaner
J. Rustein-Eisenrustein KG
Harmoniestraße 22
4100 Duisburg 13

Universal-Reinigungs- und Entfettungsmittel für Deck, Motor, Rumpf und Bilge. Läßt sich in Mischungsverhältnissen 1:10 bis 1:100 verwenden. Sehr sparsam und preisgünstig. Gebinde ab 1000 ml.

Spezielle Reinigungs- und Pflegemittel für Kunststoffboote

International Yacht Cleaner
International Farbenwerke
Postfach 80 04 49
2050 Hamburg 80
Tel. 040/7 20 20 11

Konzentriertes, biologisch abbaubares Reinigungs- und Entfettungsmittel für Boote aus GFK, Anstrichstoffe, Glas, Gummi, PVC und unbeschichtetes Aluminium. Für die Verdünnung mit Frischwasser und Salzwasser geeignet. Gebinde 500 ml.

International Yacht Polish
International Farbenwerke
2050 Hamburg 80

Ein mildes, dickflüssiges Poliermittel zur Nachbehandlung gereinigter GFK- und Lackoberflächen. Es enthält weiche Schleifmittel zum Entfernen kleiner Kratzer sowie ein schützendes Wachs für anschließenden Hochglanz. Handgriff-Gebinde 500 ml.

International Yacht Wax
International Farbenwerke
2050 Hamburg 80

Flüssiges Wachs als Langzeitschutz für GFK- und Lackoberflächen. Kann bei jedem Wetter angewandt werden, schützt lange gegen die Wirkung von UV-Strahlen und bewahrt den Glanz. Handgriff-Gebinde 500 ml.

International Yacht Rubbing
International Farbenwerke
2050 Hamburg 80

Ein Schleifmittel zum Reinigen und Polieren von oxydierten Oberflächen. Entfernt hartnäckigen Schmutz und kleine Schrammen. Auch zum Polieren von Metallteilen zu verwenden. Dose 300 g.

Quix-Golf
Quix Yachting
Höltenweg 85
4400 Münster
Tel. 0251/61 60 51

Konzentrierter Gelcoat-Reiniger für extrem verschmutzte GFK-Flächen. Greift Gelcoat nicht an, aber Gummihandschuhe benutzen. Gebinde 500 ml.

Quix-Bravo
Quix Yachting
4400 Münster

Spezielle Acryl-Kunststoff-Versiegelung für GFK-Oberflächen mit Langzeit- und UV-Schutz ohne nachträgliches Polieren. Gebinde 500 ml.

Oskar's Boat Cleaner
Verkauf A. W. Niemeyer
Rödingsmarkt 29
2000 Hamburg 11
Tel. 040/36 35 86

Reiniger für stark verwitterte Kunststoffboote. Wirkt porentief und materialschonend. Schafft trockene, fettfreie Oberflächen. Gebinde 1000 ml.

Oskar's Boat Polish
Verkauf A. W. Niemeyer
2000 Hamburg 11

Milder Reiniger für verwitterte Kunststoff-Oberflächen. Kann vor, während und nach der Saison aufgetragen werden. Gebinde 1 l.

Oskar's Boat Wax
Verkauf A. W. Niemeyer
2000 Hamburg 11

Versiegelungswachs, das einen glatten und harten Spiegelglanz bildet, der widerstandsfähig gegen Flecken und Witterungseinflüsse ist. Dose 1000 ml.

ACP-Marine-System mit Cleaner, Coating sowie Zubehör
Verkauf A. W. Niemeyer
2000 Hamburg 11

Das mehrteilige System besteht aus einem Reiniger und einem flüssigen Acryl-Kunststoff und ergibt eine Beschichtung mit einer Lebensdauer von 3 bis 5 Jahren. Das jährliche Wachsen und Polieren entfällt. Ältere Rümpfe müssen mit Lammfellscheibe und Paste poliert werden. Es wird komplette Grundausrüstung angeboten.

Bootspolish
Südwest von Höveling
2000 Hamburg 54

Silikonfreies Pflegemittel mit UV-Filter zum Reinigen und Polieren von Kunststoff- und Lackoberflächen.

Boots-Cleaner
Chemische Fabrik Feldten
Röhfeldstraße 48
5300 Bonn 3
Tel. 0228/46 61 77

Flüssiges Reinigungsmittel für Kunststoffboote mit Antistaticum, das schnell und gründlich säubert, die elektrostatische Aufladung vermindert und die Haftfähigkeit der Staubpartikel vermeidet. Plastikflasche 1000 ml.

GFK-Boats-Conserver
Chemische Fabrik Feldten
5300 Bonn 3

Materialfreundliches Reinigungs- und Pflegemittel für Kunststoffboote. Wirkt wasserabweisend, konservierend und antistatisch. Leichte Haarrisse und Kratzer auf der Oberfläche werden fast unsichtbar. Blechflasche 500 ml.

Custom Marine Polish 6744
Hempel's Yachtfarben
Bergstraße 11
2000 Hamburg 1
Tel. 040/33 17 76

Ein Spezialmittel mit flüssigem Acrylglas, das in einem einzigen einfachen Arbeitsgang die Oberfläche von Kunststoffbooten reinigt sowie gleichzeitig poliert und schützt. Enthält kein Wachs und kann auch vor Anstricharbeiten benutzt werden. Gebinde 500 ml.

Reinigung und Pflege von Teakdecks und Naturholzflächen

Teak Cleaner
International Farbenwerke
Postfach 80 04 49
2050 Hamburg 80
Tel. 040/7 20 20 11

Biologisch abbaubares Reinigungsmittel, das mit Schwamm oder Pinsel auf das feuchte Holz aufgetragen und nach 15 Minuten Einwirkzeit mit der Bürste geschrubbt wird. Anschließend großzügig mit Wasser abspülen. Handgriff-Kanister 500 ml.

Teak-Oil
International Farbenwerke
2050 Hamburg 80

Zur Nachbehandlung nach Verwendung von Teak Cleaner. Schützt das Holz, verhindert den Verlust des natürlichen Öls sowie das Eindringen von Wasser und schafft rutschfreie, leicht zu reinigende Oberflächen. Behandlung mehrmals in der Saison wiederholen. Handgriff-Kanister 500 ml.

Quix-Hotel
Quix Yachting
Höltenweg 85
4400 Münster
Tel. 0251/61 60 51

Pflegemittel, das mit dem Lappen aufgetragen wird, die Fäulnis-Bildung verhindert und der Oberfläche den nötigen Schutz gibt, ohne daß die Griffigkeit verloren geht. Flasche 500 ml.

Teak Cleaner 6754
Hempel's Yachtfarben
Bergstraße 11
2000 Hamburg 1
Tel. 040/33 17 76

Reinigungspulver in einer Streudose, das auf das feuchte Deck gestreut und nach ca. 10 Minuten Einwirkzeit mit Wurzelbürste abgeschrubbt wird. Sehr bewährtes Produkt in 850-g-Gebinde.

Teak Sealer 6757
(Teak-Versiegelung)
Hempel's Yachtfarben
2000 Hamburg 1

Ein dünnflüssiges Naturöl, das mit Anti-Fäulnis-Zusätzen tief in das Holz eindringt und die Poren atmungsaktiv gegen Schmutz und Feuchtigkeit versiegelt. Zum Auftragen mit Pinsel. Gebinde 750 ml.

Teak Finish 6756 (Teaköl)
Hempel's Yachtfarben
2000 Hamburg 1

Ein dünnflüssiges pigmentiertes Konservierungs- und Pflegemittel auf Naturölbasis mit Anti-Fäulnis-Zusatz für innen und außen. Bewährter Schutz gegen starke Sonneneinstrahlung. Auftragen mit dem Pinsel. Gebinde 750 ml.

Teak Wonder
Importeure Ferropilot
Siemensstraße 35
2084 Reimlingen
Tel. 04101/30 12 40

Ein aus Cleaner, Brightener und Sealer bestehender Pflegesatz zum Reinigen, Versiegeln und Nachfärben von Teakdecks. Zwei Plastikflaschen und Dose, zusammen 2,0 kg.

Reinigung und Pflege von Aluminiummasten

Alu-Reiniger
Südwest von Höveling
2000 Hamburg 54

Farbloses Mittel zum Reinigen von eloxiertem Aluminium, insbesondere Masten und Beschläge. Gebinde 500 ml.

Eloxier-Effekt-Spray
Südwest von Höveling
Schnackenburgallee 62
2000 Hamburg 54
Tel. 040/85 80 61

Wetterfestes Mittel in alu-silber, hellbraun oder schwarzbraun zum schnellen Ausbessern von eloxiertem Aluminium, anderer Metalle oder auch Hart-PVC. Spraydose 150 ml.

Quix-Foxtrott Alu-Polish
Quix Yachting
Höltenweg 85
4400 Münster
Tel. 0251/61 60 51

Silikonhaltiges Spezial-Erzeugnis für die schützende Behandlung von Aluminium sowie Reinigungs- und Pflegemittel für Metallflächen aus Aluminium. Säure- und alkalifrei, entspricht den Richtlinien der Aluminiumzentrale. Gebinde 500 ml.

The Stuff for Aluminium
Verkauf A. W. Niemeyer
Rödingsmarkt 29
2000 Hamburg 11
Tel. 040/36 35 86

Reinigungsmittel für Masten, Bäume, Beschläge und Fenster aus Aluminium. Entfernt auch stärkere Oxydation. Plastikflasche von ca. 450 ml Inhalt reicht für die Reinigung eines ca. 15 m langen Mastes.

Segelreinigung – Segelwäsche

Quix-Lima
Quix Yachting
Höltenweg 85
4400 Münster
Tel. 0251/61 60 51

Flüssiges, kraftvolles Reinigungsmittel ohne Phosphat. Verarbeiten mit Mischung 1:50. Flecken vorher einweichen. Mit Süßwasser gründlich abspülen. Gebinde 500 ml.

Anti-Schimmel-Spray
Chemische Fabrik Feldten
Röhfeldstraße 48
5300 Bonn 3
Tel. 0228/46 61 77

Die 400-ml-Sprayflasche reicht für ca. 12 bis 15 m^2 Segelfläche, um Schimmel abzubauen, den Stoff zu desinfizieren und vorbeugenden Fäulnisschutz zu bieten.

Allzweck-Imprägnierung
Chemische Fabrik Feldten
5300 Bonn 3

Ein fäulnishemmendes, atmungsaktives Mittel, das Segel aus Synthetik und Naturfasern pflegt und Sportbekleidung wie Spritzverdecke wasserdicht macht. Dose von 600 ml reicht für ca. 12 bis 16 m^2 Fläche.

Schimmelfresser
Südwest-Von Höveling
Schnackenburgallee 62
2000 Hamburg 54
Tel 040/85 80 61

Jodhaltiges Mittel gegen Schwarzschimmel, das Stockflecken aus Segeln sowie Schimmel, Algen und Moosbelag von allen befallenen Flächen entfernt. Sprühflasche 500 ml für ca. 6 bis 8 m^2 Fläche.

Kajüte und Inneneinrichtung

Quix-Echo-Holzpflegemittel
Quix Yachting
Höltenweg 85
4400 Münster
Tel. 0251/61 60 51

Für Reinigung, Pflege und Schutz der Edelholzflächen unter Deck, auch für die Holzwände der Naßzellen. Schützt auch Flächen anderer Materialien im Wohnbereich sowie mattiertes, poliertes und lackiertes Holz. Sprayflasche 400 ml.

Spezielle Reinigungs- und Pflegemittel für Schlauchboote

Boogla-Cleaner
Chemische Fabrik Feldten
Röhfeldstraße 48
5300 Bonn 3
Tel. 0228/46 61 77

Hochwirksames Spezial-Reinigungsmittel für Schlauch- und Luftboote mit Antistaticum. Reinigt schonend, gründlich und hemmt den Algenbefall. Flasche 500 ml.

Gummi-Pflege-Spray
Chemische Fabrik Feldten
5300 Bonn 3

Hält alle Gummiteile dauerelastisch und frischt sie auf. Spraydose 200 ml.

Boogla-Finish
Chemische Fabrik Feldten
5300 Bonn 3

Oberflächenschutz für alle Schlauch- und Luftboote. Wirksames Pflege- und Glanzmittel auch für robuste Bootshäute. Porentiefer Schutz, wasserabweisend und konservierend. Plastikflasche 500 ml.

Boots-Finish
Deutsche Schlauchbootfabrik
Am Anger 5
3456 Eschershausen
Tel. 05534/30 10

Reinigungs- und Pflegemittel für Schlauchboote aller Größen und für Bootshäute aller Stärken. Wirkt antistatisch, hemmt Algenbefall. Spritzflasche 500 ml.

Spezialmittel für Toiletten

S 2000 Sanitär-Fluid
Chemische Fabrik Feldten
Röhfeldstraße 48
5300 Bonn 3
Tel. 0228/46 61 77

Kraftkonzentrat für Chemical-Toiletten mit keimtötender und geruchsbindender Wirkung. Schafft hygienische Toilettenverhältnisse. Frei von Formaldehyd. Umweltfreundlich, biologisch abbaubar. Kanister 2,5 l und 5 l.

... und für die persönliche Körperpflege

Quix-Juliett
Quix Yachting
Höltenweg 85
4400 Münster
Tel. 0251/61 60 51

Hygienische Körper-Waschlotion. Entfaltet zarten, cremigen Schaum, reinigt sanft und porentief. Rückfettend, neutral, phosphat- und formaldehydfrei. 300-ml-Gebinde.

Sea Soap-Seewasserseife
Verkauf A. W. Niemeyer
Rödingsmarkt 29
2000 Hamburg 11

Seife in fester Form zur Körperpflege und zum Händewaschen mit Seewasser. Im Stück mit 55 g Gewicht.

„Sea Savon"-Waschlotion
Verkauf A. W. Niemeyer
2000 Hamburg 11

Ein Dusch- und Schaumbad zum Gebrauch in Salzwasser, das Haare und Haut reinigt und pflegt. Plastikflasche 250 ml.

Spezialreiniger für Fender, Gummi- und Plastikteile

Fender-Putz mit Spezial-Putztuch
Verkauf A. W. Niemeyer
Rödingsmarkt 29
2000 Hamburg 11
Tel. 040/36 35 86

Ein hautschonendes, rückfettendes, wasserlösliches und umweltfreundliches Reinigungsmittel für Gummi- und Plastikfender sowie Plastik-Persenninge, das schonend Teer- und Umweltschmutz löst. Plastikflasche 1000 ml.

Quix-India
Quix Yachting
Höltenweg 85
4400 Münster
Tel. 0251/61 60 51

Biologisch abbaubarer, lösungsaktiver Reiniger für Fender und alle Kunststoff-Flächen an Bord, geeignet zur Beseitigung von Öl- und Teerflecken, Wachsfilmen, fetthaltigem Schmutz und störenden Wachsschichten. Gebinde 500 ml.

Bilgen-Reinigungsmittel

Wardol-Bilge
J. Rustein-Eisenrustein KG, Harmoniestraße 22, 4100 Duisburg 13

Neuentwickelter Kaltreiniger, der in Sekundenschnelle Öl und Wasser trennt. Sehr gute Reinigungskraft und Ölabscheidung. Gebinde 10 kg.

Tyfo-Bilgencleaner
Tyfoprop-Chemie GmbH, Hellbrookstraße 5a, 2000 Hamburg 60

Flüssiger Spezialreiniger aus waschaktiven Substanzen und Emulgatoren, der in Süß- und Salzwasser wirkt. Plastikkanister mit 1–200 l Inhalt.

Quix-Charly
Quix Yachting
Höltenweg 85
4400 Münster
Tel. 0251/61 60 51

Im Sinne des deutschen Detergentiengesetzes biologisch voll abbaubares Spezialmittel für starke Verschmutzung für Fett, Öl- und Teerflecken und für die Reinigung des Motors und dessen Teile. Ein Bilgenreiniger auf Kaltreiniger-Basis. Plastikflasche 500 ml.

Reinigungs- und Pflegemittel für Metallteile sowie Rostentferner

Tyfoseal 507–Rostschutz
Tyfoprop Chemie GmbH, Hellbrookstraße 5a, 2000 Hamburg 60

Oberflächenaktiver Filmbildner mit Kriechwirkung. Unterwandert Wasser und schützt auch gegen Salzwasser und schwache Säuren. Sprühdose 250 ml und Behälter 1 l.

Quix-Delta
Quix Yachting
Höltenweg 85, 4400 Münster
Tel. 0251/61 60 51

Ein spezieller Metallreiniger mit Rückfettung für alle Stahl-, Kupfer-, Bronze- und Messingteile an Bord. Reinigt und konserviert.

The Stuff for Stainless Steel
Verkauf A. W. Niemeyer
Rödingsmarkt 29
2000 Hamburg 11
Tel. 040/36 35 86

Spezialreiniger für alle Teile aus rostfreiem Stahl, Messing, Chrom und Kupfer mit starker Wirkung. Einfache Handhabung. Plastikdose mit Schraubverschluß ca. 500 g.

Bostik Antirost
Bostik GmbH., 637 Oberursel/Taunus

Flüssiger Rostentferner und Rostumwandler, mit Wasser verdünnbar. Auch als Haftgrund für Lackierungen geeignet. Flasche 100 ml.

Bostik Antirost Plus
Bostik GmbH., 637 Oberursel/Taunus

Zähflüssiger Rostentferner und Rostschutz mit Kupfer- und Antimongehalt. Bildet als Rostumwandler metallhaltige Schutzschicht, auch als Grundierung für spätere Lackierung. Flasche 100 ml.

Mittel gegen Korrosion

Bayer-Marine Spray
Bayer AG, Leverkusen
Verkauf überall im Fachhandel

Ein nicht fettendes Gleit-, Konservierungs- und Pflegemittel auf Silikon-Basis, aber wasserabweisender Wirkstoff für alle gleitenden und drehenden Teile sowie Kabelverbindungen an Bord. Spraydose 300 ml.

Trost-Multi-Function
Verkauf A. W. Niemeyer
Rödingsmarkt 29
2000 Hamburg 11
Tel. 040/36 35 86

Korrosions-Spray in 300-ml-Dose, das Korrosion stoppt und beseitigt, Feuchtigkeit abhält und Wasser unterkriecht. Für feuchte Motorenteile, nasse Elektrik und eingerostete Verbindungen.

Polifac-Kriechöl
Siegel-Werke, 4000 Düsseldorf

Beseitigt Zündstörungen und Quietschen, löst Rost und schützt Metall. Sprühflasche mit 300 ml Inhalt.

Sonax Oil
Franz Hoffmann & Söhne, 8858 Neuburg/Donau

Ein Kriechöl mit Molybdänsulfid, das Wasser und Rost unterläuft, Korrosion stoppt und schmierend wirkt. Sprühdose mit 400 ml Inhalt.

Grafit-Öl
Rex GmbH.., 6500 Mainz

Spray mit Molybdänsulfid. Löst Rost, schützt vor Korrosion, verdrängt Feuchtigkeit, beseitigt Quietschgeräusche. Sprühflasche.

... und bewährte Haushalts-Pflegemittel für den Bordgebrauch

Ako Pads
Höhn & Höhn GmbH., 5657 Haan, Postfach 1304

Putzkissen aus feiner Stahlwolle mit Seifensubstanz und Fettlöser, geeignet für Reinigung aller Materialien (aber nicht von lackierten Flächen!). Packung mit 6 Stück und Ablegeschale.

Neptun

Flüssige grüne Seife, mit Wasser verdünnbar, für Verschmutzungen aller Art auf PVC- und Fliesenböden sowie anderen Materialien. Plastikflasche mit 1000 ccm Inhalt.

Fairy Spicspan
Procter & Gamble, 6000 Frankfurt/Main

Pulverförmiges, mit Wasser verdünnbares und sehr aktives Reinigungsmittel für alle abwaschbaren Flächen aus verschiedenen Materialien. Packung 410 g Inhalt.

dor
Henkel-Werke, 4000 Düsseldorf

Pulverförmiges, mit Wasser verdünntes Haushaltsmittel zur Reinigung von Oberflächen, Lack- und Kunststoffteilen. Auch für Metall geeignet. Packung mit 230 g Inhalt.

Ajax
Colgate-Palmolive, 2000 Hamburg

Flüssiger Allzweck-Reiniger mit Salmiak, mit Wasser verdünnbar. Plastikflasche mit 500 ccm Inhalt.

Rex Pads
Rex GmbH., 6500 Mainz

Vielfältig verwendbare Stahlwolle mit Seifensubstanz, speziell bei stark verschmutzten Kunststoff-Oberflächen. Karton mit 8 Stück.

Meister Proper
Procter & Gamble, 6000 Frankfurt/Main

Flüssiges Reinigungsmittel für alle abwaschbaren Flächen, auch Farben. Wird mit Wasser verdünnt. Plastikflasche 1000 ccm Inhalt.

Essovarsol Spezial
Esso-Chemie

Vielseitiges Reinigungsmittel, speziell für Teile aus hartem und weichem Kunststoff, zum Entfernen von Farb-, Fett- und Teerflecken sowie zum Verdünnen von Lacken und zum Säubern von Pinseln. Kanister mit 1000 ccm Inhalt.

Reinschiff – auf Kunststoffbooten ein Problem

Kunststoffboote leiden mehr unter der Luftverschmutzung als Boote aus anderen Materialien. An der See und fernab von Industriegebieten bleiben sie sauber, aber nahe bei großen Städten und besonders bei Regen und Nebel bleibt der Staub und Dreck haften. Im Gegensatz zu lackierten Flächen auf Holz- und Stahlbooten, bei denen man alle Staubpartikel aus Fabrikschornsteinen, Kraftwerken und Heizungsanlagen mit einem Ledertuch einwandfrei abwischen kann, bleiben diese auf Kunststoffdecks viel penetranter kleben. Besonders an jenen Stellen des Decks, wo Wasser abläuft oder abtropft, kann die Verschmutzung so stark sein, daß der Eigner zu scharfen Scheuermitteln (Ajax, Vim) greift und die glatte Oberfläche dadurch noch mehr aufrauht. Rohe und matte Oberflächen neigen dann noch mehr zur Verschmutzung und vergrößern die Problematik.
Die Hersteller der Kunstharze haben Versuche mit Geweben gemacht, die mit einem Netz von dünnsten Kupferdrähten versehen waren und hinter der ersten Matte anlaminiert wurden. Entsprechend der Maschen-

weite dieser Kupferdrähte war es möglich, die elektrostatische Aufladung, die diese Schmutzhaftung bewirkt, zu reduzieren und damit die Verschmutzung der Deckflächen zu verringern. Diese Methode wird aber das Reinschiff auf Kunststoffbooten erst in der Zukunft erleichtern. Bis dahin müssen wir unter drei Möglichkeiten wählen:

1. Man schrubbt das Deck mit Schmierseife, spült jedoch nicht nach. Die Schmierseife bildet einen Schutzfilm und verhindert die Verunreinigung.

2. Nach dem üblichen Deckwaschen spült man mit einem Konserviermittel nach oder poliert das Boot mit einem Glanzwachs. Auch hier wird der Kunststoff mit einem Schutzfilm überzogen.
   Der Nachteil: Die Wachs- oder Fettschichten machen das Deck rutschempfindlich. Nur aufgerauhte Trittflächen an Deck bieten ausreichende Standfestigkeit, wenn sie mit Wachs und Fett gegen übergroße Verunreinigung geschützt werden.

3. Schwarze Stellen, die von Gummisohlen (von Landratten als Besucher) an Bord verursacht werden, geht man nicht mit Ajax, Nagellack-Entferner (Azeton), Waschbenzin oder ähnlichen „harten Drinks“ zu Leibe. Das einfachste und billigste Mittel ist: Man radiere die schwarzen Stellen mit einem Radiergummi einfach weg. Gummi gegen Gummi wirkt bestimmt!

Tips für Saubermann und Crew

Ölflecken auf Deck

Sonnenöl ist das kleinere Übel, Dieselöl ein größeres, Motoröl bereitet Kopfschmerzen, Teerflecken und ähnlicher fetter Unrat sind zum Haareraufen – aber Ölbinder beseitigen auch die größten Ausdehungen:
Die Firma Öl-Schaden-Dienst Take in 8000 München 50, Trumppstr. 2

liefert Ölbinder in 1-kg-Plastikgefäßen, flüssig oder trocken in Körnchenform.
In Kaufhäusern kann man Moltoclar (vom gleichen Hersteller wie die Füllmasse Moltofill) entweder als Spraydose oder in Blechflaschen mit ca. 800 ccm Inhalt als zuverlässigen Ölflecken-Entferner bekommen. Er wird mehr oder weniger verdünnt und dann mit Wasser und Schrubber nach Gebrauchsanweisung aufgetragen. Auch im Fachhandel erhältlich.

Reinigung der Außenhaut

Das Wasser jedes Hafens ist – leider – voller Öl und Schmutz. Wellen verteilen diesen schwimmenden Unrat als breiten Streifen entlang des Wasserpasses – und nicht nur auf dem dunklen Unterwasserschiff! Jede Woche – zumindest alle zwei Wochen – muß die Außenhaut im Bereich der Wasserlinie gewaschen werden.
Von Deck und mit einem Schwabber klappt es nur bei Booten mit geringem Freibord. Bei großen Yachten muß man ins Dingi und die Arbeit

Abb. 55

von außen machen. Wer kein Beiboot oder Schlauchboot hat, das er für diesen Zweck benutzen kann, kommt auch mit zwei Autoschläuchen aus (Abb. 55), die man mit dem Blasebalg aufpustet. Eine Planke wird auf ihnen festgezurrt, und man kann auf einer Plattform arbeiten.
Aber wie hält man diesen schwimmenden Arbeitsplatz am besten in seiner Position, schiebt man sich am besten an der Wasserlinie entlang, ohne daß eine zweite Hand an Oberdeck das Dingi führen muß?
Ein Saugheber, den der Klempner (früher) zum Entleeren und Reinigen verstopfter Waschbecken benutzte, ist der beste „Festmacher" (Abb. 56). Eine Hand setzt den Gummisauger auf die Bordwand, die andere arbeitet mit Lappen, Bürste und Seifenlösung. Besser klappt dieses Festhalten an der Bordwand, wenn man ein- oder zweiteilige Sauggriffe benutzt, die der Fachhandel für diesen Zweck liefert. Das Ansaugen erfolgt durch Umlegen der Griffbügel bzw. Haltehebel. Die Haltekraft ist erheblich größer, und die Hände können sich an diesen Sauggriffen auch besser festhalten.

Abb. 57

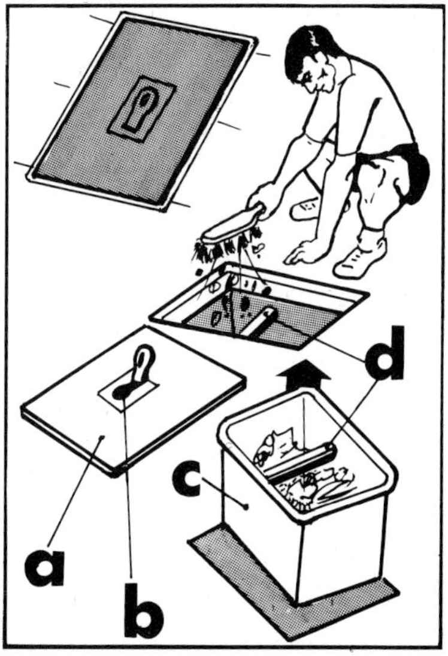

Abb. 56

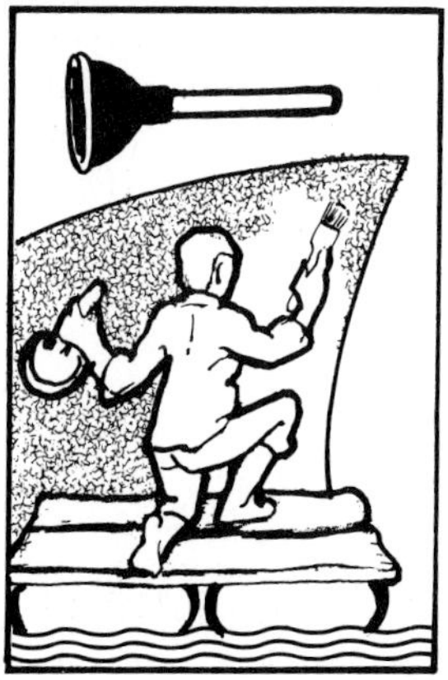

Wenn die Bordfrau fehlt

Auch an Bord muß man ausfegen, und der Dreck des Kajütfußbodens wird schnell weiter getragen. Fegen ist nicht angenehm, aber man bequemt sich eher dazu, wenn man nicht mit Kehrschaufel hantieren muß, sondern einfach eine Klappe im Fußboden öffnen kann, in die man den Kehricht hineinfegt (Abb. 57). Die Klappe (a) läßt sich mit einem Fingerhaken (b) leicht abheben; unter der Öffnung hängt ein genau eingepaßter Kasten (c), der nur einmal am Tage oder einmal in der Woche (je nachdem, wie gut erzogen die Crew ist) mit einem Querholz (d) angehoben und entleert werden muß.

Reparaturkoffer zum Kaltschweißen

Zur Reparatur einer Metallverbindung wurde ein neues Verfahren entwickelt, bei dem es keine offenen Flammen und keine Hitzeentwicklung gibt: Bei dem Durmetall-Kaltschweißverfahren handelt es sich praktisch um eine neuartige Methode der Beschichtung, die sich von üblichen Klebern und Zweikomponentenkitten günstig unterscheidet. Der kleinste „Durmetall ½-kg-Koffer“ kostet (1990) 518,– DM plus Mehrwertsteuer und enthält einschließlich Aktivator, Verstärkungsband, Trennmittel, Reiniger, Spachtel und Meßbecher alles Reparaturmaterial, das zu einer ähnlichen Verbindung von Metallen wie Schweißen und Löten dient. Die Reparaturstellen können später auch durch Bohren, Drehen, Fräsen, Feilen bearbeitet werden. Jeder Werkstoff kann mit jedem anderen Werkstoff verbunden werden, also auch Aluminium mit Kupfer, Messing mit Stahl usw. – Herstellung und Verkauf: Verfahrenstechnik G. Flammang, Truderinger Straße 208, 8000 München 82.

Vorbeugen ist besser als Pflegen

Bootspflege kostet Zeit und Geld. Da lohnt schon eine Überlegung, was man in Ausrüstungsteile investieren muß, um es später an Pflegemitteln und Arbeitszeit doppelt einzusparen. So fängt die Bootspflege mit der richtigen Auswahl von Ausrüstung und Werkzeug für den begrenzten Raum an Bord an.

Werkstatt und Werkzeug an Bord

Ein der Größe des Bootes angemessener Schraubstock gehört eigentlich immer an Bord. Die Kraft der Kombizange reicht für viele Reparaturen nicht mehr aus, und auch mit einer Rohrzange ist es nicht getan, wenn man vergammelte Verbindungen lösen muß – nicht nur während der Frühjahrsüberholung oder der Zeit des Einwinterns.
Die Werkbank ist eine kurze, kräftige Planke (Abb. 58), die über das kräftigste Lukensüll fassen kann. Hierfür schraubt und leimt man seitlich je zwei Querleisten an, damit sie nicht verrutschen kann, und sichert sie in dieser Lage entweder durch eine Schraubzwinge oder einen gekröpften Bolzen, der unter die Unterseite des Sülls (Decks) faßt.
Noch besser ist eine zweite Querplanke, die von unten gegen den Süllrand gesetzt und mit Hilfe eines Schraubhakens mit der oberen Planke verbunden wird. Man dreht nur noch die Flügelmutter an, und die Werkbank ist fertig.
Bei den Yachtausrüstern erhältlich ist auch ein kleiner Schraubstock, der in das Kurbelloch jeder handelsüblichen Schotwinsch eingesetzt werden kann. Erfahrungsgemäß ist dieses Fundament für alle Belastungen, die bei der Bearbeitung von Werkstücken im Schraubstock entstehen können, am besten geeignet. Der Sockel des aus seewasserbeständigem

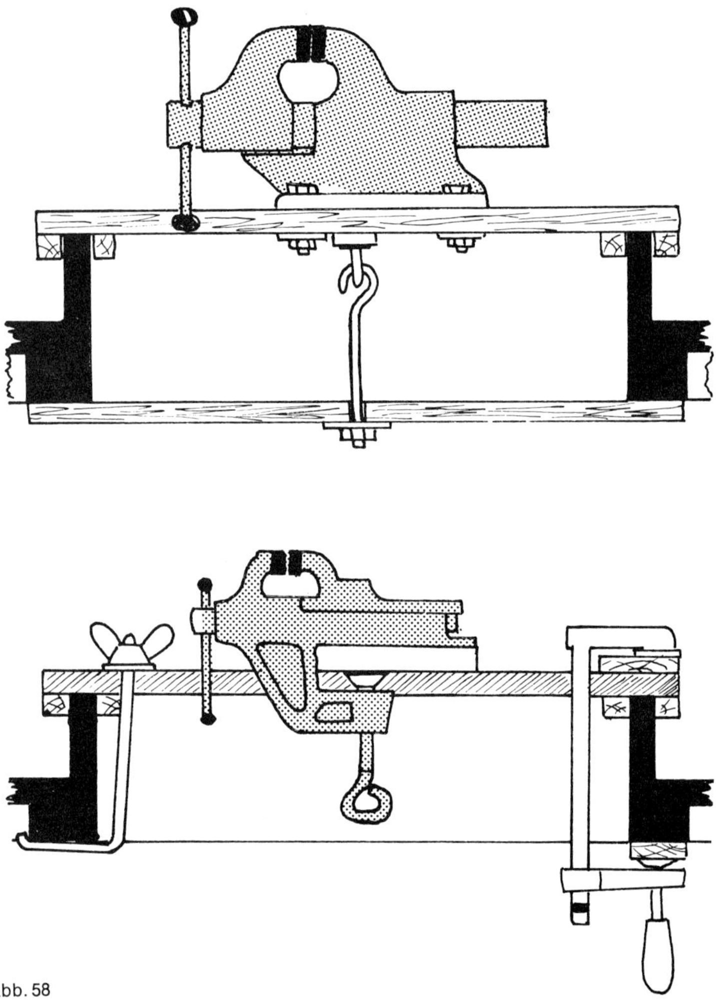

Abb. 58

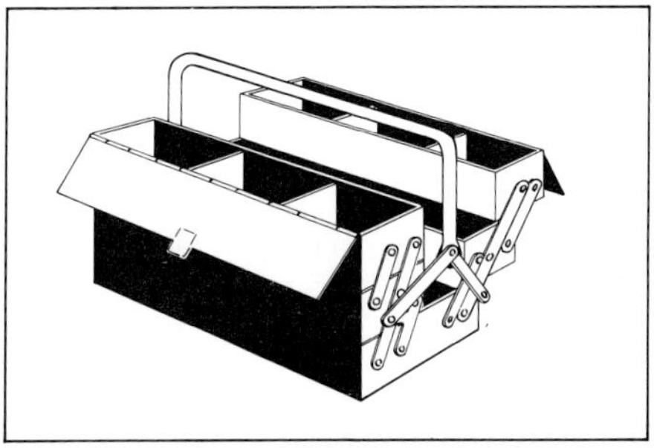

Abb. 59

Leichtmetall gefertigten und unter der Typenbezeichnung „Bord-Assi" für ca. 200,– DM angebotenen Schraubstocks wird verriegelt und mit einer Gegenmutter auf dem Winschenkopf festgesetzt. Die auswechselbaren Backen, die Amboßfläche, die Führungsstangen sowie andere belastete Teile sind aus Stahl gefertigt. Die Backenbreite beträgt 75 mm, ihre Öffnungsweite max. 80 mm. Für Motorboote wird anstelle der Schotwinsch eine Halterung angeboten, die man auf ein entsprechend belastbares Bauteil bolzen bzw. schrauben kann.
Das Werkzeug selbst kann man – wie daheim oder für seine Autopflege – in einem handelsüblichen Werkzeugkasten aufbewahren.
(Abb. 59), in dem nicht nur das nötige Handwerkszeug, sondern auch Schrauben und Nägel in der erforderlichen Anzahl und Größe griffbereit verstaut sind.
In jedem Falle gehören zu den Materialien, die wir auf einem größeren Boot an Bord haben sollten, Messing- und verzinkte Eisenschrauben, mehrerer Größen und unterschiedlichster Art (Abb. 60): mit Flachkopf (a), Rundkopf (b) und Linsenkopf (c); verzinkte Nägel (d) und Drahtstifte (e) sowie spezielle Ankernägel (f) mit zusätzlicher Haltefestigkeit. Ein ähnliches Sortiment an Bolzen und Bolzenschrauben (g, h, i, j) mit den entsprechenden Muttern ist empfehlenswert.
Farben und Bootspflegemittel müssen schlingersicher verstaut werden und doch griffbereit sein. Der beste Platz ist in Schubfächern entweder unter bzw. neben der Plicht oder im Achterschiff bzw. in den Backskisten der Plicht (Abb. 61). Hier lassen sich überall am besten schmale,

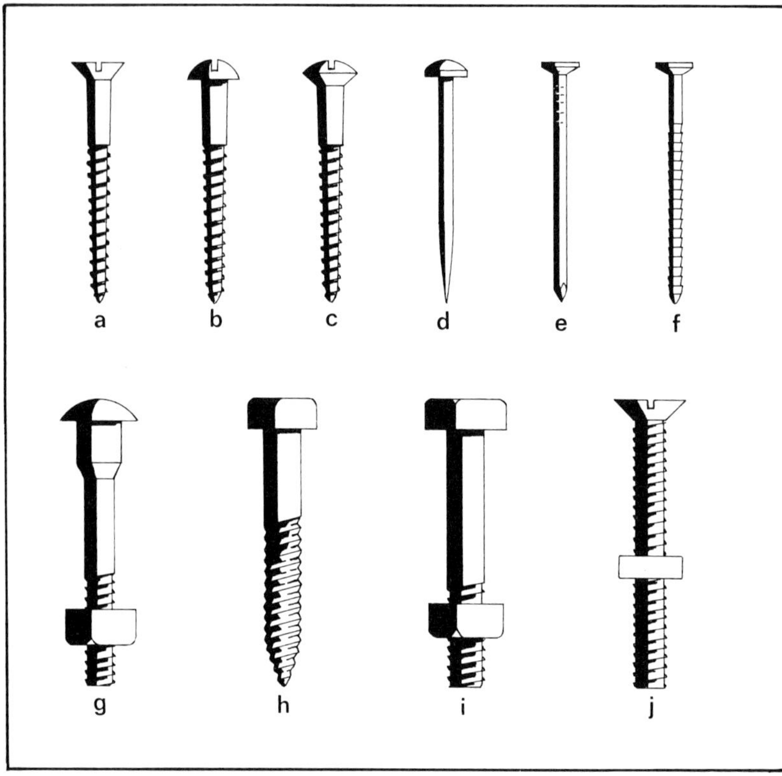

Abb. 60

mittellange Schübe mit Fächerung einbauen und gegen Herausrutschen mit Splinten sichern. In ähnlicher Form kann man daneben die Pinsel und das Werkzeug haltern (Abb. 62). Je mehr Platz hier ist, desto großzügiger kann man sich mit Werkzeug versorgen.

Wer jede Farbbeschädigung sofort beseitigt, spart im Herbst viel Zeit und verhindert, daß sich kleine Schäden zu größeren Reparaturen aus-

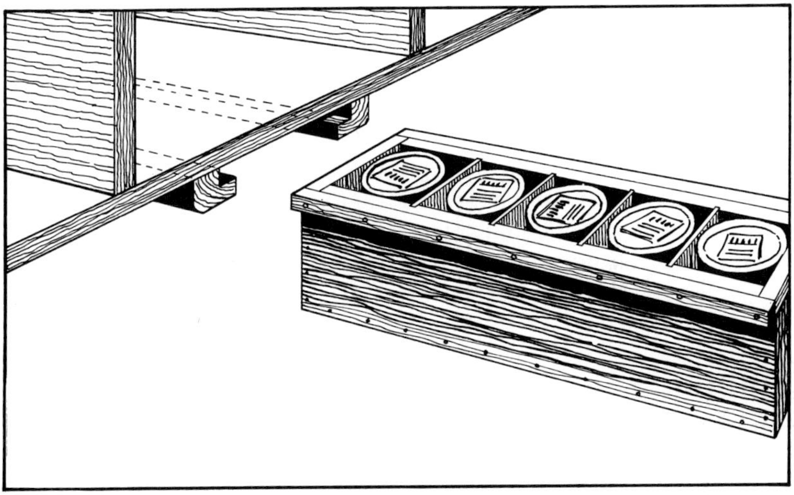

Abb. 61

▼ Abb. 62

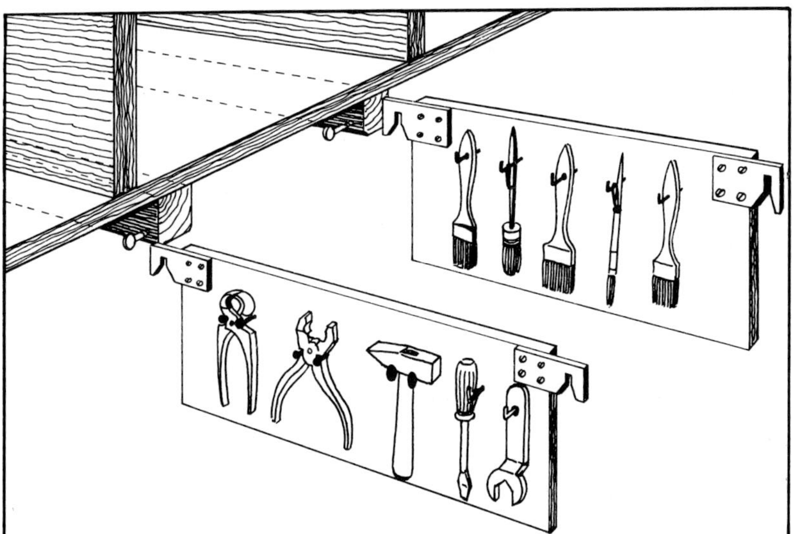

weiten müssen. Abb. 63 zeigt, wie man die Pinsel auch an Bord in einem Schubfach unterbringen kann. Sie liegen auf einer schiefen Ebene, damit der Griff stets trocken bleibt, während die Pinselspitzen in einen sehr flachen Verdünner- oder Wasseruntergrund hineinreichen, der natürlich bei gekrängtem Boot nicht über den Rand schwappen darf. Auch wenn man die Bodenflüssigkeit in der unteren Blecheinlage ausschüttet, kann man den ganzen Behälter wie eine Schublade irgendwo an Bord jederzeit griffbereit unterbringen, und gefüllt bleibt er dann nur in der Zeit zwischen dem Aufslippen im Herbst und der Frühjahrsüberholung daheim im Lagerraum stehen.

Vom Takelgarn zur Tauwerkschmelze

Takelgarn ist auch heute noch an Bord gefragt – nur nicht mehr zum Betakeln von Enden. Klebeband tut es auch (Abb. 64). Es haftet genau so gut, wenn es fest genug gewickelt wird. Es kann aber auch nur ein

Abb. 63

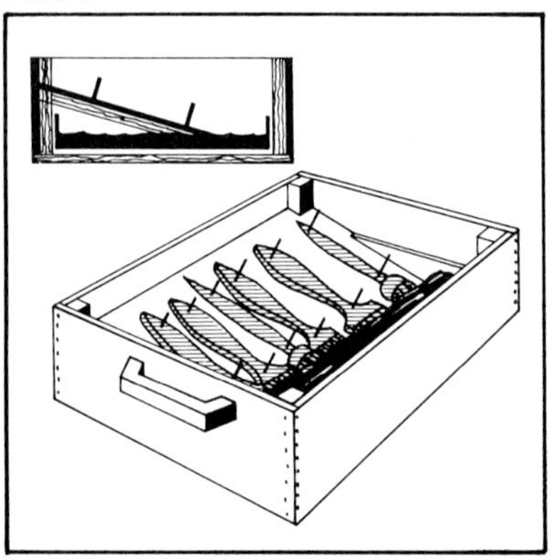

Abb. 66

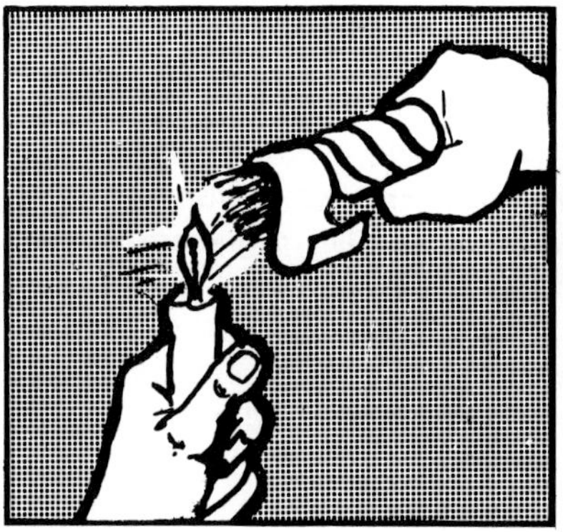

Abb. 64

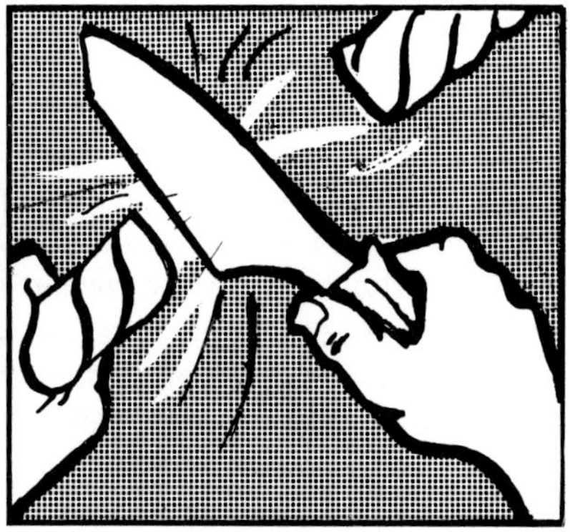

Abb. 65

Provisorium bleiben, bis das Kunststofftauwerk an seiner Schnittstelle verschmolzen wird.
Das Abschneiden der Enden ist einfach: Man macht die Messerschneide warm, dann teilt sie die Kardeele des Kunstfaser-Tauwerks wie weiche Butter (Abb. 65). Anschließend macht man auch die Spitze des Tampens selbst über einer Kerze oder der Pantry-Flamme warm und tupft sie senkrecht auf einen festen Untergrund, so daß sich alle Fäden miteinandere verschmelzen können.
Wer seine Seemannschaft noch liebt und ganz sicher gehen will, kann das Ende zuerst betakeln und dann ans Verschmelzen gehen. Der Takling kann nun nicht mehr abrutschen, und das Schiemannsgarn ist auch über die ganze Länge des Taklings jetzt fest in den Kunststofftampen eingegossen.
Die Rolle Takelgarn bewahrt man übrigens am besten in einem flachen Schraubglas auf (Abb. 66) oder in einem ähnlichen fest verschlossenen flachen Farbtopf. Das lose Ende hängt nach außen. Die Rolle wickelt sich jetzt innen ungestört bis zuletzt von selbst ab.

Fender: Gummipuffer an der Bordwand

Es kann der beste Eigner nicht in Frieden leben, wenn es dem bösen Nachbarn nicht gefällt – der Nachbar, das sind eiserne Spundwände, Pfähle mit vorstehenden Stahlbolzen, Kaimauern aus Beton, stählerne Schiffsrümpfe in Schleusen und andere Boote, die in glattem Wasser friedlich neben unserer Bordwand dümpeln, im Seegang aber gefährlich neben unserem spiegelblanken Überwasserschiff auf- und niedertanzen. Noch gefährlicher sind Nachbarn, die es werden wollen: Wenn sie mit Braßfahrt längsseits gehen und als Bremse nur der Steven ihres Bootes in unserer Bordwand bleibt.
Die Handhabung von Fendern ist so alt wie die Schiffahrt selbst, aber – glücklicherweise – das Fendermaterial ist wirksamer und dauerhafter geworden.
Die wichtigste Regel: So viele Fender und so große Fender wie möglich! Je dicker ein Fender ist, desto mehr Energie kann er absorbieren. Je mehr Fender man hat, desto besser kann man zahlreiche Gefahrenstellen schützen.
Kissenfender aus Segeltuch mit Schaumstoff-Füllung sind teuer und haben nur geringe Lebensdauer. Ihr Vorteil: Sie rutschen wenig. Wenn man sie auf dem Kajütdach verstaut, lassen sich auch als Sitzkissen benutzen und sehen gut aus.
Die Füllung sollte aus weichem, geschlossen-porigem Schaum bestehen, damit sich der Fender nicht voll Wasser saugen kann. Die Tampen müssen ausreichend lang sein; Verlängerungsknoten in Kunststofftauwerk können aufgehen. Man kann Kissenfender auch selbst machen, wenn man mit Segelnadel und Segelhandschuh umzugehen weiß.
Die beste Füllung eines Kissenfenders ist ein ausgedienter Kleinwagen- oder Motorroller-Reifen. Er erhält zwei Löcher an der einen (oberen) Seite für den doppelten Haltetampen und eine dritte (untere) Öffnung zum Entwässern und wird dann ganz in einen Segeltuchbezug gesteckt und eingenäht. Das Innenrund kann auch frei bleiben. (Abb. 67). Wo viel gebumst wird, ist er das sicherste Schutzmittel.
PVC-Kunststoff-Fender gibt es vorwiegend in Kugel- und Zylinderform,

seit kurzem auch in verbundener Zwillingsform (Abb. 68). Mit Ösen und Tampen an beiden Seiten kann man sie auch waagerecht aufhängen, doch können sie sich weniger hochrollen, wenn sie senkrecht baumeln. Birnenförmige Fender (Abb. 69) klettern durch ihre Form die Bordwand kaum hinauf, doch können sie bei Pendelbewegungen gegen die Bordwand stoßen und nachts stören.
Wenn das Boot mit dem Vorschiff zur Brücke im Stand liegt, empfiehlt sich ein spezieller Bugfender (Abb. 70), der mit drei Tampen so gezurrt werden kann, daß er auch bei bewegtem Wasser an seinem Platz bleibt. Natürlich nehmen Fender Platz weg; aber unterwegs kann man sie an Oberdeck zurren, wenn sie nicht in die Backskisten für die Ausrüstung hineinpassen oder im Vorschiff kein Platz ist, und wenn sie im Hafen Dienst tun, sind sie ohnehin aus der Welt. Man muß daher kein Geld für die teueren aufblasbaren Fender ausgeben – Verkaufsargument: Raumsparend! Die Ventile dieser aufblasbaren Fender können auch wie Raketen herausschießen, wenn sie nicht tief genug eingelassen oder die Gummiwülste zu stark aufgeblasen sind.
Wer oft an Kaianlagen aus Stahlträgern ohne ausgefütterte Zwischenräume ankert, bringt ein Fenderbrett aus, das ca. 1,50 m lang und 0,30 m

Abb. 67 Abb. 68

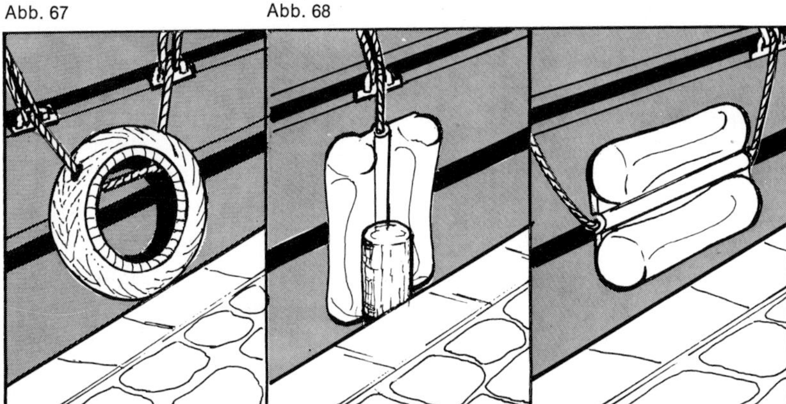

Abb. 69

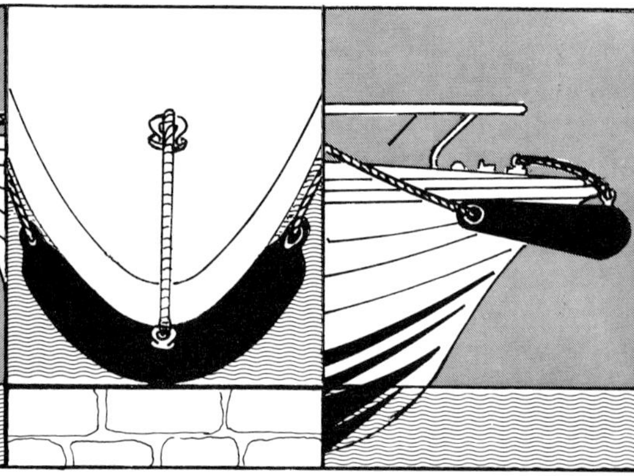

Abb. 70

breit ist und (mit rutschfestem Belag auf einer Seite) auch als Gangway verwendet werden kann. Man hängt es an zwei Tampen waagerecht zwischen Kai und Bordwand auf, so daß es die Zwischenräume in der Spundwand überbrückt, und befestigt je einen Fender senkrecht an seinen beiden Enden. Für Langfahrten mit einem Schleusen-Marathon läßt sich das Fenderbrett auch zu einem Brettfender umbauen: Man beklebt eine Seite mit Schaumgummi, verkleidet es mit Stoff und befestigt ihn am Rand mit Polstererstiften aus Messing oder anderen verzinkten Materialien.

Gummipuffer für die Festmacher . . .

Bleibt das Boot längere Zeit an einer Brücke oder Pier in rauhem Wasser liegen, können durch ständige Ruck-Belastung der Festmacherleinen und Festmacheklampen an Bord Beschläge oder Tauwerk Schaden leiden.
Ein dehnbarer Gummidämpfer, einfach in die Festmacher geschlagen

(Abb. 71), fängt die heftigsten Stöße ab. Sollte sich das Gummi zu weit recken oder gar brechen, muß die Festmachetrosse das Boot wieder allein halten.
Auch zum Abfedern der Ankerleine (Abb. 72) kann dieser Stoßdämpfer benutzt werden. Man kann im Handel zwischen mehreren Typen für jede Bootsgröße wählen.
Um auch für schwerere Boote und größere Zugbelastungen ausreichend sichere Gummizugfedern zu schaffen, hat eine schwedische Firma insbesondere die Endstücke verbessert (Abb. 73) und damit gleichzeitig die Möglichkeit geschaffen, den Gummipuffer mit einer abgestuften Federwirkung für Boote unterschiedlicher Größe direkt in die Festmacher-

Abb. 71

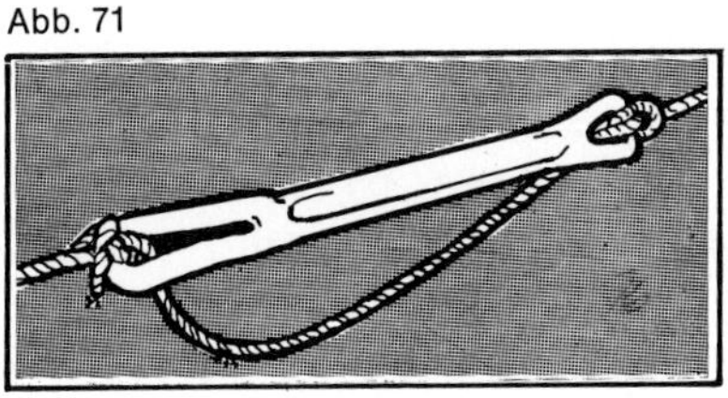

Abb. 73

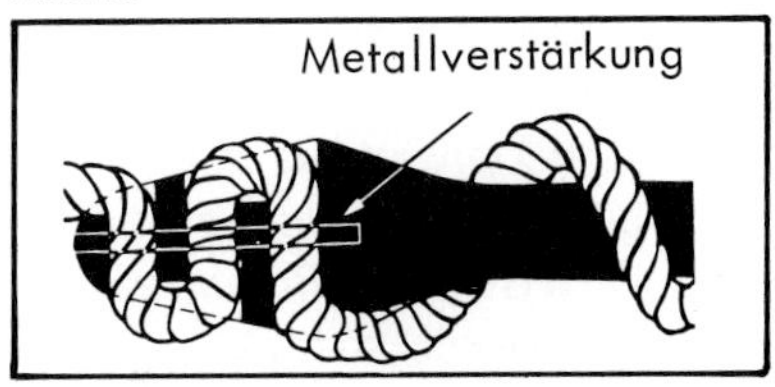

Abb. 72

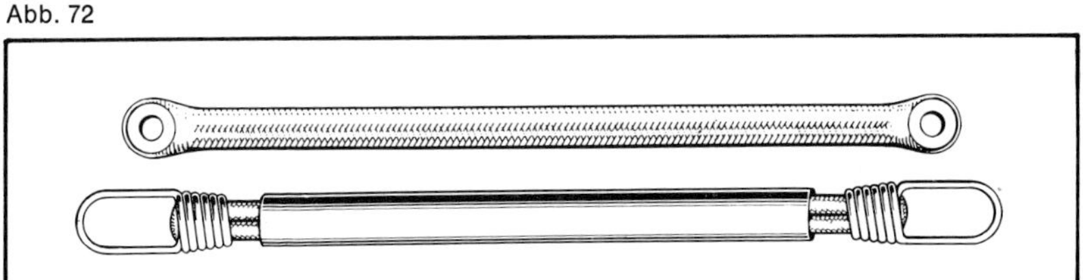

Abb. 74

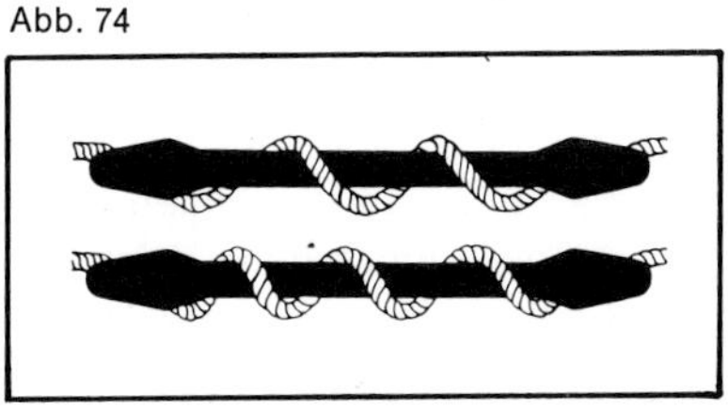

Abb. 75

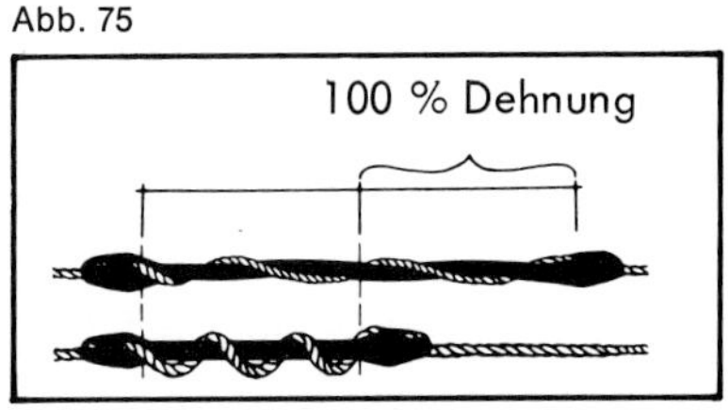

leinen einzuziehen und gleichzeitig die Leinenverbindung gegen den Bruch des Gummipuffers abzusichern (Abb. 74): Man zieht die Festmacherleine durch das metallverstärkte Endstück in Form einer Mäanderwindung und legt es dann einige Male rund um den Gummipuffer, ehe es die Feder auf der anderen Seite auf gleichem Wege wieder verläßt. So kann sich die Gummifeder um 100% recken (Abb. 75), ohne daß alle Lose aus der Leine gezogen wird. Es gibt die verschiedenen Typen Nr. 1: für Boote bis 500 kg Verdrängung, 5,00 m Länge und 8 bis 12 mm Tauwerk; Nr. 2: für Boote bis 2 t Verdrängung, 7,00 m Länge und 14 bis 16 mm Tauwerk und Nr. 3: für Boote bis 4 t Verdrängung, 9,00 m Länge und 18 bis 20 mm Tauwerk.

... oder Stoßdämpfer in den Leinen?

Kunststoff-Tauwerk ist zwar bedingt elastisch, aber es nimmt dennoch nicht alle Ruckbelastungen auf, die ein Boot zwischen den Fahrtagen auch im sichersten Bootsstand über sich ergehen lassen muß. Sportschipper, die rücksichtslos Vollgas fahren und Wellen schlagen, ein- und auslaufende dicke Pötte, Wind und Seegang – alle diese Bewegungen von Wind und Wasser übertragen sich direkt auf den Bootsrumpf und beanspruchen nicht nur die Leinen, sondern auch deren Befestigungspunkte wie Poller und Klampen. Da machen sich Gummistoßdämpfer oder Zugfedern bezahlt, die das Einrucken der Festmacheleinen abfedern.
Stahl-Zugfedern gibt es in verschiedenen Größen, Eisen verzinkt oder in Nirosta. Gegen ihr Quietschen hilft gutes Einölen. Man kann sie zwischen die eingepleißten Kauschen von zwei Festmachern hängen (Abb. 76), aber besser einen Stropp als Sicherung zusätzlich scheren, falls die Feder einmal bricht (Abb. 77). Kleinere Gummi-Ruckfedern (oder den dünneren Gummistropp) kann man direkt in die Augen einer Leine hängen (Abb. 78); der Sicherungsstropp entfällt dann. Hier besteht jedoch die Gefahr, daß sich ein Kardeel bei langer und kräftiger Belastung einmal durchscheuern kann. Für den ständigen Liegeplatz

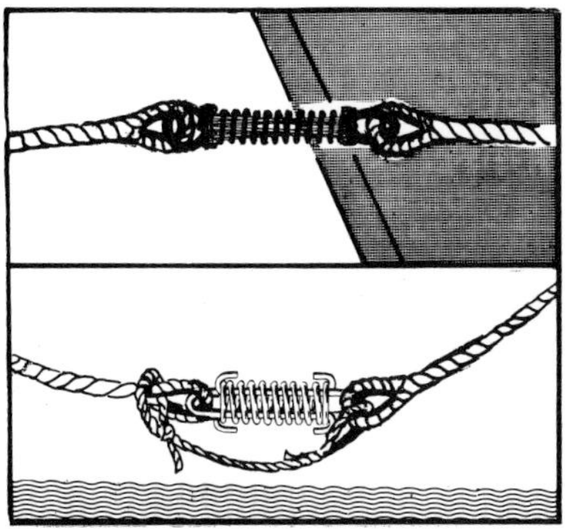

Abb. 77. Abb. 76 (oben)

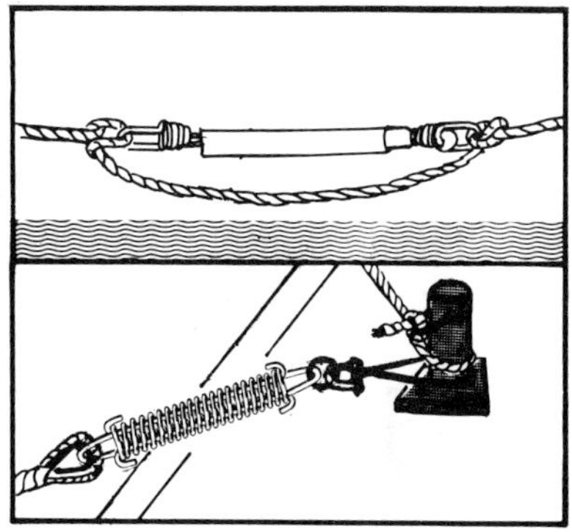

Abb. 79. Abb. 78 (oben)

empfiehlt sich auch ein Drahtstropp mit Auge (für den Brückenpoller) auf der einen Seite der Feder (Abb. 79) und der Festmacher aus Fasertauwerk, der dann an die andere Seite der Zugfeder geschäkelt wird. Diese Stoßdämpfer für unsere Festmacher machen sich immer bezahlt. Sie sind kräftig, unverwüstlich und (als Vorbeugemitttel der Bootspflege) empfehlenswert.

Gummistropps zum Zurren . . .

Der Verschleiß vieler Teile an Bord ist größer, wenn man sie bei den Bewegungen im Seegang nicht richtig befestigt oder vor der Gewalt des Windes schützt. Früher mußte man dem Moses einimpfen, immer einen Zeising oder einen kurzen Stropp in die Takelhose zu stecken, um ein flappendes Segel zu beschlagen oder einen losgerissenen Teil der Ausrüstung neu zu zurren. Hierfür benutzt man heute Gummistropps.

Gummischnur gibt es als Meterware, mit buntem Baumwoll- oder Perlonstoff bekleidet. Auch die entsprechenden Haken (Abb. 80 a) oder Krampen (Abb. 80 b) aus rostfreiem Material kosten nur Pfennige.

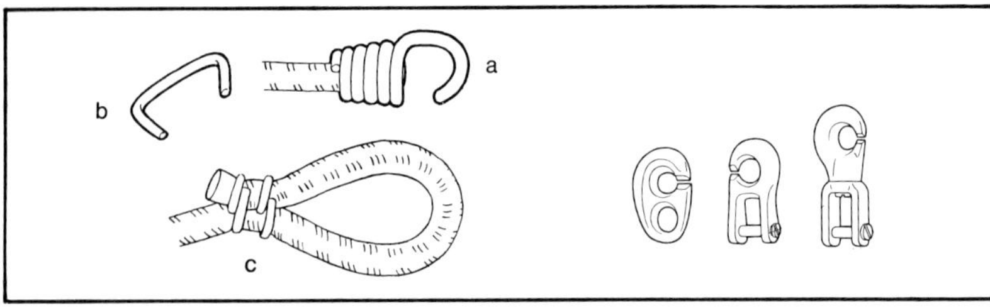

Abb. 80

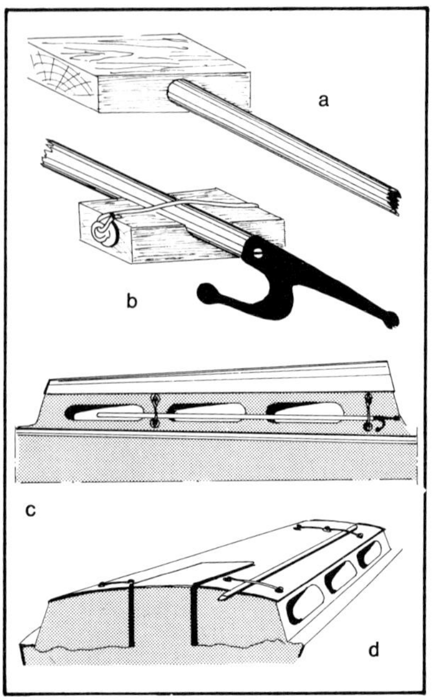

Abb. 81

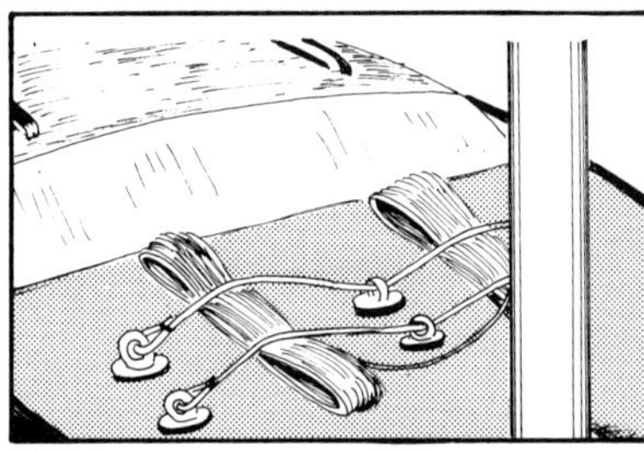

Abb. 82

Abb. 83

Schon eine Kombizange aus dem Werkzeugkasten reicht aus, um Gummi und Metall sicher zu verbinden oder Augen anzufertigen (Abb. 80 c), mit denen man diese Gummistropps ständig befestigen kann:

Abb. 84

Der Bootshaken bleibt an seinem Platz (Abb. 81 a – c), wenn er unter einem Gummistropp liegt. Fallen können nicht wegschwimmen (Abb. 82), und Vorsegel bleiben beim Wechseln unter Kontrolle, wenn man Gummistropps ständig an einer Relingstütze (Abb. 83) oder kreuzweise auf einem Lukendeckel (Abb. 84) befestigt.
In ein Gummiauge kann man auch ein Ende mit Knebel einstecken (Abb. 85), wenn man Gummi-Zeiser um das aufgetuchte Segel legt. Muß die Verbindung, z. B. beim Seefestzurren in der Kombüse (Abb. 86), oft gelöst werden, verwendet man die Hakenenden.
Gummistropps machen sich in der Bootspflege bezahlt: Man macht weniger Bruch. Darum sollte man immer genügend Stropps unterschiedlicher Länge griffbereit haben.

Abb. 85

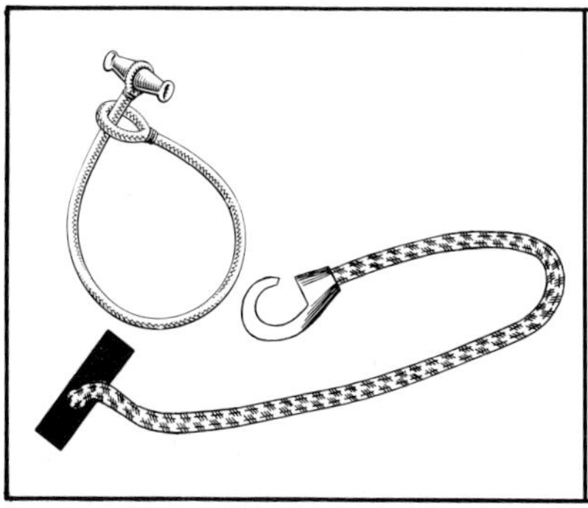

Abb. 86

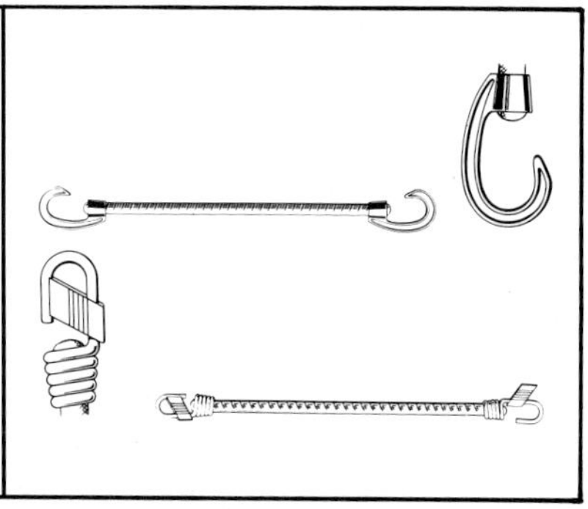

... und auch Pinnenstopper aus Gummi

Finger und Öse des Ruderkopfes können ausschlagen, wenn das Ruder unkontrolliert in der Wasserströmung oder im Schwell vorbeifahrender Boote drehen kann. Wenn man die Pinne aus dem Ruderkopf entfernt, sieht man zwar diese Bewegung nicht, aber das Ruder arbeitet weiter. Damit alle Verbindungen zwischen Pinne und Ruder sowie zwischen Ruder und Boot auch beim unbenutzten Boot nicht leiden können, legt man die ganze Ruderanlage mit einem Gummistropp um die Pinne fest. Notfalls bleibt dem Ruder jetzt etwas Elastizität, aber das Gummiband stellt die einmal gewünschte Lage immer selbsttätig wieder her.
Bei kleinen Booten genügt ein einfacher Gummistropp mit Auge, der die Pinne nach unten zieht und dessen Haken in einer Öse auf dem Bootsboden befestigt ist (Abb. 87). Bei größeren Booten ist eine seitliche Zurring besser (Abb. 88): Je ein Gummistropp mit Auge führt zu jeder Bootsseite. Hier ist er durch einen Hartgummihaken in einer Öse befestigt; die ganze Sicherung ist kräftiger.

Abb. 87

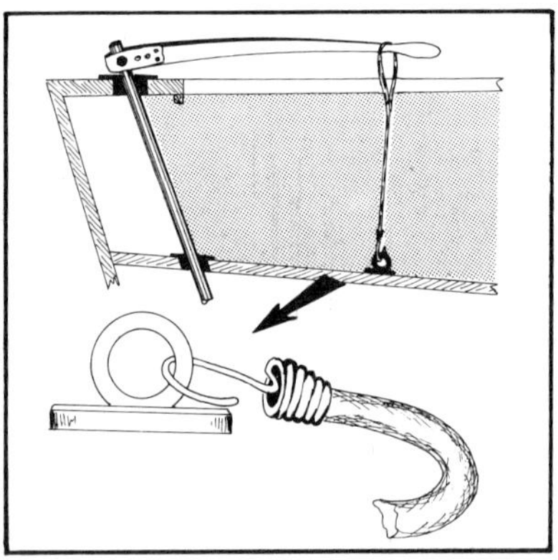

Abb. 88

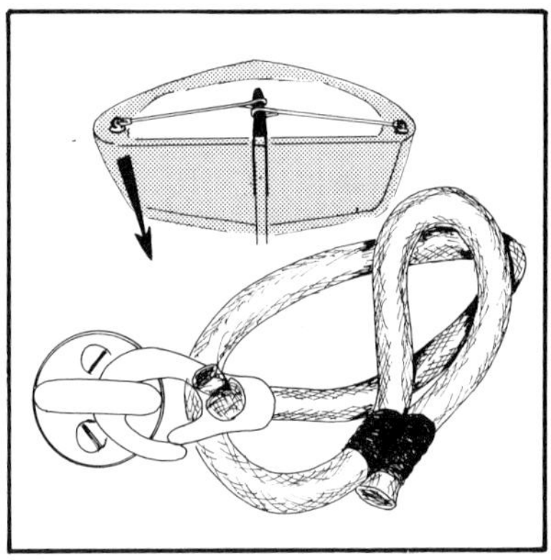

Schlagpütz mit Schlagseite

Wer lange genug Reinschiff gemacht hat, kann die Pütz auch so zu Wasser bringen, daß sie waagerecht eintaucht und beim Anrucken der Fangleine gefüllt ist. Wenn das (bei einem Kunststoffeimer) noch nicht klappt, hilft ein Stückchen Blei, das beim Auswuchten der Autoreifen abfällt: Man klemmt (oder nietet) es an einer Seite der oberen Kante des Plastikeimers (Abb. 89) fest. Jetzt braucht man im Hafen keine zweite Hand, um den Eimer ins Wasser zu drücken, und auf See keinen zweiten Wurf, wenn die Schlagpütz nicht bereits beim ersten Versuch Wasser faßte.

Bevor die Pütz abreißt

Um der Gefahr vorzubeugen, daß der Handgriff eines Kunststoffeimers mit seinen beiden Klauen aus den Öffnungen des Plastikbehälters aus-

Abb. 89

Abb. 90

reißt, entfernen wir ihn vorher und legen einen Drahtstropp rund um die umgebörtelte obere Kante des Eimers (Abb. 90), führen ihn an jeder Seite durch zwei (gegebenenfalls mit einem angeglühten Metallstift) gebohrte Öffnungen hindurch und lassen die Enden nach oben in zwei Augen auslaufen. Spleiß oder Hülse verbinden den endlosen Tampen. Das Trimmgewicht an einer Seite des Pützenrandes läßt sich mit der Vereinigung der beiden Tampen kombinieren.

Lüftung an heißen Tagen

Wenn das Öffnen der Luken allein nicht den Abfluß des Hitzestaus unter Deck bringt, muß man mit Hilfe eines Windsacks (Abb. 90 a) jeden Lufthauch einfangen und unter Deck leiten. Während die Basiskanten am Luk festgebändselt werden oder mit kleinen, eingenähten Latten unter der Innenkante des Luks Halt finden, wird die Spitze durch ein Fall und eine zusätzliche Leine zum Vorstag gehalten. Da jedoch nur in den seltensten Fällen der Wind immer genau von vorne kommt, ist folgende Variante noch effektiver: Man näht vier Dreiecke flügelartig zusammen, so daß eine Pyramide entsteht, deren Basis den Diagonalmaßen des Luks entspricht. Dieser Windsack reicht dann ca. 50 cm unter Deck. Die Spitzen werden hier mit Bändseln befestigt, so daß der straff gespannte Windsack relativ starre Flächen hat.

Abb. 90 a

Gefahren der Feuchtigkeit

Richtige Lüftung aller Innenräume eines Bootes ist während der Nutzung im Sommer so wichtig wie im Winterlager – aber nicht nur aus Gründen der Bootspflege, um die Bildung von Kondenswasser zu verhindern und die Gefahren des Verrottens zu vermindern. Ausreichende Belüftung dient auch der Sicherheit (um explosive Gasgemische aus der Bilge, dem Motorenraum oder den Bereichen der Benzintanks zu entfernen) und dem Komfort (um die Kajüte von unsympathischen Gerüchen und stickiger oder schimmeliger Luft zu befreien).
Für eine Kreuzeryacht, die Langfahrten macht oder Regatten segelt, ist richtige Luftzirkulation wichtiger als für ein Fahrtenboot: Man muß im Rennen härter segeln; dadurch kommt mehr Gischt über, und die Luken müssen meistens geschlossen bleiben. Es leben mehr Personen an Bord als auf einem Fahrtenboot, und man braucht dadurch ohnehin mehr Frischluft unter Deck, wenn in zwei Etappen gekocht und gegessen werden muß.
Das Wohlergehen an Bord, die Stimmung und auch die Kondition sind von ausreichender Frischluftzuführung abhängig. Für die Seekrankheit ist frische Luft das beste Heilmittel. Auch wenn man (als Moses, Badegast oder nur als Freiwächter) auf See längere Zeit unter Deck bleiben muß, verliert man seine Angst vor der Kajüte, wenn diese ausreichend, regelmäßig und unabhängig vom Wetter durchlüftet werden kann.
Lüftung ist also nicht nur Bootspflege, sondern auch Körperpflege.

Jeden Raum einzeln belüften

Jeder Raum an Bord sollte einzeln be- und entlüftet werden können: Der Motorenraum soll weitgehend luftdicht von den Wohnräumen getrennt sein, der Salon sollte vom Vorschiff getrennt sein. Es ist nicht angenehm, im Vorschiff zu schlafen und durch die geöffnete Schott-Tür den ganzen Bordbetrieb miterleben zu müssen, nur weil die Tür zur Luftzirkulation offen gehalten werden muß.

Wie sich die Luft in einem Seekreuzer bewegt, wenn nur das Kajütluk und das Vorluk zur Belüftung benutzt werden können, zeigt Abb. 91: Die Luft fließt in der Richtung des scheinbaren Windes über Deck und Segel. Sie strömt sehr schnell über das geöffnete Vorluk, das wie ein Sauglüfter wirkt, und wird bei Umströmung des Großbaums von der Luvseite des Großsegels zu dessen Leeseite (der Unterdruckseite) auch nach unten in die Plicht und damit durch das Kajütluk in die Wohnräume gelenkt.

Es entsteht also auf einem Segelboot unter Deck eine Luftzirkulation, die entgegengesetzt zur Fahrtrichtung verläuft: Versperrt kein Schott, keine Tür oder kein Vorhang den Weg, strömt die Frischluft von achtern durch das Kajütluk ein, und die verbrauchte Luft strömt von vorn über das Vorluk aus. Wenn man eine Zigarette in den Luftstrom hält, kann man diese Luftzirkulation von der Sofakoje durch den Rauchzug verfolgen.

Hierbei stellt man jedoch fest, daß in den Ecken (Abb. 92) die Luft nicht zirkuliert. Hier entsteht ein Luftstau, der auch alle Bootsenden einschließt. Sommertags verbleibt hier also die warme, feuchte Luft, die eine Woche lang unter der Persenning aufgeheizt worden ist, wenn man nur die beiden Luken zur Lüftung benutzt. Im Winter macht sich in diesen Bootsenden naßkalte Luft breit, die den größten Feuchtigkeitsgehalt der vorangegangenen Tage beibehält.

Bei einem Motorboot, dessen Frontscheibe während der Fahrt geöffnet ist oder das im Hafen mit dem Vorschiff im Wind liegt und gleichzeitig sein Kajütdach offen hält (Abb. 93), drückt der Wind von vorn unter die Scheibe, und es entsteht ein Luftstrom von vorn nach achtern. Auch auf einem Segelboot im Hafen stellen wir diese entgegengesetzte Luftströmung fest, wenn es mit geöffnetem Vorluk und mit dem Vorschiff im Wind liegt: Die Luft strömt vorne ein und achtern aus, und die Enden des Bootes und die Bilge werden nicht durchlüftet.

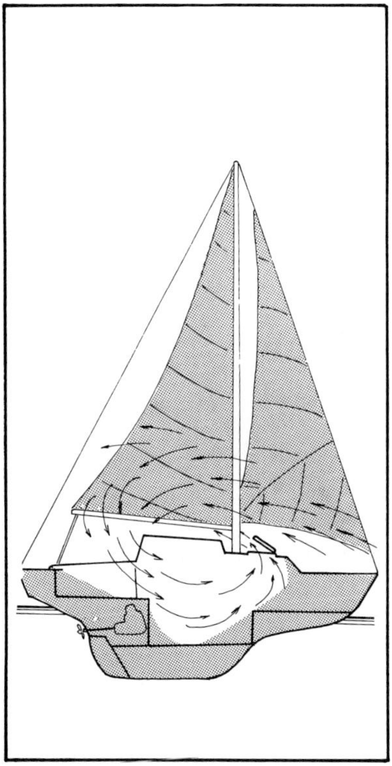

Abb. 91

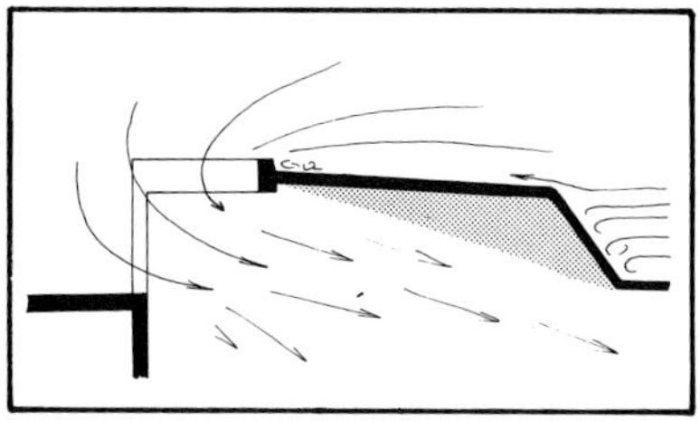

Abb. 92

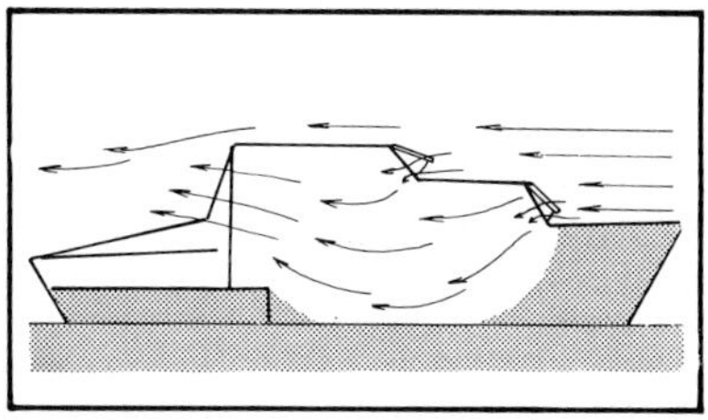

Abb. 93

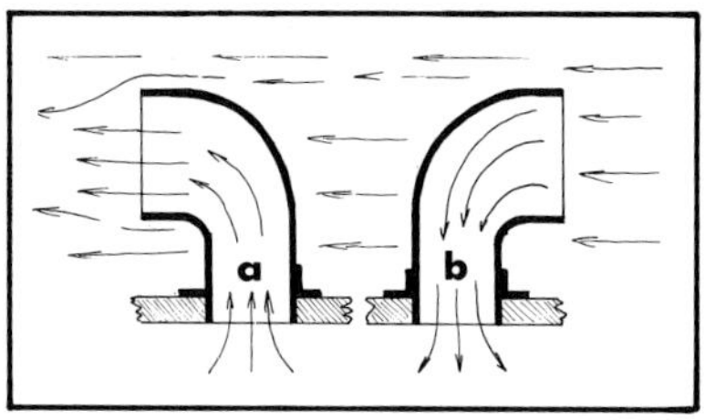

Abb. 95

Lüfter muß man richtig aufstellen

Wir wollen uns nur mit einer Lüftung durch den natürlichen Wind beschäftigen, wenn unseren Innenräumen mit Drucklüftern Frischluft zugeführt oder mit Sauglüftern verbrauchte Luft abgesaugt wird. Aber beide Lüftertypen helfen nur, wenn man sie richtig aufstellt. Eine zusätzliche Windhutze (Abb. 94), der Kopf eines auf eine Decksdurchbre-

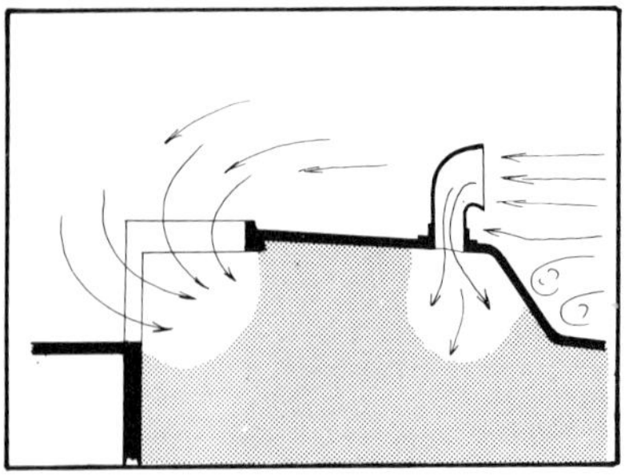

Abb. 94

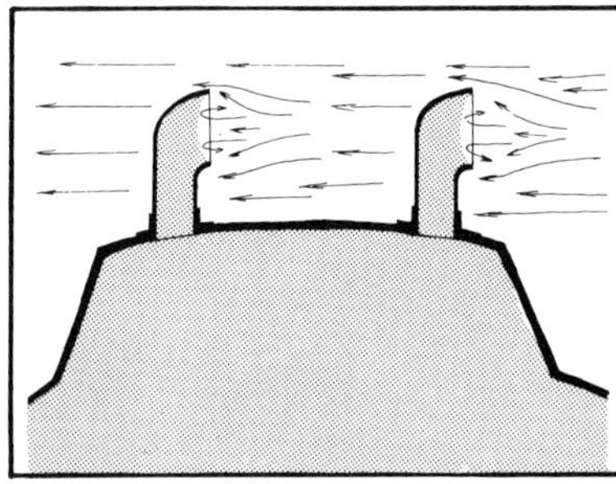

Abb. 96

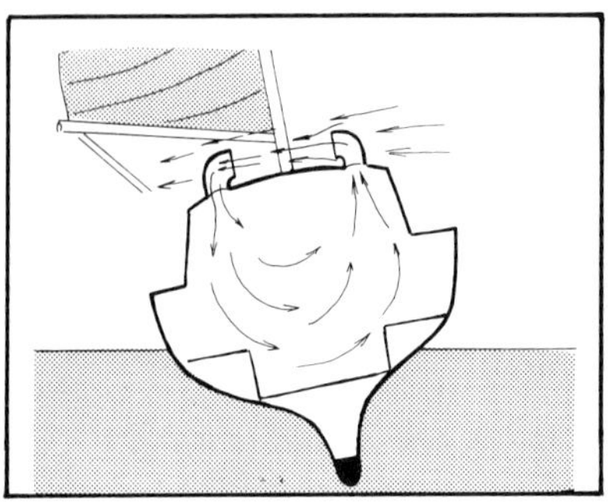

Abb. 97

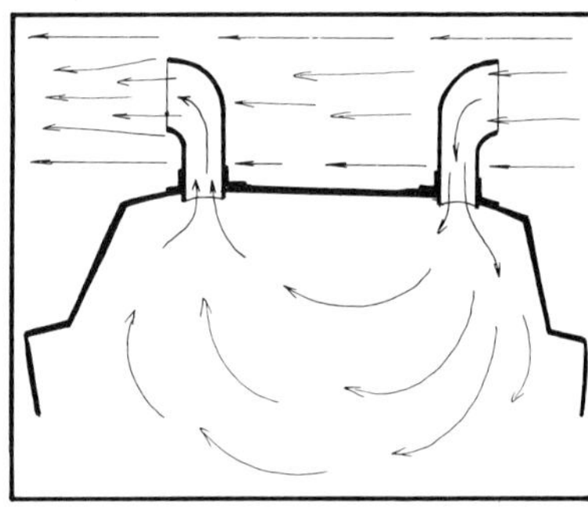

Abb. 98

chung gesetzten Drucklüfters, der den Windstrom auffängt und die Luft durch sein Lüfterrohr nach unten in die Räume leitet, sorgt von sich aus noch nicht für bessere Belüftung: Ist sie bei einem Segelboot in Fahrt falsch gerichtet, entsteht ein Luftstau. Jetzt dringt durch beide Lüftungsöffnungen die Luft in den Raum unter Deck, aber sie kann nicht abfließen, und die Kajüte bleibt stickig.

Regelmäßige Luftzirkulation unter Deck, bei Tag und Nacht, bei benutztem und unbenutztem Boot, bei Regen und Sonnenschein, bedingt Decksöffnungen, die Luft einlassen, ohne Regen- und Spritzwasser mitzunehmen, und die Luft gut auffangen und wirkungsvoll weiterfließen lassen. Die Windhutze ist der beste natürliche Lüfter. Es gibt sie für Sportboote in mehreren Größen und vor allem in elastischer Form, so daß sie auch einen Puff aushalten können, ohne eine Beule zu bekommen und sich Schoten nicht an ihr verklemmen oder vertörnen können. Die Windhutze ist ein Drucklüfter, aber je nach der Richtung ihrer Öffnung kann man sie genau so gut zum Absaugen der Luft (Abb. 95 a) wie zum Hereindrücken (Abb. 95 b) verwenden.

Diese unterschiedliche Verwendungsmöglichkeit kann sehr wichtig sein. Weht der Wind von der Öffnung weg (Abb. 95 a), entsteht ein leichter Sog, und aus dem Raum, mit dem der Lüfter verbunden ist, wird die Luft herausgesaugt, vorausgesetzt, daß gleichzeitig durch eine andere Lüfteröffnung frische Luft in den Raum eintritt. Weht der Wind gegen die Lüftermuschel (Abb. 95 b), wird durch die Öffnung Luft in den Wohnraum gedrückt – wieder vorausgesetzt, daß durch eine andere Öffnung Luft abfließen kann. Windhutzenpaare, deren Öffnungen in entgegengesetzter Richtung zeigen, sorgen also dafür, daß Luft ein- und ausfließen kann. Der Wind sollte hierzu jedoch weitgehend senkrecht auf eine der beiden Lüfteröffnungen wehen.

Es ist also unsinnig, beide Lüfteröffnungen zusammen nach vorn oder nach achtern bzw. querschiffs zur gleichen Seite zu richten (Abb. 96). Sie können dann entweder nur beide als Drucklüfter oder beide als Sauglüfter arbeiten und haben kaum Wirkung. Bei einem Motorboot werden ihre Öffnungen in Längsschiffsrichtung zueinander, bei einem Segelboot besser in Querschiffsrichtung zeigen (Abb. 97). Diese Stellung ist auf einem Seekreuzer besser, als wenn beide Lüfter nach außen zeigen (Vergleiche Abb. 98): In hartem Wetter bringt die Luft immer Gischt und Spritzwasser mit, und erfahrungsgemäß ist es in Luv nasser als in Lee. Bei wenig Wind, wenn die Luft nicht so schnell und stark strömt, dreht man beide Lüfter besser um (Abb. 98): Der Sauglüfter arbeitet jetzt wirksamer, weil er unter dem Großbaum liegt, wo die Luft ohnehin schneller von Luv nach Lee und dazu noch von vorn nach achtern strömt, und die Saugwirkung ist hier größer. Dadurch wird es der Luft in Luv erleichtert, in die Innenräume zu strömen, und die Luftzirkulation nimmt zu.

Viele Lüftertypen für das gleiche Prinzip

Untersuchen wir, wie diese Drucklüfter gebaut sind: Setzt man sie direkt auf Deck, kann Regen und Spritzwasser ungehindert mit eindringen, und man steht am Kartentisch oder in der Kombüse unter ihnen wie unter einem Brausebad. Es müssen also Vorrichtungen geschaffen werden, um den Eintritt der Luft zu sichern, den Miteintritt des Wassers aber zu vermeiden.

Der amerikanische Yachtkonstrukteur Olin Stephens löste als erster dieses Problem auf dem kleinen Seekreuzer „Dorade", der 1931 das Transatlantikrennen als relativ kleines Boot gewann und diesen Lüftertypen seither seinen Namen gibt: Über den Decksdurchbruch ist ein Kasten gesetzt, der die Windhutze trägt (Abb. 99), und seitlich dazu versetzt liegt die Durchbrechung des Kajütdaches, die gleichzeitig mit einem hohen Süll versehen ist, über das die Luft klettern muß. Das Spritzwasser fließt durch kleine Ausnehmungen im Außenkasten (Speigatten) wieder ab. Ganz trocken bleibt man, wenn der Unterrand des Lüfters möglichst tief und der Oberrand des Süll möglichst hoch reichen. In abgerundeter Form und kombiniert mit anderen Bauteilen des Kajütaufbaus läßt sich dieser Lüfter überall fast unsichtbar unterbringen.

Neben diesen Dorade-Lüftern gibt es viele andere Lüftertypen, die nach dem gleichen Prinzip arbeiten: Frischluft muß über ein Süll springen, wohin das Spritzwasser nicht folgen kann. Ein Kapuzenlüfter (Abb. 100) verzichtet auf den Kasten. Auch hier läßt sich das weit geöffnete Windohr in jede Richtung drehen.

Pilzlüfter (Abb. 101) empfehlen sich nur dort, wo wenig Wasser überkommt. Auch sie haben ein Süll, doch ist es nicht hoch genug geschützt, und außerdem ist es nicht jedermanns Sache, in der Kajüte in Stirnhöhe einen Beschlag zu wissen, an dem man sich zum Aufdrehen oder Zudrehen den Kopf stoßen kann. Sie sind nicht unbedingt trittfest und sollten einen Sicherungsbügel erhalten, wenn sie auf einer begehbaren Decksfläche liegen. Einfache, niedrige Zulüfter (Abb. 102) und Ablüfter (Abb. 103) empfehlen sich nur auf Motorbooten, wo die Luft mit

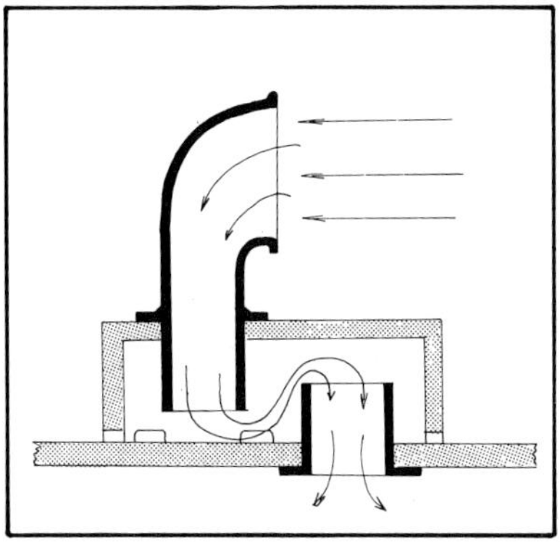

Abb. 99

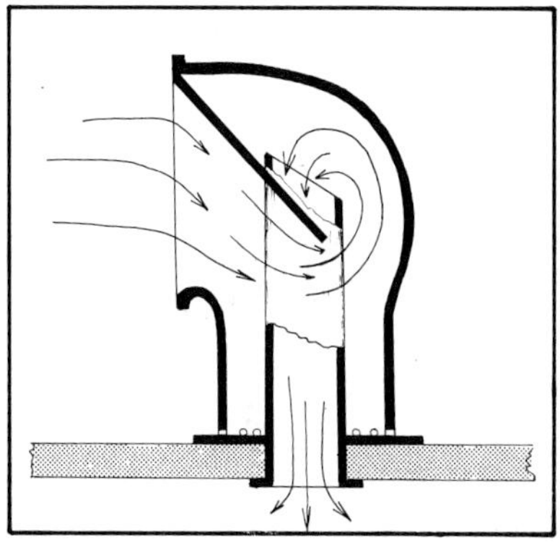

Abb. 100

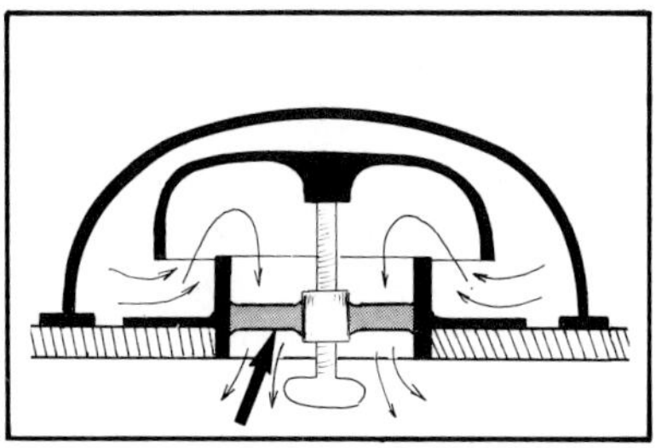

Abb. 101

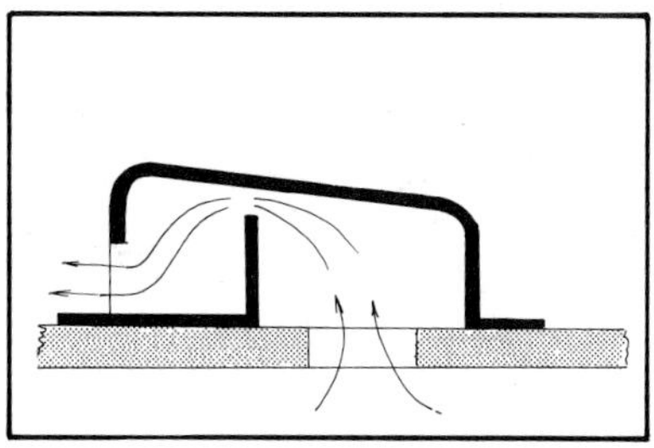

Abb. 103

▼ Abb. 102

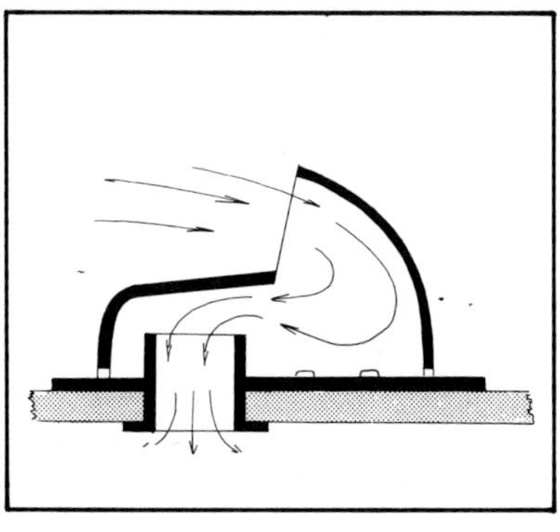

▼ Abb. 104

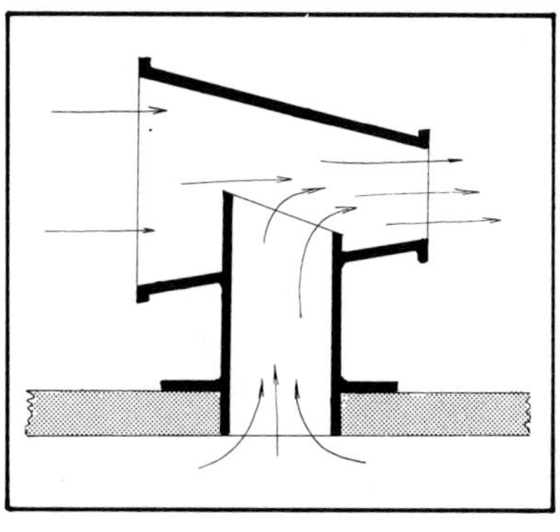

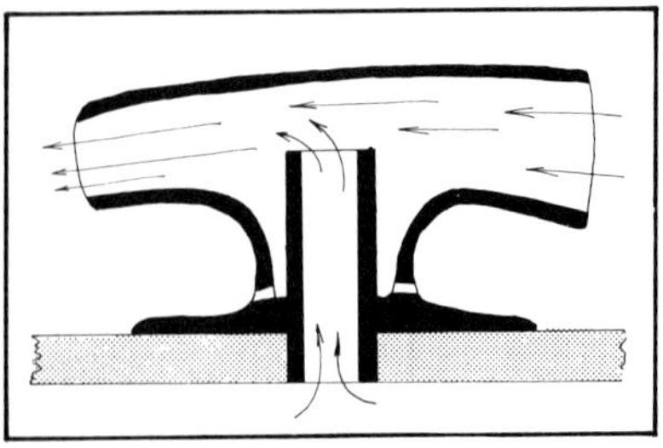

Abb. 105

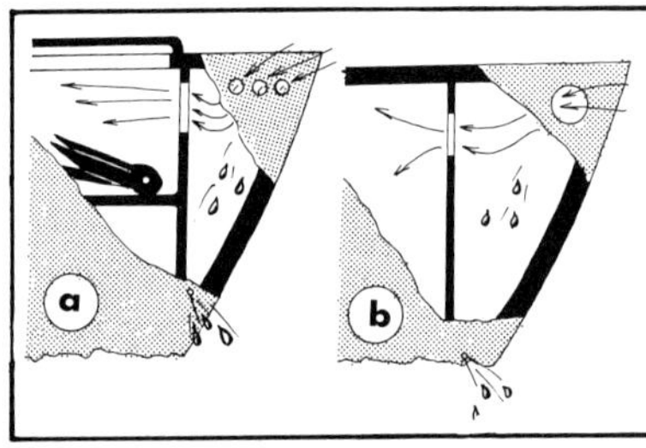

Abb. 107

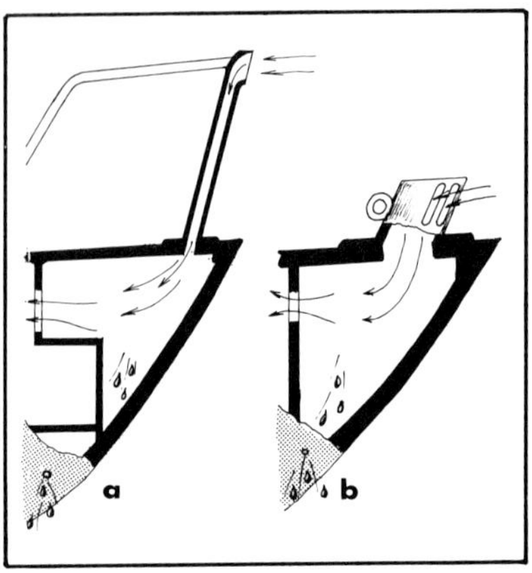

Abb. 106

Abb. 108

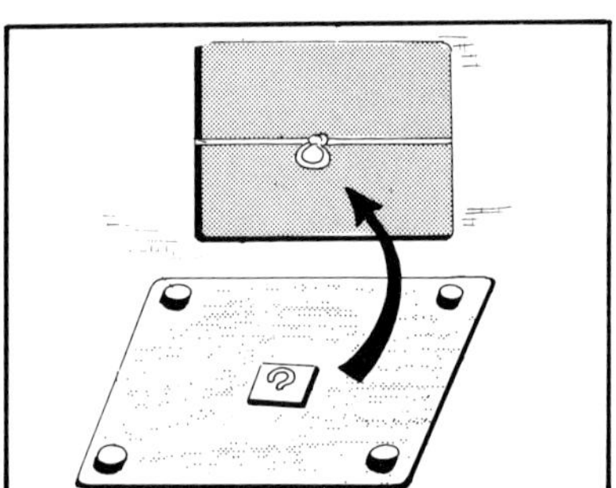

Abb. 109

mehr Geschwindigkeit auch durch kleine Strömungsquerschnitte in genügender Menge in die Wohnräume fließt.
Drucklüfter sollten eigentlich immer mit Sauglüftern kombiniert werden. Das Prinzip zeigt Abb. 104: Der Strömungsquerschnitt verengt sich in Lee des Lüfters. Die Luft fließt hier schneller, und durch den Unterdruck wird die schlechte Luft herausgezogen, während der Überdruck auf der Luvseite gleichzeitg für eine nochmalige Beschleunigung sorgt. In gleicher Form können auch Beschläge wirken, die erst in zweiter Linie als Lüfter dienen, hauptsächlich aber andere Funktionen erfüllen: Abb. 105 zeigt eine Klampe, die gleichzeitig als Sauglüfter arbeitet.
Luft in die entlegensten Ecken des Vorschiffs zu bringen ist nicht einfach. Hier ist das Dorade-Prinzip auf größerem Raum angewandt: Durch Öffnungen in der Bordwand oder im Deck, die möglicherweise durch einen Beschlag geschützt sind, tritt Frischluft unter Deck – aber noch mit Spritzwasser vermischt. In einem abgeschotteten Raum (beispielsweise vor dem Kollisionsschott) verlangsamt sich die Geschwindigkeit der Luft, so daß das Wasser Zeit zum Absinken hat. Am Boden dieses abgeschotteten Raumes lassen kleine Speigatten unten die schwere Feuchtigkeit nach außen fließen, während die leichte Luft oben in das Vorschiff weiterfließt. Abb. 106 zeigt einen Lufteintritt, der mit dem Bugkorb verbunden ist (a) und einen Stevenbeschlag (b), der als Lüfter ausgebildet ist. Abb. 107 (a) ist die vielfach bewährte „falsche Klüse", die das Vorschiff direkt oder (Abb. b) über den Anker- oder Trossenkasten belüftet. Abb. 108 zeigt, wie man diese Nasenlöcher mit Pfropfen verschließen kann, wenn es einmal zu zugig wird. Auch viele Tricks wurden erfunden, um die Belüftungsöffnungen unsichtbar zu machen: Abb. 109 zeigt, wie man über einen Abstandshalter ein Bild oder einen Spiegel an die Schottdurchbrechung preßt, so daß das Lüftungsloch zwar abgedeckt ist, die Luft aber trotzdem in den Raum fließen kann.
In ähnlicher Weise muß man auch für die Luftzirkulation innerhalb der Einbauten der Kajüte sorgen; denn die besten Lüfter nützten nichts, wenn Schränke, Stauräume und die Bereiche unter den Kojen unbelüftet bleiben. Hierzu versieht man alle Böden mit ausreichend großen und zahlreichen Durchbrechungen: Abb. 110 zeigt Fingerlöcher im Fuß-

boden, die nicht nur zum Anheben, sondern auch zur Belüftung dienen. Die gleichen Ausnehmungen erhalten Türen und Schubladen, Klappen und Wegerung.
Große Türen reichen nur bis ca. 5 cm unter die Oberkante des Schrankes und beginnen erst in gleichem Abstand über der Unterkante (Abb. 111), damit die Luft auch im Inneren zirkulieren kann. Ein zusätzlicher Bast- oder Lattenrost in der Vorderwand ist empfehlenswert.

Die Motoren- und Tankräume werden gesondert belüftet

Es ist kein angenehmes Gefühl, wenn man weiß, daß das gefährliche Benzin-Gasgemisch zuerst durch das ganze Boot gepustet wird, ehe es ins Freie kommt. Die Motoren- und Tankräume müssen daher – nicht nur aus Sicherheitsgründen – gesondert belüftet werden.
Das Prinzip ist das gleiche, nur mit besonderen Sicherheitsvorschriften: Die Luftzufuhr soll gleich unter Deck aufhören (Abb. 112), aber so gebaut sein, daß nicht ein massiver und gezielter Luftstrom auf den Motor trifft. Die Ablüfter müssen ihre Luft aus dem tiefsten Punkt der Bilge saugen, damit die unten liegenden gefährlichen Benzindämpfe erreicht und zuerst entfernt werden. Hat der Motorenraum unterschiedliche Ebenen (Abb. 113), muß er mehrere Zu- und Ablüfter besitzen. Bei Motorbooten mit offener Plicht kann die Luft auch seitlich einströmen (Abb. 114) und dann über den Heckspiegel abfließen.

Künstliche Lüfter bei ausreichender Bordenergie

Wenn Rotationsgebläse die Luftzirkulation bewirken, können natürlich die Lufteintrittsöffnungen kleiner sein. Auch die Süllhöhe vermindert sich dabei, und die Lüftertypen schrumpfen zu flachen, wenig auffallenden Decksbeschlägen zusammen. Man kann auch unbedenklicher mit Wasser hantieren (Abb. 115), ohne daß Feuchtigkeit in die Innenräume dringt. Diese mechanischen Lüfter (für die Motorenräume müssen sie explosionsgeschützt sein und im Abluftkanal liegen) arbeiten mit einem

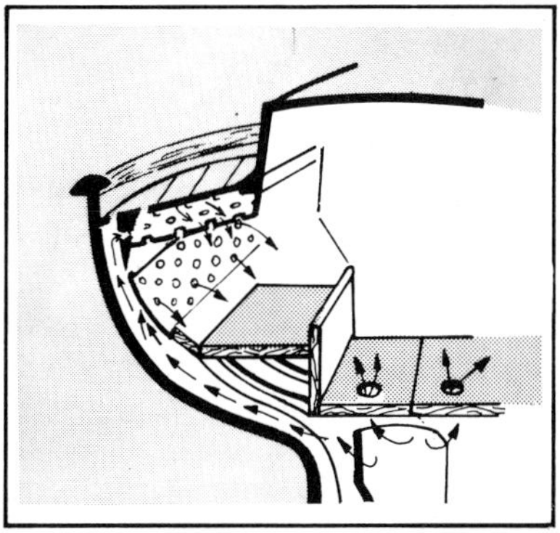

Abb. 110

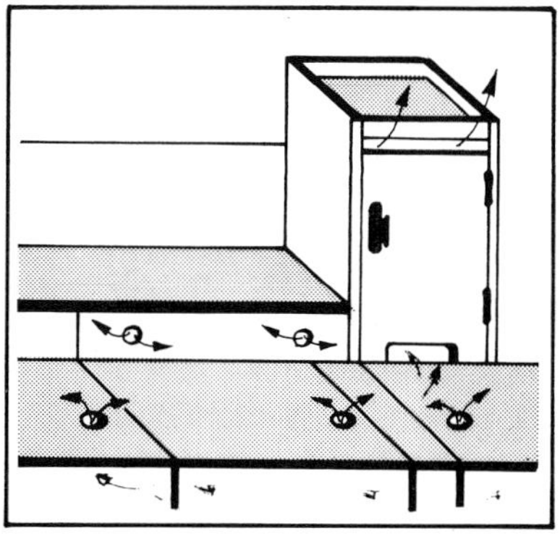

Abb. 111

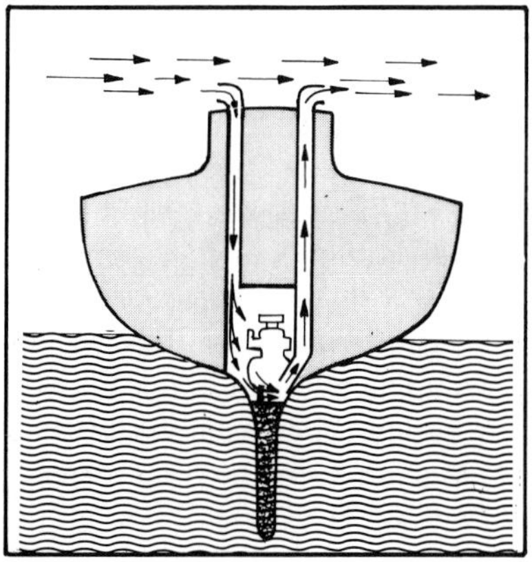

Abb. 112

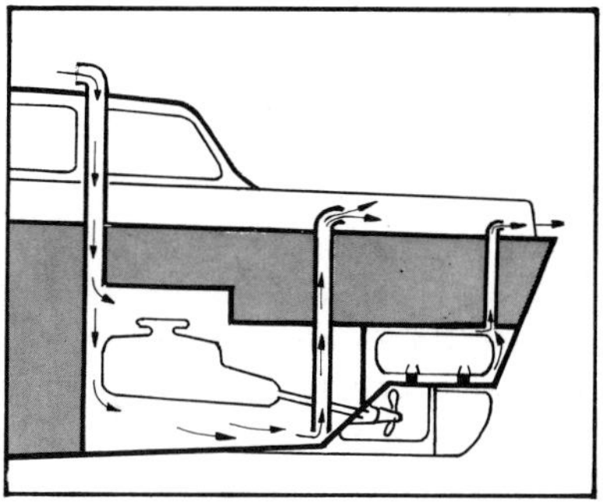

Abb. 113

▼ Abb. 114

Abb. 115

Gebläse (Abb. 116), das einen Impeller dreht. Das sind seine Einzelteile: Wasserabflußlöcher oder Speigatten (1), Oberlicht (2), Deck (3), Dichtung (4), Ventilator-Impeller (5), Ventilator-Motor (6), Luftstrom (7), Schaltkasten (8). Wer in warmen Revieren schippert, kann auch auf diese Decksdurchbrechung verzichten und statt dessen einen Ventilator einbauen, der bei Bedarf direkt vor das Bulleye gesetzt wird (Abb. 117). Das ist natürlich nur etwas für schöne Hafentage oder für Stunden, in denen man in ruhiger See vor Anker liegt, und es ist nur eine zusätzliche Belüftung, die eine Benutzung von seefähigen Zu- und Ablüftern nicht ausschließt.

Meistens schlecht belüftet: die Achterpiek

Der achtere Stauraum ist immer schwer zu belüften. Dazu ist er meistens mit den unsympathischsten nassen Teilen vollgepackt, mit Schlagpütz und Feudel, Festmachern und Fendern. Wo genug Platz auf dem Achterdeck bleibt, setzt man einen Pilzlüfter so weit wie möglich nach achtern, damit eine Gegen-Luftbewegung stattfinden kann. Das Schott unter der wasserdichten Plicht erhält eine Reihe daumengroßer Löcher. Der normale Frischluft-Austausch bleibt gering: aber wenn unterwegs der Motor läuft, saugt er seine Verbrennungsluft auch durch die Achterpiek, die unter Motor besonders gut gelüftet wird (Abb. 118).
Wenn der Platz an Deck für Rettungsboje mit Nachtlicht, Schlauchboot oder andere großflächigen Teile eingenommen wird, bleibt nur der Platz hinter dem Süll (Abb. 119) für einen Dorade-Lüfter: Der Ventilationskasten (je einer auf Backbord- und Steuerbordseite) besitzt seitlich und nach achtern Schlitze, durch die Luft einströmen und über ein Rohrsüll in den Raum fließen kann. Spritzwasser kann nur den Innenkasten erreichen. Es tritt durch kleine Lenzlöcher wieder nach außen.

Lüftung im Regen und im Hafen

Regenkappen kann man sich selbst machen, um im Hafen oder auf See das Vorluk auch bei Regenwasser von oben oder Spritzwasser von der

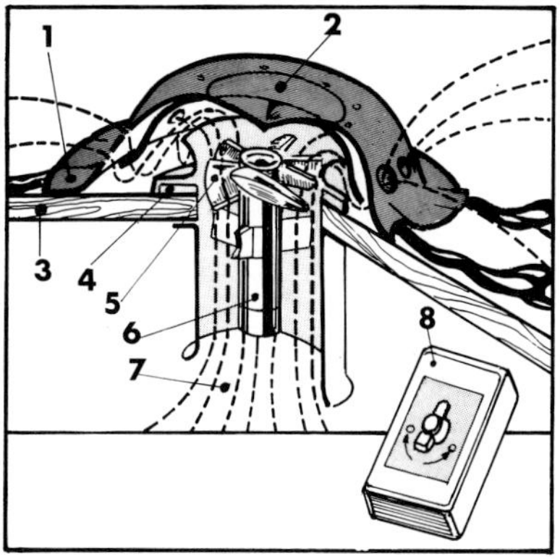

Abb. 116

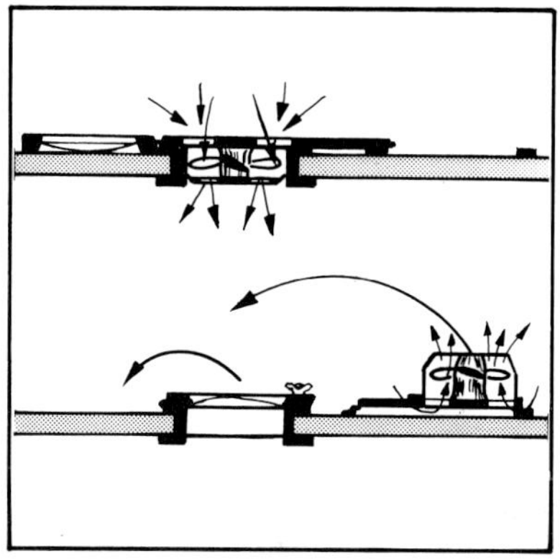

Abb. 117

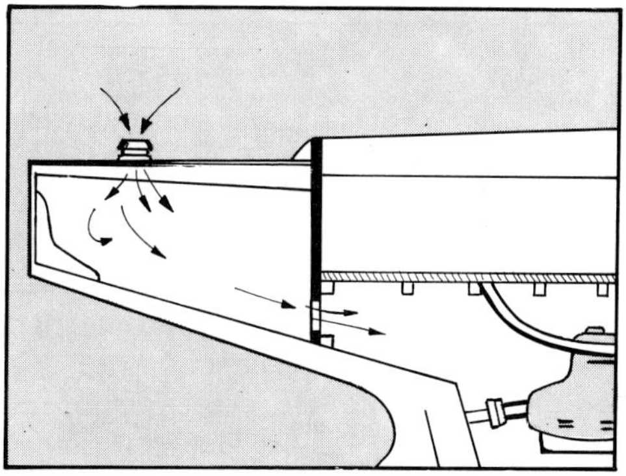

Abb. 118

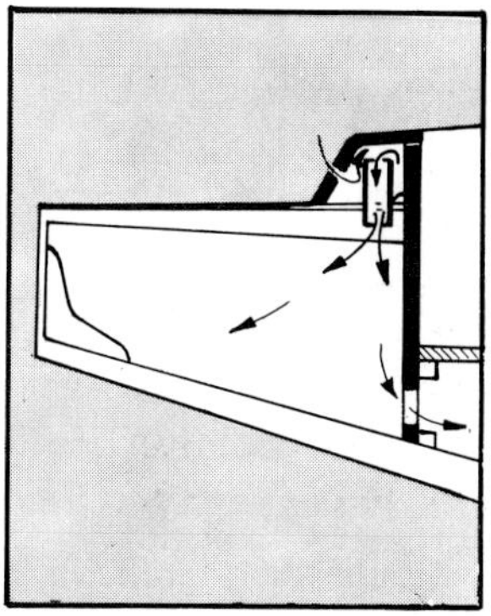

Abb. 119

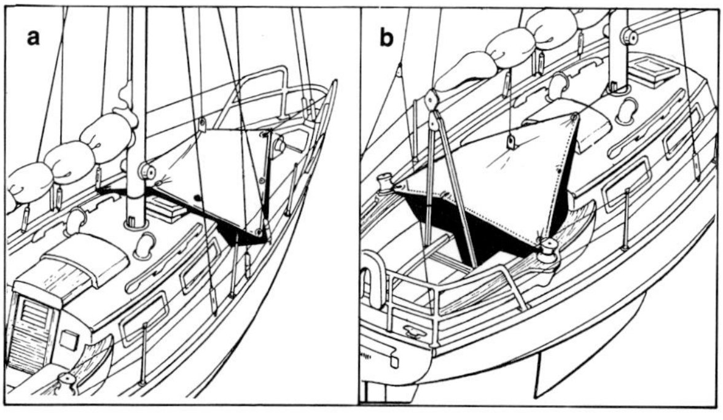

Abb. 120

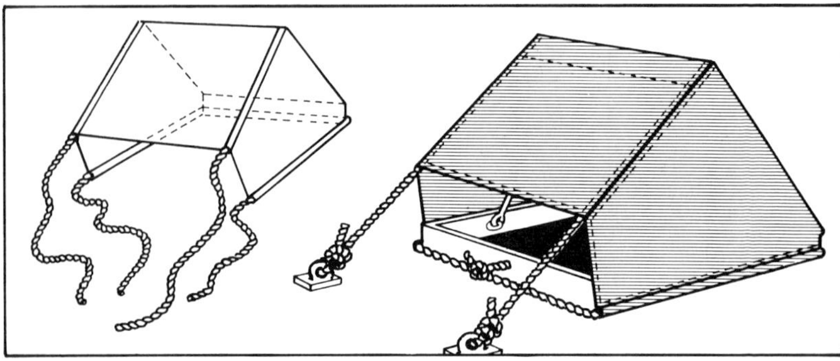

Abb. 121

Seite offen zu halten: Abb. 120 zeigt das im Fachhandel erhältliche, auch noch für andere Zwecke nützliche SAFESAIL, Kantenlänge 2 m, allseitig eingeliekt und mit 8 Ösen zum Spannen über (a) Vorluk oder (b) Kajüteingang eingerichtet. Es faßt seitlich weit über die offenen Zugänge und wehrt auch Regen mit kräftigem Wind zuverlässig ab. Abb. 121 zeigt ein selbstgemachtes Regendach aus einem entsprechend geschnittenen Stück Segeltuch, das über einen First im Vorluk gespannt und seitlich durch Stangen und Augbolzen gehalten wird. Statt dessen kann das Klappluk auch einfache seitliche Holzbretter erhalten, die es in seiner geneigten Lage halten und gleichzeitig die Seiten schützen.

Abb. 123

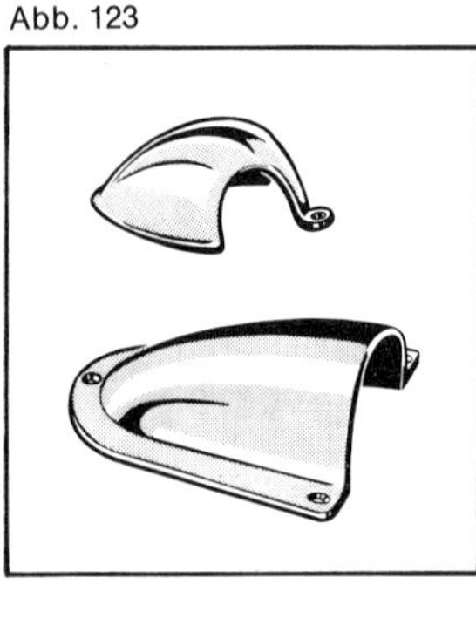

Abb. 124

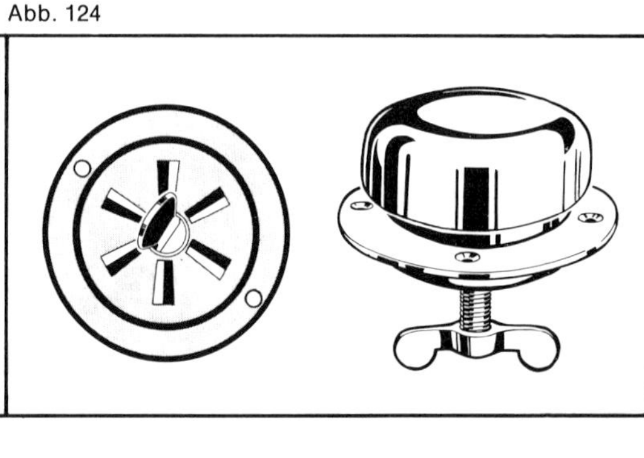

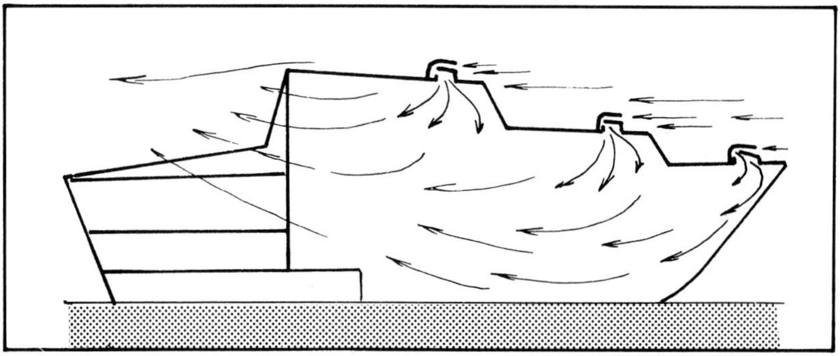

Abb. 122

Lüftung auf einem Motorboot – unterwegs und im Hafen

Auf einem Motorboot – mit oder ohne Kajüte – kann man leicht für die nötige Lüftung sorgen. Die schnelle Fahrt sorgt für kräftigen Fahrtwind, und die größere Windgeschwindigkeit macht viel kleinere Lüfterventile erforderlich, als man sie auf Segelbooten verwenden müßte.
Wie man eine gute Luftzirkulation mit geöffnetem Kajütluk und mehreren Lüftern erreicht, zeigt Abb. 122: Das Fenster der vorderen Frontscheibe ist geschlossen. Auf See ist dieses ohnehin nötig, damit während der Fahrt kein Spritzwasser in die Kajüte kommt. Der Fahrtwind drückt frische Luft vorne in die Lüfter hinein. Die Kajüttür wirkt als Sauglüfter. Hier zieht die verbrauchte Luft hinaus. Neue Frischluft kann ständig nachdrängen. Für ausreichende Luftbewegung sorgt die Bootsgeschwindigkeit.
Je größer die Öffnung des Lüfters ist, je stärker der Wind weht oder je schneller das Boot fährt, desto mehr Luft kann ein- und durchfließen. Das Kajütluk muß jedoch mindestens so weit geöffnet sein, wie der Flächeninhalt aller Lüfteröffnungen ist.
Im Handel sind viele modern geformte Zu- und Ablüfter erhältlich. Die schnittigen Zulüfter bringt man paarweise auf dem Vordeck oder dem Kajütdeck an (Abb. 123), mit wasserdichten Sülls, die überkommendes

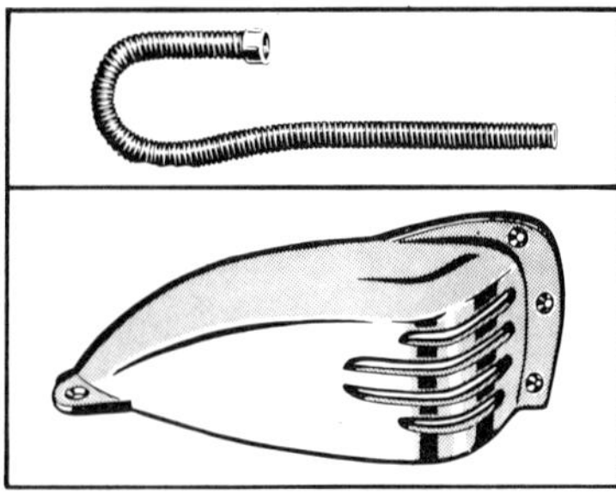

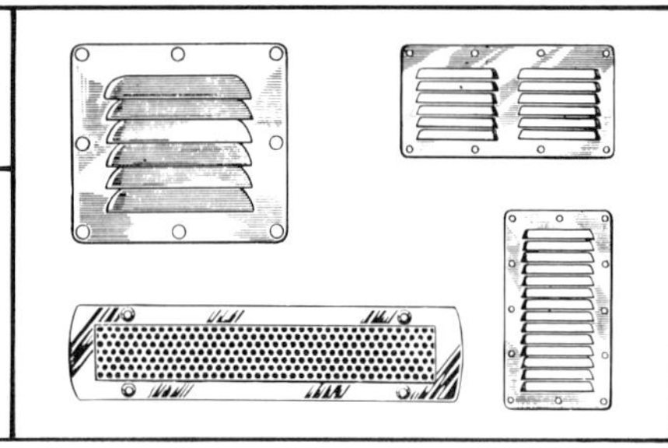

Abb. 126. Abb. 125 (oben) Abb. 127

Wasser nicht mit einfließen lassen. Alle Öffnungen sind nach vorn gerichtet; die Abluft fließt durch Luftschlitze (oder offene Türen und Fenster) nach achtern ab. Im Hafen treten Lüfterrosetten in Tätigkeit, die senkrecht (an Kombüse und Toilettenräumen) und waagerecht (auf dem Kajütdeck oder dem Laufdeck) für Luftein- und -austritt ohne Regenwasserzusatz sorgen (Abb. 124).

Bei Kajütbooten achte man darauf, daß die Frischluft (wie es ohnehin in den Motorräumen vorgeschrieben ist) nicht nur in Kopfhöhe durch die Räume fließt, sondern auch in der Bilge, unter den Bodenbrettern und hinter der Wegerung unterwegs und im Hafen fließen kann. Dazu verbindet man die Fahrt- oder Hafenlüfter mit Rohren (Abb. 125), die erst unter dem Fußboden enden. Benutzt man nur einen Lüfter, erhalten die Rohre oben kleine Löcher, damit ein Teil der Luft bereits unter dem Kajütdach herausfließen kann. Ordnet man zwei Lüfter an, versorgt einer von ihnen die Bilge, der andere den oberen Teil der Räume mit Luft. Sind die Räume im Vor- und Achterschiff zumindest über die Bilge miteinander verbunden, läßt man die Luft erst am Heck wieder austreten. Hat das Motorboot eine große Plicht, muß man für weitere Lüfter an Achterkante Plicht sorgen (Abb. 126), die dann nur für die Belüftung der achteren Wohn- oder Stauräume benutzt werden.

Waffen im Dreifrontenkampf gegen die Nässe

Damit ein Boot trocken bleibt, muß man an drei Fronten kämpfen:

1. Es darf keine Feuchtigkeit eindringen!
2. Luftfeuchtigkeit durch verdampfende Nässe bei den unterschiedlichen Lufttemperaturen der geschlossenen Räume muß durch gute Lüfter bekämpft werden. (Dieses Problem behandelten wir im vorhergehenden Abschnitt.)
3. Eingedrungenes oder kondensiertes Wasser ist so schnell wie möglich zu lenzen.

Auch trockene Kajüten können feucht werden: Auf See durch Ölzeug, das die abgelöste Wache wieder in den Schrank hängt. Ölzeugspinde sollen daher so nahe wie möglich am Niedergang liegen, zu den übrigen Wohnräumen fest, nach außen mit genügend Lüftern verschlossen sein (Abb. 127).

Eine andere große Feuchtigkeitsquelle ist die Segellast, die meistens im Vorschiff liegt. Sie läßt sich nicht so klar gegen die übrigen Räume abgrenzen, so daß man nur über die Stufen „naß" (vorn) und „feucht" in den trockenen Bereich der Wohnräume kommt. Hier darf man die Lüfter nicht vergessen!

Schwitzwasser, Tropfwasser von Segeln und Ölzeug und durch undichte Stellen eingedrungenes Regen- oder Spritzwasser (leichtfertig geöffnete oder nachlässig verschlossene Luken!) soll unter den Fußbodenbrettern ablaufen. Ein Gefälle (das oftmals bereits durch die Kielkonstruktion oder die Bootsform gegeben ist) leitet das Wasser schnell zu einem Tiefpunkt-Sammelbecken, wo der Pumpensumpf liegt.

Zwei getrennte Lenzpumpen oder zumindest eine Lenzanlage mit zwei getrennten Pumpen in der Kajüte und in der Plicht sind empfehlenswert: Routinemäßig kann der Mann am Rohr jede Stunde mit wenigen

Pumpenschlägen das (ohnehin meist trockene Boot) lenzen, und der Smut kann auch innen die Lenzpumpe betätigen, wenn ihm das Kartoffelwasser in die Bilge gelaufen ist. Im Gefahrenfalle wird die Crew in der Plicht ein beschädigtes Boot lenzen, und bei Ausfall einer Pumpe steht dann immer die Reservepumpe am Reserveplatz zur Verfügung (Abb. 128).

Der beste Helfer gegen Feuchtigkeit an Bord ist eine Heizung, die mit Gas betrieben wird (Abb. 129): Unter Deck und in der Kajüte eingebaut nimmt sie wenig Platz weg, und man kann sie entweder nur für die innere Luftzirkulation einstellen (die Verbrennungsluft wird dann von außen angesaugt, Abb. 130) oder als Klimaanlage verwenden (mit einem gesteuerten Luftaustausch von innen nach außen). Besonders in unseren Revieren hilft eine Bordheizung nicht nur, die Saison zu verlängern, sondern sie macht sich auch zum Trockenhalten des Bootsinneren und zur Werterhaltung unserer (teuren) Ausrüstung bezahlt.

So wehrt man Wasser ab

Am besten sorgt man für ein trockenes Boot, wenn man das Wasser bereits außen abwehrt: mit überall gut schließenden Luken!

Am leichtesten ist dies bei runden Luken. Man stülpt den abgerundeten

Abb. 128

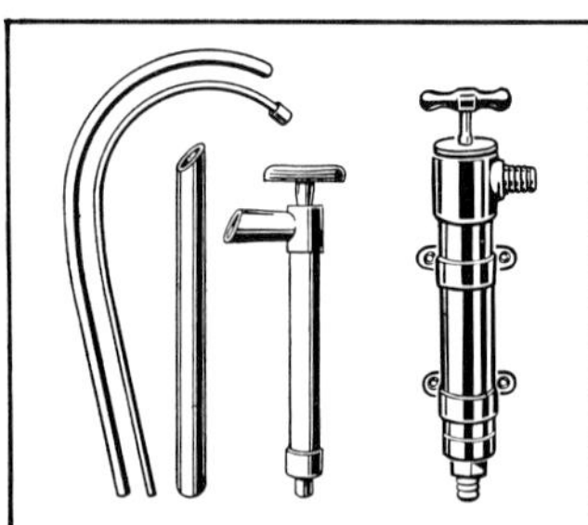

Abb. 130

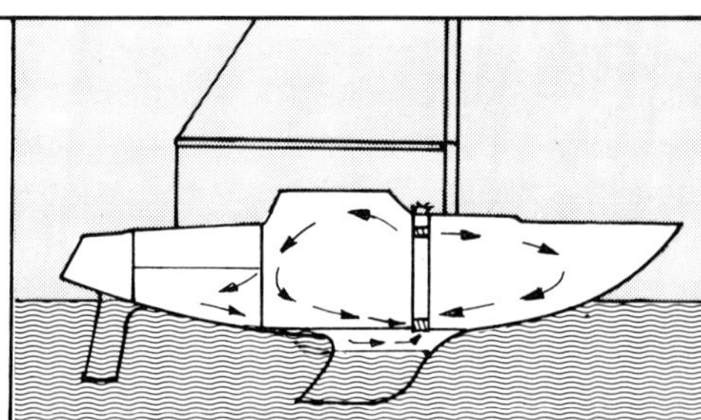

Abb. 129 ▶

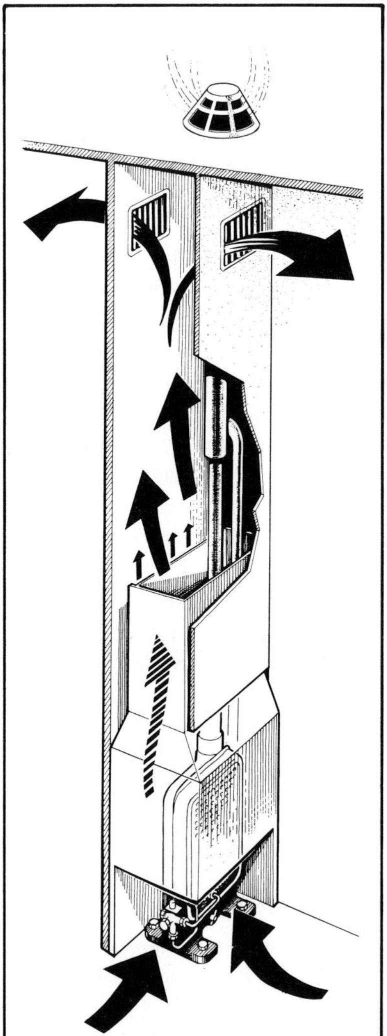

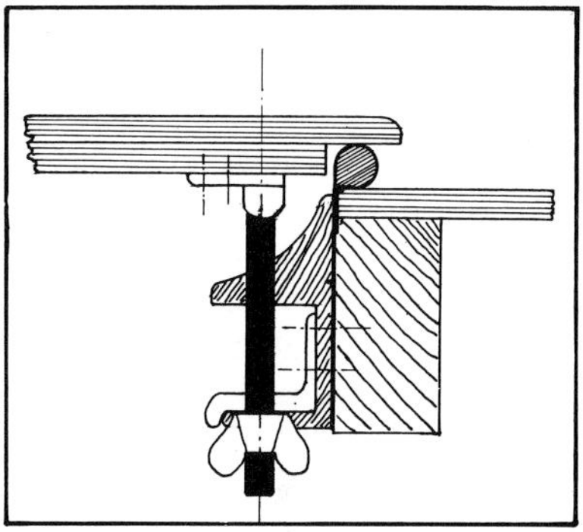

Abb. 131

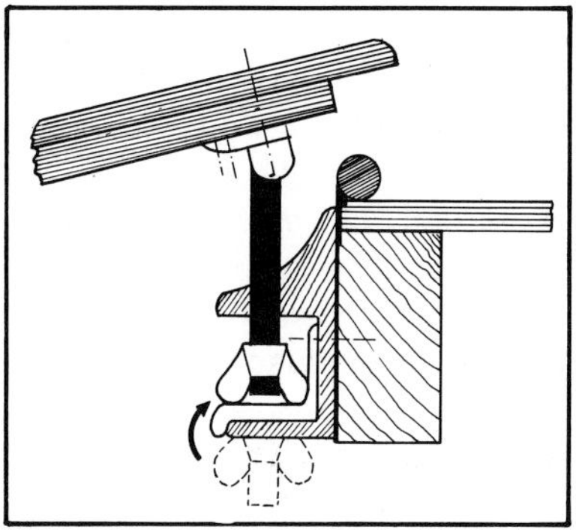

Abb. 132

▼ Abb. 133

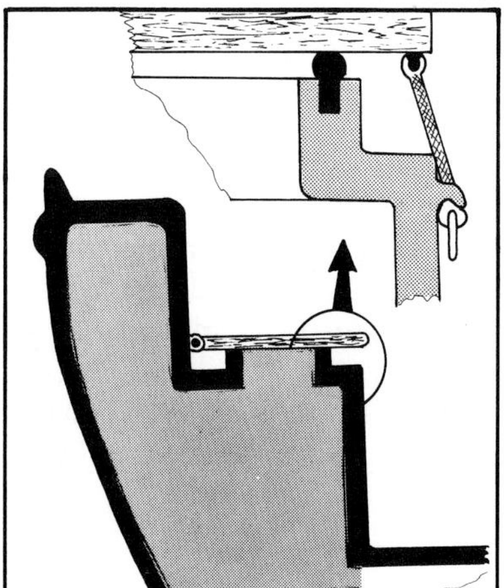

Lukendeckel mit seinem überstehenden Rand über das Süll und klemmt ihn dann mit Gummiknacken an zwei oder drei Stellen von unten fest. Ist der Süllrand dazu nicht glatt genug, schiebt man eine Gummileiste auf und klebt sie hier gut fest. Diese (waagerechte oder senkrechte) Öffnung läßt kein Regen- oder Spritzwasser mehr durch.
Viereckige oder rechteckige Luken lassen sich mit einer Gummidichtung auch ohne Süll wasserdicht halten (Abb. 131): Die Gummidichtung wird entweder an den Lukendeckel geklebt oder mit dem Deck fest verbunden und schafft einen Abstand von ca. 20 mm zwischen beiden. Wenn man das Luk schließt und den Verschluß mit Flügelmuttern fest anzieht, drückt das Luk überall gleichmäßig auf den Gummi, und es kann kein Wasser eindringen.
Die Halterung der Flügelschraube bei einem etwas geöffneten Luk erlaubt es (Abb. 132), den Raum unter Deck zu lüften. Hierbei kann man weder das Luk von außen öffnen noch es durch Druck von oben schließen. Auch eine überlaufende See kann dieses halbgeöffnete Vorluk nicht aufreißen, wenn man das Schließen vergessen hat.
Mit Gummidichtung und Gummiüberfall (Abb. 133) lassen sich auch Backskistendeckel wasserdicht verschließen. Wenn man auf den Sitzbänken hockt, drückt man mit seinem Gewicht die Klappen dicht genug. Sind sie nicht belastet, hält sie der Überfall fest. Kommt gar zu viel Wasser auf einmal über, kann das Wasser in einer Rinne rund um das Süll und in die Plicht zurücklaufen.

Selbstlenzer lassen Spritzwasser allein ablaufen

Die beste Lenzeinrichtung, um eine Jolle unterwegs trocken zu halten, ist ein Selbstlenzer im Bootsboden, meistens ein Lenzerpaar auf jeder Seite an einer Position, die sowohl beim Gleitflug wie auch bei gekrängtem Boot an der Kreuz am tiefsten liegt (Abb. 134): Im Hafen geschlossen und durch Gummirand wasserdicht, unterwegs mit Fußdruck zu öffnen (Abb. 135). Die gleichen Lenzer gibt es auch in anderen Formen. Sauglenzer arbeiten jedoch nur bei ausreichender Geschwindigkeit und (mit den oben gezeigten Einbaubeispielen) bei Fahrt voraus.

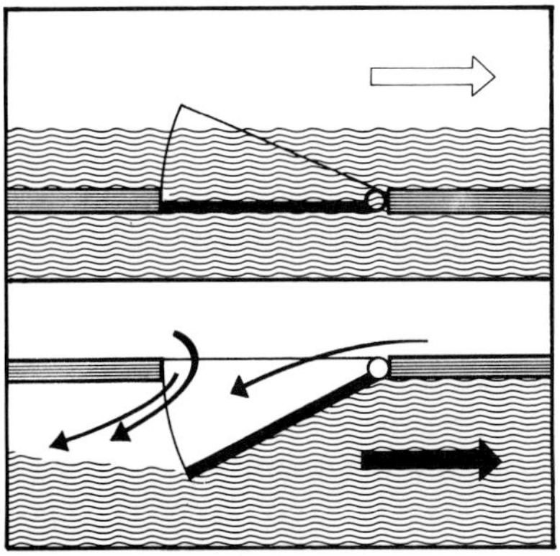

Abb. 135. Abb. 134 (oben)

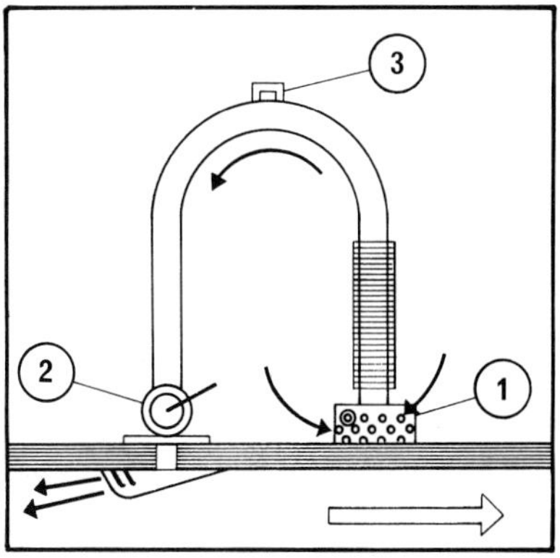

Abb. 136

Auch Motorboote können einen Sauglenzer benutzen (Abb. 136), doch muß er dann diese Form haben: Ein geschütztes Sieb in der Bilge (1), ein Hebelventil oder einen Schieber (2), um den Lenzer bei Rückwärtsfahrt abzuschalten, und eine Vakuumbremse (3) gegen den Saugheber-Effekt. Rennjollen haben sich meistens doppelt gesichert: Selbstlenzer sind im Bootsboden neben dem Schwertkasten (für den Kreuzkurs) und Lenzklappen im Spiegel (für den Raumschotskurs) eingebaut. Bei Wanderjollen ist man mit diesen Lenzeinrichtungen sparsam, denn sie verteuern den Bootskauf.

Ohne Lenzer kommt aber keine Jolle aus. Die billigste Art: Man baut zwei daumengroße Löcher in den Spiegel, durch die das Wasser abfließen kann. Im Hafen verschließt man sie (von außen) mit einfachen Korken, damit die Plicht trocken bleibt, wenn das Boot beim Auf- oder Abtakeln die Besatzung trägt.

Offene Lenzöffnungen wirken bei achterlichem Wind (und achterlicher See) wie Füllstutzen. Darum muß man sie – auch selbstgemacht – zum Schließen einrichten. Am billigsten: Man kauft zwei kleine Kunststofftrichter, zieht ein kurzes Ende mit Stopperknoten hindurch und befestigt dieses in einer Klemmklampe. Hier hält ein Stopperknoten die Trichter-

öffnung offen, und geschlossen klemmt man die durchgeholte Leine in der Klampe fest. Man kann auch eine Klampe sparen und über ein Verbindungsstück beide Trichterleinen mit der Klemmklampe verbinden.
Bei dicken Spiegeln paßt man die Schräge der Öffnung der Trichterrundung an oder legt einen Gummiring an die Außenseite, gegen den man den Trichter bei geschlossener Lenzklappe fest drücken kann.

Pumpen mit Handbetrieb und Fremdenergie

Auf kleinen und großen Seekreuzern wie auf großen Motoryachten wird es nicht ohne ein Lenzsystem (Abb. 137) abgehen, das man im allgemeinen mit einer mit dem Motor verbundenen Lenzpumpe (1) ausnutzt. Für den Notfall empfiehlt sich eine zusätzliche Handpumpe, die fest in das System eingebaut ist (2). Den Mehraufwand von zwei Dreiwege-

Abb. 137

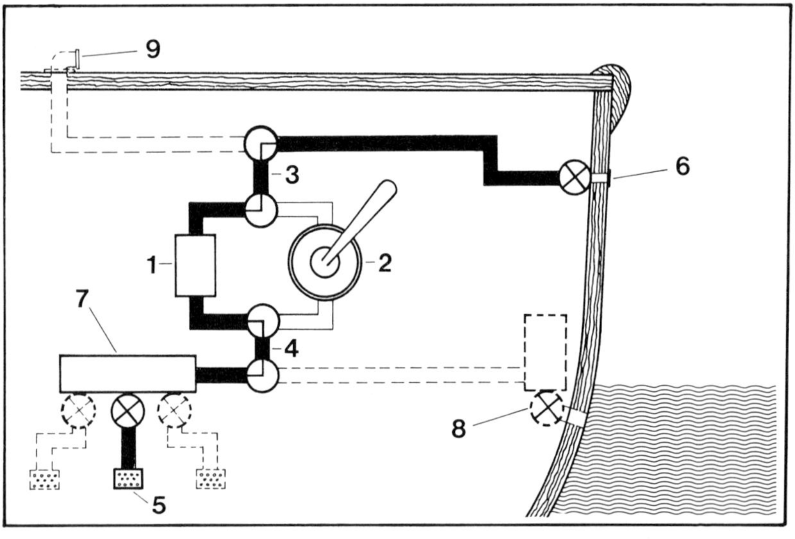

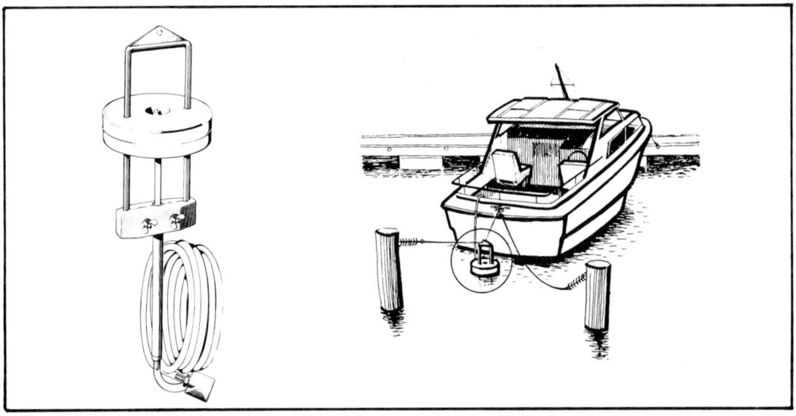

Abb. 138

hähnen (3 und 4) nimmt man gern in Kauf, um das Wasser aus der Bilge (5) nach außenbord (6) mit Motor- oder Muskelkraft zu pumpen. Große und in mehrere wasserdichte Abteilungen unterteilte Jachten benutzen mehrere Saugkörbe und benötigen dann auch einen Ventil-Verteilerkasten (7), um alle Räume nacheinander zu lenzen. Wer so viel Aufwand treibt, kann dann auch noch ein Einlaßventil (8) mit einer entsprechenden Zuleitung an das Lenzsystem vorsehen und einen entsprechenden Hahn oder ein Ventil an Deck (9) mit einer Verbindung zur Lenzleitung, um mit der Pumpenanlage Wasser für ein Brausebad, zum Deckwaschen oder zu Feuerlöschzwecken an Oberdeck zu pumpen.
Wer sein Boot längere Zeit im Hafen ohne Aufsicht läßt, sollte sich eine automatische Lenzpumpe leisten (Abb. 138), die ihre Lenzimpulse durch den Wellengang vorbeifahrender Motorboote erhält. Er kann dann auch bei längerer Abwesenheit beruhigt sein, daß durch Feuchtigkeit in dem abgeschlossenen und oft mit einer Vollpersenning überdachten Boot und durch den Temperaturunterschied von tagsüber brennender Sonne und nächtlicher Abkühlung kein Schwitzwasser und schädliche Feuchtigkeit an Bord entstehen können.

Kleine Inspektion im Hafen oder auf Langfahrten

Die Hersteller der Bootsmotoren schreiben für die garantierte Betriebssicherheit eine regelmäßige Wartung der wichtigsten Teile vor. Auch beim Auto ist uns die Inspektion – nicht nur für die Maschine – selbstverständlich. Die Bootsfabrikanten geben uns noch keine Anweisung mit auf die Fahrt, welche Teile losschlagen oder lecken könnten, was regelmäßig mit Öl behandelt oder auf möglichen Verschleiß gelegentlich überprüft werden müßte. Hält es vom Kauf eines fahrenden Freizeitheimes ab, wenn man vor Unterschrift des Kaufvertrages erfährt, daß auch ein Boot regelmäßig zu inspizieren und zu warten ist?
Wir müssen uns diese Checkliste also (vorläufig) noch selbst machen. Gesichtspunkte der Sicherheit (wenn wir fern vom Hafen auf uns selbst, auf unser Material und auf unsere eigenen Kenntnisse angewiesen sind) und der Werterhaltung bestimmen die Punkte, die zur Inspektion gehören. Sie sind bei kleinen und großen Fahrzeugen, Segel- und Motorbooten, offenen und Kajütbooten natürlich unterschiedlich, und daher können hier aus dieser weiten Palette nur einige genannt werden.
Grundsatz dieser Inspektion: Jede Einrichtung ist immer nur so stark wie sein schwächstes Teil. Das Ankermanöver kann mißglücken, weil ein kleiner Schäkel sich selbsttätig öffnet oder im entscheidenden Moment nicht zu öffnen ist; der Mast kann brechen, weil ein winziger Splint in einem Bolzen nicht richtig gesichert war und in der immer eintönigen Belastung herausrutschte; Wassereinbruch kann entstehen, weil eine undichte Packung den Durchbruch der Außenhaut nicht mehr sicherte, und eine nicht mehr richtig befestigte Relingstütze kann zu einem mißglückten Mann-über-Bord-Manöver mit unübersehbaren Folgen für Boot und Besatzung werden. Was gehört zu unserer laufenden Sommerinspektion im Hafen oder bei längeren Törns auf See?

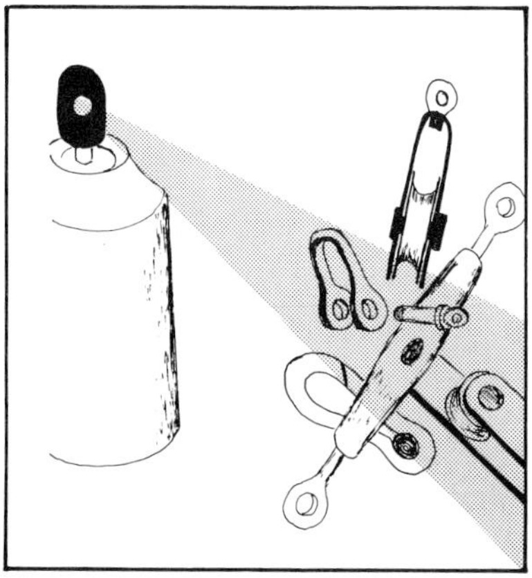

Abb. 139

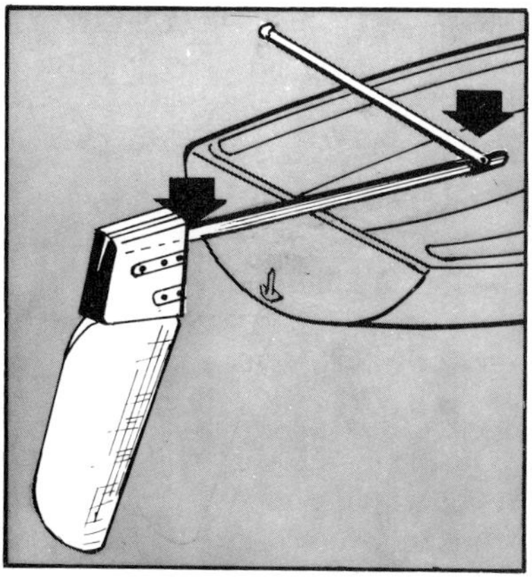

Abb. 140

Alle Verankerungen von Beschlägen aller Art: Relingstützen, Klampen, Schotwinden, Halterungen für andere Decksausrüstung usw.

Alle Durchbrechungen der Außenhaut sowohl unter wie über Wasser: Luken und Fenster, Lüfter und Lenzer, der Abfluß des Kühlwassers und des Waschwassers, der Lenzer in der Plicht usw.

Alle Sicherheitseinrichtungen, die wenig benutzt werden, aber dennoch betriebsklar sein müssen: Schwimmwesten mit ihren Füllflaschen; die Propananlage mit dem Sicherheits-Ablauf im Flaschenkasten; die Halterung der Rettungsbojen usw.

Alle Einrichtungen der nautischen Bootsführung wie Lampen und Lichter, Kompaß und Peilgerät,

das „stehende Gut", das man auf seinen sicheren Stand prüfen muß und das

„laufende Gut", das überall gut laufen soll.

Als Werkzeug genügt meistens ein gutes Auge, eine Sprühdose mit Konservierungsmittel oder Öl (Abb. 139), eine Kombizange und zwei Schraubenzieher, gegebenenfalls andere Werkzeuge aus der Bordwerkstatt. Die „Wundermittel" für den Bordbetrieb, von denen man

wenigstens **eine** Sprühflasche auf jedem Boot griffbereit haltern wird, sind unter den „Mitteln zur Bootspflege" genannt.
Betrachten wir – gleichsam als Muster – einige Teile der Ausrüstung und die Gesichtspunkte ihrer Prüfung:

Die weichen Stellen des Ruders

Die Ruderanlage eines Bootes besteht aus Hebeln. Feinarbeit können alle Teile nur leisten, wenn ihre Verbindungen keinen Spielraum haben. Wir inspizieren:

1. Die Verbindung zwischen Pinnenausleger und Pinne (Abb. 140): Schwenkbar zu jeder Seite und/oder beweglich in der Vertikalen.
2. Die Halterung der Pinne im Ruderkopf (Abb. 140). Der Ruderkopf muß auch der geringsten seitlichen Bewegung der Pinne folgen.
3. Die Ruderbeschläge am Spiegel (Abb. 141).
   Der größte Abstand, der baulich möglich ist, ist der beste (Abb. 141b). Durch die Hebelwirkung des Ruders werden beide Beschläge immer in entgegengesetzter Richtung belastet, und durch die Hebellänge der Pinne einerseits, die Hebellänge des eingetauchten Ruderblattes andererseits ist die Belastung groß. Je länger die Beschläge querschiffs sind und je größer die Zahl ihrer Befestigungsschrauben ist, desto besser. Prüfe mit dem Schraubenzieher, ob sie noch fest sitzen!

Abb. 141a

Abb. 141b

Inspektion der Plicht

Die Fußgurte sind mit Platten am Bootsboden befestigt. Kontrolliere die Schrauben und schaue unter die befestigte Gurtstelle, ob der Bootsboden durch Überlastung an dieser Stelle nicht eingerissen ist. Je größer die Befestigungsplatte ist und je mehr Schrauben sie halten, desto geringer ist die Gefahr des Ausreißens (Abb. 142, A). Damit die Fußgurte bereit zum Einschlupfen der Füße aufrecht stehen, verkürzt man ihre Länge durch einen Gummistropp einige Zentimeter über der Grundplatte (Abb. 142, B).

Das Übel der lockeren Muttern

Nicht nur in der Takelage und den Motorenanlagen, überall an Bord gibt es eine Anzahl von Muttern, die sich nicht selbsttätig lösen dürfen. Es gibt mehrere Möglichkeiten, um eine Mutter zu sichern. Beizeiten genutzt, ersparen sie uns die Inspektion:

1. Man vernietet den Bolzenkopf.
2. Man durchbohrt das Bolzenende hinter der Mutter und sichert es mit einem Splint.
3. Man schraubt unter der Mutter einen Federring an.
4. Die Hauptmutter erhält eine Kontermutter.

Abb. 142

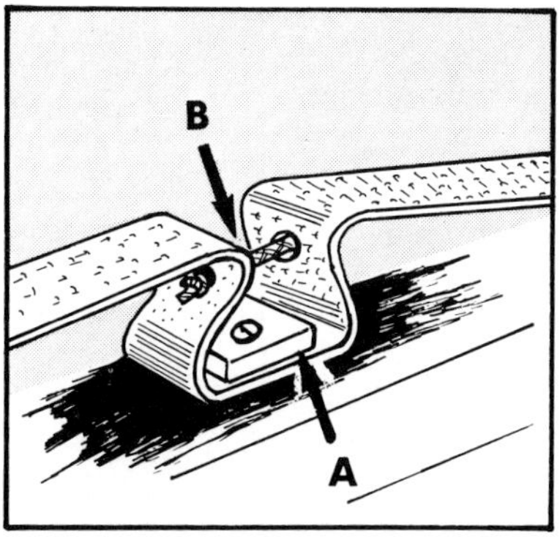

Abb. 143

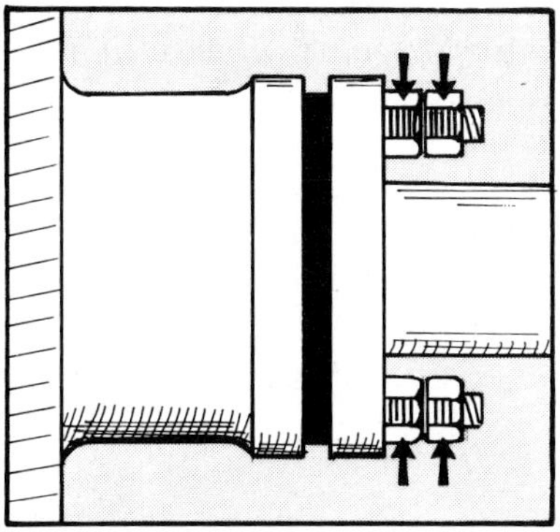

Bevor man die Mutter sichert, fettet man das Gewinde bei Saisonbeginn gut ein. Wenn man auch aus einiger Entfernung mit einem Blick kontrollieren will, ob sich die Mutter gelöst hat, zeichnet man die gegenüberliegenden Seiten mit einer leuchtenden Farbe. Man zieht die Muttern dann so weit an, bis die Seiten entweder waagerecht oder senkrecht stehen, und kann dann mit einem kurzen Blick erkennen, ob sie sich gelockert haben. Dies ist besonders bei Muttern an der Sternbuchse oder dem Wellenflansch wichtig, die sich durch Vibration leicht lockern können (Abb. 143). Hier erspart die richtige Sicherung mit Kontermuttern und ihre Farbkennzeichnung (die man auch bei klarem Wasser erkennt) viel Ärger.

Wie man Schrauben in Glasharz befestigt

Wenn es nicht möglich ist, an die Innenseite eines Bauteiles heranzukommen und praktisch von hinten eine Verstärkung der Wandung zu befestigen, muß man die Schraube eindübeln. Dazu eignet sich Holz wie Kork und natürlich Kunststoff unterschiedlicher Festigkeit. Alle diese Einsätze muß man sich praktisch schnitzen. Im Handel sind jedoch auch entsprechende Dübel (Abb. 143 a) erhältlich, die noch den Vorteil haben, vorn allseitig über den Rand der Bohrung zu reichen. Man bohrt also erst eine Ausnehmung, in die der Dübel hineinpaßt und setzt dann in diese die entsprechende Schraube ein. Befestigt man damit einen Beschlag, dann kann dieser entweder unter dem Dübelrand oder zwischen Dübel und Befestigungsschraube liegen.

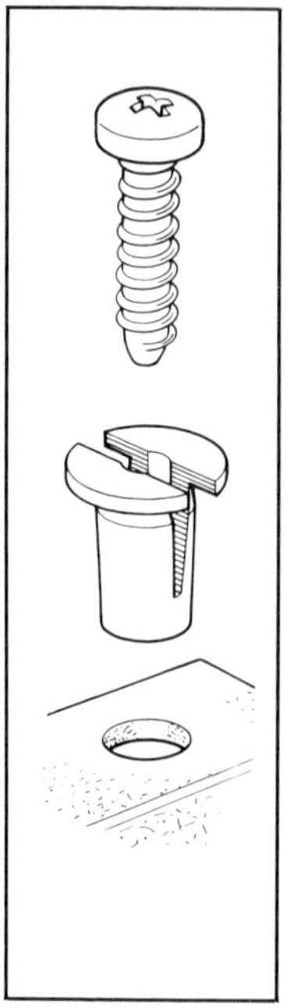

Abb. 143a

Segelpflege während der Saison

Chemisch gleichen sich zwar die Polyesterfasern, aus denen das Segeltuch gewebt ist, und nur der Markenname der Fabrikate ist in den einzelnen Ländern unterschiedlich: Dacron (USA), Trevira (Deutschland), Terylene (Großbritannien), Tergal (Frankreich), Terital (Italien), Terlanca (Niederlande), Tetoron (Japan), Lavsan (Sowjetunion) usw., aber im einzelnen muß ein Dacron-Segel nicht mit einem Segel aus Terylene identisch sein. Der Segelmacher unterscheidet zwar, wie der Polyesterfaden verwebt und wie das Gewebe hinterher ausgerüstet ist, ob der Faden stark oder weniger stark gezwirnt, das Tuch chemisch nachbehandelt, überspachtelt oder geharzt ist – in der Pflege jedoch gleichen sich alle diese Kunststoffsegel: Sie sind vor allen Dingen anfällig gegen Wärme und trotz ihrer unbestrittenen Robustheit nicht minder anfällig gegen ständige Fehler im Gebrauch.

Wie man im Winter sein Kunststoffsegel nicht in einem beheizten Raum aufbewahren darf, weil es dort schrumpfen kann, ist es genau so gefährlich, es im Sommer längere Zeit zusammengefaltet in der brütenden Hitze einer unbelüfteten Segellast, in der Backskiste eines auf dem Trailer oder an Land abgestellten Bootes oder sogar im geschlossenen Kraftwagen aufzubewahren. Wie alle Kunststoffe, sind auch Segel vor extremen Temperaturen zu schützen; sehr große Hitze wirkt auf die chemische Nachbehandlung und auf die Festigkeit des Gewebes – bereits bei einer Wärme von nur 70° C, die man bei praller Sonne in kleinen Räumen schnell erreicht, läuft das Tuch ein.

Bekanntlich hat unser Segel eine Tragflügelform, die der Segelmacher dem weichen Tuch durch trickreiche Verarbeitung und sinnvollen Schnitt gegeben hat. Sie gilt es, während der Benutzung unverändert zu erhalten.

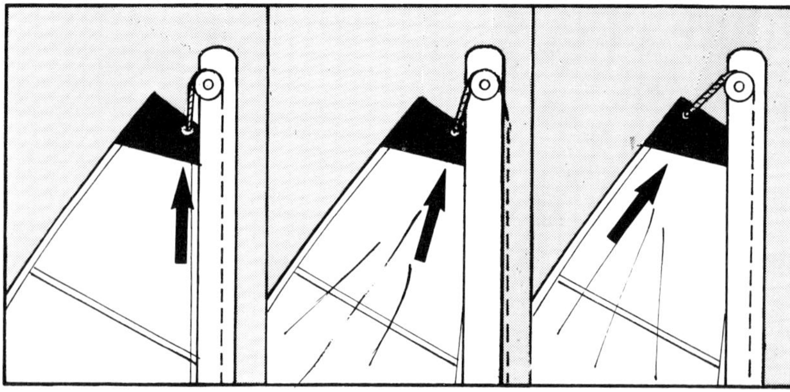

Abb. 144a Abb. 144b Abb. 144c

Gute Behandlung ist die beste Pflege

Wer einige Regeln im Umgang mit seinen Segeln beherzigt, hat nicht nur lange ungestörte Freude an ihnen, eine besondere Inspektion während der Sommerfahrten erübrigt sich auch:
Die Fallscheibe im Mast soll achtern etwas nach außen reichen, damit der Zug des Großfalls parallel zum Achterliek erfolgt (Abb. 144 a). Liegt die Fallscheibe zu weit innen (Abb. 144 b) oder ist das Fall im Kopfbrett zu weit achtern angesteckt (Abb. 144 c), dann wird der Kopf des Segels seitlich zum Masttopp gezogen, und das Segel erhält in seinem oberen Teil durch Falten einen schlechten Stand. Auch das Drahtfall kann hier im Laufe der Zeit brechen.
Die Nockleine des Unterlieks muß nicht nur bis zum Nockbeschlag des Großbaums führen, sondern auch um den Baum genommen werden, damit das Unterliek bis zur Schothornkausch in der Hohlkehle bleibt, Es reicht aus, wenn man die Nockleine **hinter** dem Achterliek einige Male um den Baum nimmt (Abb. 145 B). Besser ist es, wenn sie direkt durch die Schothornkausch geführt wird. Dann behält das Segel seinen

richtigen Stand, und unvorhergesehene Schäden können am Schothorn nicht eintreten.
Wenn die Ausholerleine vom Schothorn des Großsegels ihren Zug nur waagerecht zur Baumnock ausübt (Abb. 145 A), dann hebt sich das Schothorn, wenn sich das Segel füllt. Nach und nach zieht der Wind das Liektau des Unterlieks aus der Hohlkehle. Es schamfilt, nutzt sich ab, und das Segel erhält Falten.
Beim Setzen des Großsegels sollte das Gewicht des Baumes nicht das Segel belasten. Man hebt daher den Baum von Hand an, bis das Großfall durchgesetzt ist, oder dirkt den Baum an.
Besonders gefährlich ist das Schamfilen. Dirk, Wanten, Schoten oder Achterholer vom Spinnaker und andere Leinen dürfen nicht unter Spannung auf dem Segel liegen; diese Schamfiling schadet einem Polyestersegel mehr als einem Baumwollsegel. Segelstellen, an denen sich eine ständige Scheuergefahr nicht vermeiden läßt, müssen entsprechende Aufnäher (aus leichtem Leder) erhalten.
Besonders die offenen Salingenden, in denen die Wanten liegen, sind für Vorsegel äußerst gefährlich. Man schützt sie durch flexible Gummi- oder Plastikkappen (Abb. 146), die stoßfest, entsprechend verdickt und für die Berührung mit den Segeln noch profiliert sind. Sie

Abb. 145

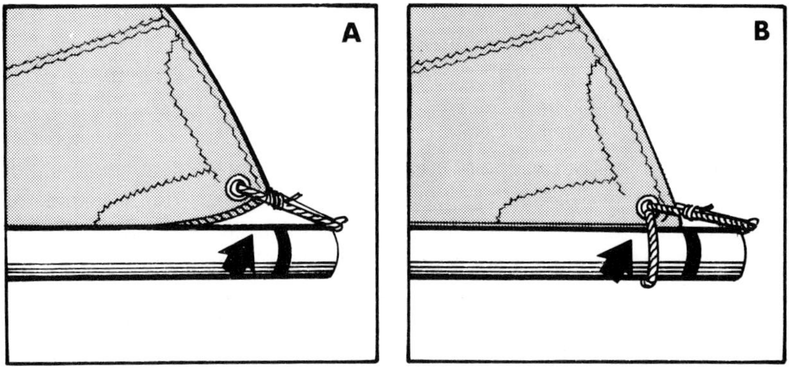

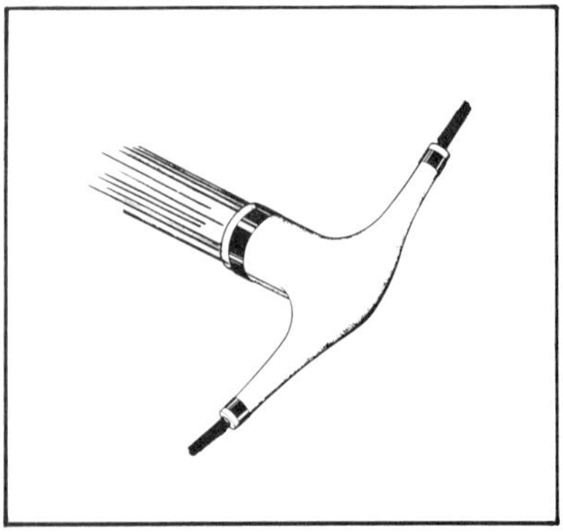

Abb. 146

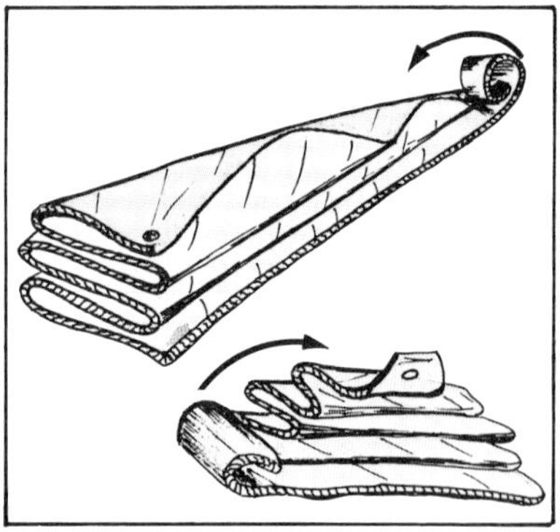

Abb. 147

sind im Handel erhältlich und werden vor dem Setzen des Mastes zuerst über die Wanten gezogen und dann über die Salingen gestülpt, wo man sie mit Schellen befestigt.
Will ein Großsegel nach dem Loswerfen des Großfalls nicht fallen, überprüfe man die Gängigkeit der Keep oder suche nach fehlerhaften, verklemmten Mastrutschern. Keinesfalls darf man das Segel an seinem verletzlichsten Teil, dem nicht eingeliekten Achterliek, nach unten reißen. Hierdurch ruiniert man es mit der Zeit in jedem Falle. Wenn man schon hart zupacken muß, dann nur entlang des Vorlieks, an dem alle Belastung auf das Liektau kommt.

Aufbewahren des Segels

Nur auf großen Booten bleibt das Großsegel am Mast angeschlagen. Es wird dann mit einer Segelpersenning zugedeckt, die wasserdicht und lichtundurchlässig sein muß. Damit die Feuchtigkeit des Tuches jedoch verdunsten und Schwitzwasser sich nicht bilden kann, bleibt der Bezug unten offen. Der Abschlußkragen des PVC-beschichteten Polyester- oder Nylontuches am Mast muß in jedem Falle durch Bändsel wasserdicht verschlossen werden.

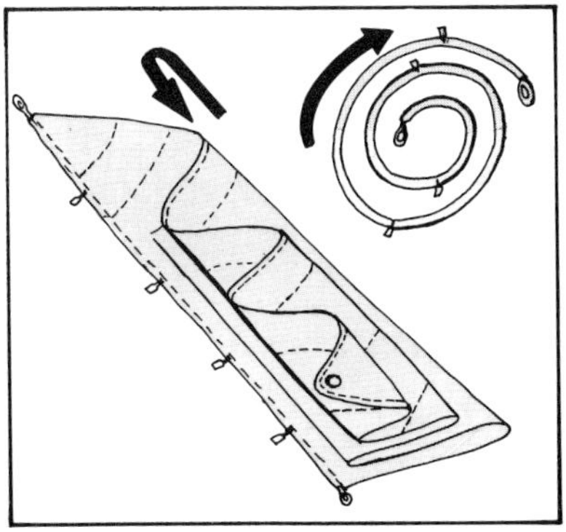

Abb. 148

Abb. 149

Vorsegel und kleinere Großsegel verstaut man im Segelsack, wenn sie richtig zusammengelegt sind.
Bleibende Falten oder Kniffe sind jedoch schädlich für das Segel. Sie beschädigen die Fasern, und besonders senkrechte Falten stören die Luftströmung entlang des Segels und vergrößern den Windwiderstand. Waagerechte Kniffe sind aerodynamisch nicht so nachteilig, aber da sie beim Zusammenlegen meistens immer an derselben Stelle entstehen, schaden sie dem Tuch.
Am besten wechselt man daher beim Verstauen größerer Segel mit der Art des Zusammenlegens (Abb. 147) und bringt entweder das Kopfbrett oder das Schothorn zum Segelhals. Anschließend faltet man das Tuch noch einmal übereinander und zu einem kleinen Paket zusammen. So spart man Platz, und das meist sperrige Tuch liegt überall glatt und weich aufeinander.
Ein Vorsegel von weniger als 10 m² Segelfläche kann man einfach lose in seinem Segelsack verstauen. Größere Vorsegel rollt man vom Kopf zum Unterliek (Abb. 148) und legt hierbei das Liektau nicht über-, sondern nebeneinander. Die so entstandene schlanke Wurst kann man dann noch einmal übereinander packen, so daß auch eingenähte Fenster nicht zu heftig übergebogen werden.

Abb. 150

Reinigen und Waschen

Nach einem längeren Seetörn, bei dem die Segel mit Salzwasser in Berührung gekommen sind, legt man sie am besten auf einen sauberen Betonboden und spritzt die gut ausgebreitete Fläche mit dem Wasserschlauch ab. Ein Schrubber und ein mildes Waschmittel helfen, Salzreste und Hafenschmutz zu lösen.

Natürlich kann man Segel auch mit nach Hause nehmen und sie in der Badewanne einweichen, um sie dann flach zu trocknen oder aufzuhängen. Für kleinere Segel eignen sich auch einfache Plastiksäcke (Abb. 149) als Waschbehälter. In ihnen kann man sie auch an Bord oder im Hafen waschen. Der Bedarf an Waschmitteln bleibt dann geringer. Spezielle Segel-Waschmittel sind im Handel erhältlich (siehe Abschnitt „Bootspflegemittel"), aber übliche Haushaltswaschmittel tun die gleichen Dienste.

So nimmt man von einem speziellen Segeltuch-Reinigungsmittel 50 g Konzentrat für 1 kg Segel oder 10 g für einen Liter Wasser. Das Segel wird in lauwarmer Mischung eingeweicht (Wassertemperatur niemals über 50° C!) und eine Nacht lang stehen gelassen. Am nächsten Tag spült man es in klarem Wasser aus und hängt es zum Trocknen auf. Benutzt man Seifenlauge für die Flachreinigung, muß das Segel nach der Laugenbehandlung hinterher gut abgespült werden.

Das Trocknen auf einer sauberen Betonfläche bekommt dem Segel gut. Legt man es hierzu auf den Erdboden oder auf den Rasen, kann das

nasse Segel wieder fleckig werden. Besser ist es, das nasse Segel dann wie Wäsche auf die Leine zu hängen – richtiger: **an** die Leine: bei einem Vorsegel steckt man die Stagreiter an die Wäscheleine (Abb. 150), bei einem Großsegel muß man mit Wäscheklammern arbeiten. Ist das Großsegel zu schwer, muß man es **über** die Leine legen. Auch hier gilt die Regel: Hände weg vom Achterliek! Damit das Segel nicht seine Form verliert, darf es nie mit dem Achterliek an die Wäscheleine geklammert werden.
Findet man für große und (noch durch Feuchtigkeit) schwere Segel keine geeignete Leine, schlägt man den Hals hoch an einer Wand, einem Baum oder einem Flaggenmast an (Abb. 151), strafft das längste Liek mit einer Talje und pflockt den Kopf am Boden an. So kann die Nässe schnell abtropfen und das Tuch am besten trocknen.

Fleckenentfernung

Wenige spezielle Segel-Reiniger sind zum Fleckenentfernen erhältlich. Man benutzt sie mit unerschiedlicher Verdünnung. Bei starken Ver-

Abb. 151

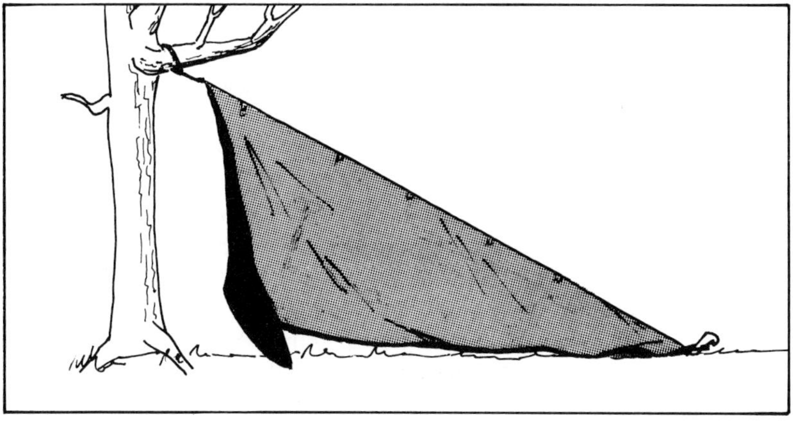

schmutzungen 1:12, bei mittleren 1:25 und bei leichten Verschmutzungen 1:50. Vor dem Kauf prüfe man, ob die Mittel säure- und alkalifrei, ungiftig und unbrennbar sind und die Imprägnierungen des Segeltuches nicht angreifen.

Pech- und Teerflecken kann man auch mit Waschbenzin reinigen oder mit Teerentferner beseitigen. Aber Vorsicht – sie sind feuergefährlich!

Einen Blutfleck weicht man in kaltem Wasser mit 25 cm^3 Ammoniak je Liter ein. Verschwindet der Fleck nicht ganz, halte man die befleckte Stelle zwei Stunden lang mit einer 5%igen Lösung eines enzymhaltigen Waschmittels feucht und spüle sie dann gründlich aus.

Öl- und Fettflecken beseitigt man durch Betupfen mit einem üblichen Fleckentferner: Bei Sprühmitteln bürstet man die Flecken aus, bei flüssigen Lösungsmitteln wäscht man mit warmem Wasser nach. Da diese Lösungsmittel feuergefährlich oder giftig sind, muß man im Freien oder in einem gut belüfteten Raum arbeiten.

Metallflecken sind schwieriger zu entfernen. Bei dieser Arbeit dürfen die Lösungsmittel nicht mit Kauschen und Rutschern in Berührung kommen, die aus verzinktem Stahl oder Kupfer bestehen: Man taucht die befleckte Stelle in eine Lösung aus 50 g Oxalsäure je Liter heißes Wasser oder in eine Lösung von 20 g konzentrierter Salzsäure auf einen Liter warmes Wasser und spült anschließend gründlich mit handwarmem Wasser nach. Diese Behandlung ist nicht ungefährlich!

Stockflecken beeinträchtigen nicht die Festigkeit des Gewebes (wie beim Baumwollsegel), doch sind sie unschön und schwer zu entfernen. Man bürstet das trockene Segel mit einer harten Bürste ab, um so viel Schimmelpilz wie möglich zu entfernen, und weicht dann die fleckige Stelle zwei Stunden lang in einer kalten Chlorbleichlauge (10 g Aktivchlor auf 1 Liter Wasser) ein. Anschließend gründlich nachspülen, gegebenenfalls die Behandlung wiederholen und das Tuch nach dem letzten Spülen in eine Lösung aus 10 g Natriumthiosulphat (Fixiersalz) tauchen, falls man noch Chlorgeruch bemerkt. Zum Schluß wieder gut mit klarem Wasser nachspülen.

Herbst

Aufslippen und Einwintern

Wenn die Tage immer kürzer, kälter und nässer werden, verbindet sich die Trauer des Bootseigners über die nun endgültig beendete Saison mit dem Zwang, sein Boot aus dem Wasser zu nehmen und für den Winterschlaf vorzubereiten. Über ein

Allgemeines Aufräumen und Einwintern

müssen wir uns nicht breit unterhalten. Nach den Möglichkeiten, die ein Bootseigner für die Lagerung der Ausrüstung im Clubhaus, im Eigenheim oder in einer Stadtwohnung hat, die bei einem kleinen Sportboot nur wenig Material anfallen läßt, bei einem großen Kajütkreuzer jedoch viel mehr Planung, Zeit und Lagerraum erfordert, läßt sich diese Tätigkeit ohnehin schwer verallgemeinern. Beschränken wir uns auf einige allgemeine und besonders wichtige Tips:

Alle Einzelteile zeichnen

Das wichtigste Handwerkszeug beim Abtakeln und Ausräumen ist weißes Klebeband (Lassoband) (Abb. 152), oder kleine Anhänger (Abb 153), Messer und Kugelschreiber. So kann man schnell beim Trennen der vielen kombinierten Ausrüstungsteile auf jedem Einzelteil vermerken, wohin es gehörte und wo es im nächsten Jahre wieder befestigt werden muß. Das gilt für Blöcke, Tauwerk, Schäkel – ja, eigentlich alles, was

Abb. 152

Abb. 153

an Bord nicht niet- und nagelfest ist. Man bedient sich entweder einfacher Buchstaben; dann ist jedoch ein Codebuch erforderlich, um unter A, B usw. nachschlagen zu können, um welche Kombinationen es sich handelt – oder man schreibt die entsprechenden Namen dieser Teile selbst auf die Anhänger oder Aufkleber.

Was muß auch im Winterlager an Bord bleiben?

Bevor man mit dem Ausräumen beginnt, muß man überlegen, welche Ausrüstungsteile (z. B. aus Sicherheitsgründen) auch im Winterlager an Bord bleiben müssen, welche Anlagen andererseits nur zum Teil demontiert werden, zum anderen Teil jedoch (gleich oder später) an Bord geprüft und überholt werden sollen.
So bleibt z. B. der Feuerlöscher in jedem Falle an Bord. Von der Ausrüstung der Pantry entfernt man nur Kocher und Gasflasche, von der Motorenanlage baut man nur die Batterie aus. Elektronische Geräte können an Bord bleiben – aber dann sind die Batteriezellen zu entfernen! Im Abschnitt „Die große Herbstinspektion" lesen Sie detaillierte Vorschläge.
Auf Booten mit Einbaumotor und auf allen Kajütbooten, die ihre Pantry

Abb. 154

Abb. 155

mit Propangas betreiben, können Unfälle im Winterlager durch winzige Ursachen entstehen: Wenn man z. B. mit einem Staubsauger den Schmutz aus der zwar schon trockenen, aber nicht richtig entlüfteten Bilge entfernt (Abb. 154): Hier hat sich das gefährliche Benzin-Gasgemisch abgelagert, und wenn der Staubsauger es bis zu den Kontakten des Motors mit ansaugt, sind gefährliche Explosionen möglich. Das gleiche gilt für aus Leitungen und Flaschen (beim Abmontieren) entwichene Propan- oder Butangase, die bekanntlich schwerer als Luft sind und auch zuerst ihren Weg in die Bilge nehmen.
Zur Sicherheit also alle Bodenbretter hochnehmen und das Boot (durch den natürlichen Luftzug und die Lüfteranlage des Bootes, siehe Abschnitt „Lüftung an Bord“) auch in den Bereichen der Bilge mindestens eine Woche lang austrocknen und **auslüften** lassen – das ist die erste Bedingung, ehe man mit elektrischen Geräten im Bereich der Bilge arbeitet. Die zweite: Eine leere Flasche in die Bilge legen, die den Dienst der (nicht mehr betriebsbereiten) Gasschnüffleranlage übernimmt: An der tiefsten Stelle des Bootes gelagert, kriechen die gefährlichen (schweren) Gasschwaden in sie hinein und drängen die (leichtere) atmosphärische Luft hinaus. (Abb. 155). Vor der Bilgenreinigung mit Staubsauger hält man ein Streichholz an die aufgestellte Flasche: Bei

Gasalarm macht es durch eine kleine Explosion im Innern hörbar „flupp", bei voll mit Gas gefüllter Flasche entsteht eine kleine Flamme. Dann also: Hände weg von elektrischen Arbeits- und Reinigungsgeräten im Bootsrumpf!

Das Mastlegen ist einfach

Zum Mastlegen benutzen wir natürlich die gleichen Einrichtungen, die uns auch beim Setzen des Mastes halfen. Stehen sie jedoch nicht zur Verfügung, geht es auch einfacher:
Wir verlängern das Vorstag (wie beim Mastsetzen mit einer Jütt) und benutzen den Großbaum als Stütze zwischen Stag und Mast (Abb. 156). Dazu heißen wir den Bootshaken oder eine andere feste Spiere am Großfall zum Masttopp und schlagen sie so sicher an, daß man diese Verbindung auch belasten kann. Ein Mann fiert jetzt die Talje auf dem Vorschiff, der zweite Helfer hält den Großbaum in unverändertem Winkel zum Mast, wenn sich dieser langsam neigt. Der dritte Mann stützt zuerst den Mast mit geringem Neigungswinkel von Hand ab. Je mehr sich der Mast neigt, desto weiter schwingt der am Masttopp festgezurrte Bootshaken frei, und er greift dann zu diesem um und unterstützt (gegebenenfalls von Land aus) den oberen Teil des Mastes. Leichte Klappmasten lassen sich so besser legen, als wenn man sie beim Niedergehen mit Leitern hält (Abb. 157).

Abb. 156 Abb. 157

Reinschiff auch auf dem Trockenen

Beim Reinschiff auf einem schwimmenden Boot kann man unbedenklich mit viel Wasser arbeiten und hinterher die schmutzigen Reste wieder mit dem Pumpsystem des Bootes lenzen – das ist ein einfacher und üblicher Weg. Man kann aber auch dieses Reinschiff aufschieben, bis das Boot an Land auf Pallhölzern ruht oder noch auf dem Trailler liegt: Mit dem starken Wasserstrahl des Gartenschlauches spritzt man alle Innenräume kräftig ab, wie es das Baumaterial erlaubt. So gelangt man auch in die entlegensten Winkel. Nach dem Einweichen sprüht man Reinigungsmittel in alle Ecken und spült noch einmal kräftig mit Frischwasser nach. Keine Angst, wenn einem anschließend das Wasser im Boot buchstäblich bis zum Nabel reicht. Auch ohne Pumpe kann man das Boot überall sogar ohne Muskelkraft wieder lenzen: Man füllt einen ausreichend langen Schlauch, der von der Bilge über die Außenhaut bis auf den Erdboden reicht, mit Wasser, legt ein Ende ins Boot (Abb. 158) und senkt die Außenöffnung so tief wie möglich unter den wassergefüllten Bilgenboden. Jetzt lenzt sich das Boot allein, auch ohne Ablaßschraube im Bootsboden, die man dieserhalb auf trailerbaren Booten oft eingelassen hat.
Kleine Boote (Ruderboote), Jollen, leichte Sportboote stellt man vornüber geneigt auf den Spiegel und stützt sie sicher ab (Abb. 159). Wenn man sie jetzt innen mit dem Wasserstrahl bearbeitet, fallen Schmutzreste, Sand und andere Fremdkörper direkt nach außen – an einer Stelle gelöste Reste können nicht in einem anderen Winkel mehr haften bleiben.

Aufhängen der Spieren

Kurze Spieren (von trailerbaren Booten, die zu Hause überwintern) kann man an der Garagenwand aufhängen. Sie sollten an mindestens drei, längere an vier Punkten Halt finden. Am sichersten liegen sie übereinander in Überhandschlägen (Abb. 160). Der schwere Mast hängt unten, dann folgen Großbaum, Spinnakerbaum, Bootshaken, und sogar

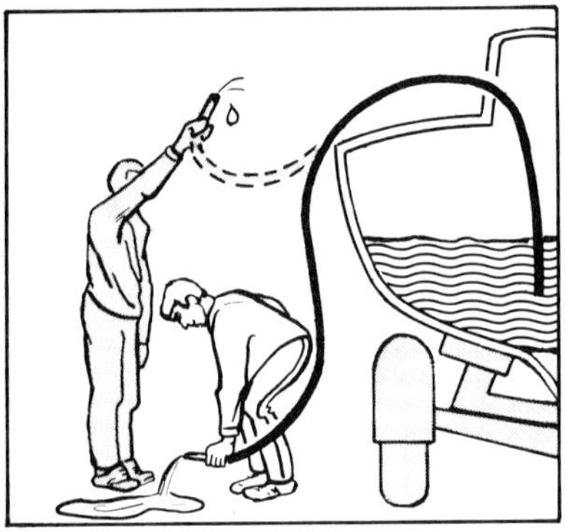

Abb. 158

Abb. 159

Abb. 160

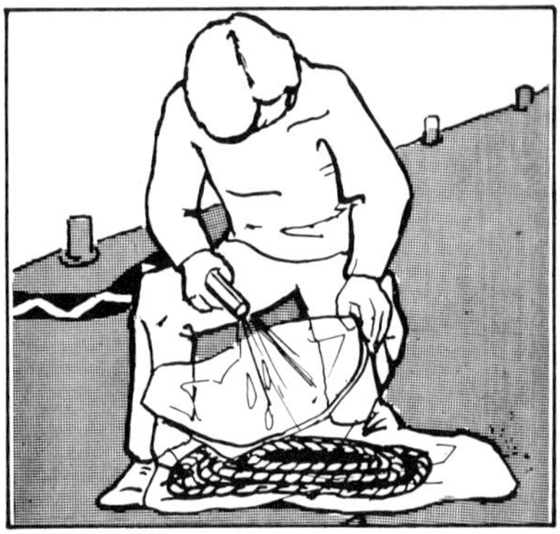

Abb. 161

Riemen oder Pinne können hier hängen. Diese Haltung spart Platz, und das Gewicht hält sie alle fest.

Um alles Tauwerk von Schmutz oder Salzresten zu säubern, muß man nicht die Badewanne herrichten. Ein einfacher Plastiksack (in dem man im Frühjahr den Dünger für seinen Garten erhielt) leistet die gleichen Dienste (Abb. 161). Man kann dieses Reinigungsbad sofort am Takelplatz benutzen, das Tauwerk anschließend trocknen und die sauberen Ausrüstungsteile gleich nach Hause fahren.

Der „ruhende Verkehr": Aufslippen und Auflegen

Wir haben weniger Arbeit als früher mit dem pflegearmen Bootsmaterial (um die Mitte unseres Jahrhunderts hieß es noch: Zwei Stunden am Boot arbeiten, um eine Stunde fahren zu können!), und auch die Saison zum Schippern haben wir weit in die Frühlings- und Herbstzeit hinaus verlängert. Aber eine Arbeit ist geblieben: Das Aufholen und Aufbocken unserer Boote. Auch hier machen es aber unsere Leichtgewichte der Besatzung leichter. (Bezahlte Hände sind dabei fast unbekannt). Freiwillige Helfer sind willkommen, aber die Spezialkenntnisse für die Leitung müssen wir selbst besitzen (und wir tragen auch die Verantwortung, wenn unserem Boot oder unseren Helfern etwas passiert!)

Jollen oder Sportboote sind nur große, sperrige Pakete

Einen längeren Weg zum Winterliegeplatz legt ein offenes Boot auf seinem Trailer zurück. Der verbleibende kürzere Weg erfolgt am besten auf den Bootsrollen, die an Bord als Fender dienen und auch im Sommer zum Transport am Strand benutzt werden (Abb. 162).

Abb. 162

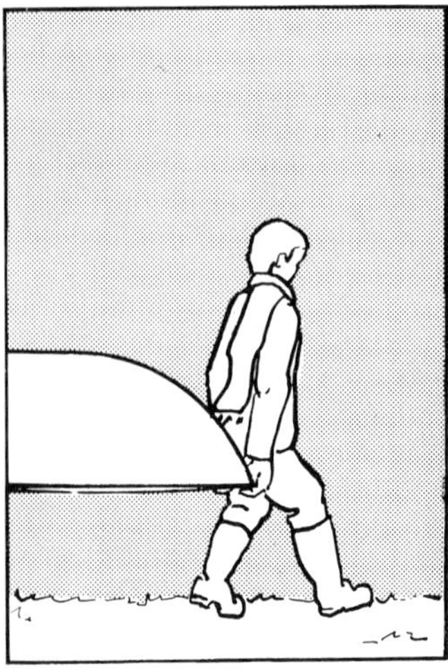

Abb. 163

Abb. 164

Zwei Personen **tragen** ein Boot, wenn nicht drei Personen erforderlich sind. Ja, mehr müssen es nicht sein: Man kann auch über eine größere Strecke mit der Last eines Bootsdrittels gehen, wenn man das Boot richtig trägt – über Kopf! Man kann es dann besser fassen, und es liegt ohne Anstrengung hoch genug, damit man mit gestrecktem Kreuz und normalen Schritten gehen kann (Abb. 163). Schwierig wird diese Arbeit (besonders für Büroarbeiter) nur, wenn sie die Last in Höhe der Kniekehlen halten und den Körper beim Tragen nicht aufrichten können (Abb. 164). Wenn das Boot am Wasser bleibt, genügt eine kurze Rollbahn aus einfachen Rundhölzern. Mindestens drei Baumstämme gleicher Dicke und gleicher Länge sind notwendig. Das Boot liegt immer auf zwei Rollen. Die hintere legt man nach vorn um, wenn der Kiel sie freigibt (Abb. 165, A). Auch steuern läßt sich mit diesem Transportgerät der alten Pyramidenbauer: Mit winklig angelegten Rollen kann man das Boot diagonal verfahren (Abb. 165, B), und wenn jeweils nur ein Rundholz im Winkel gelegt wird, läßt es sich kreisförmig verholen (Abb. 165 C).

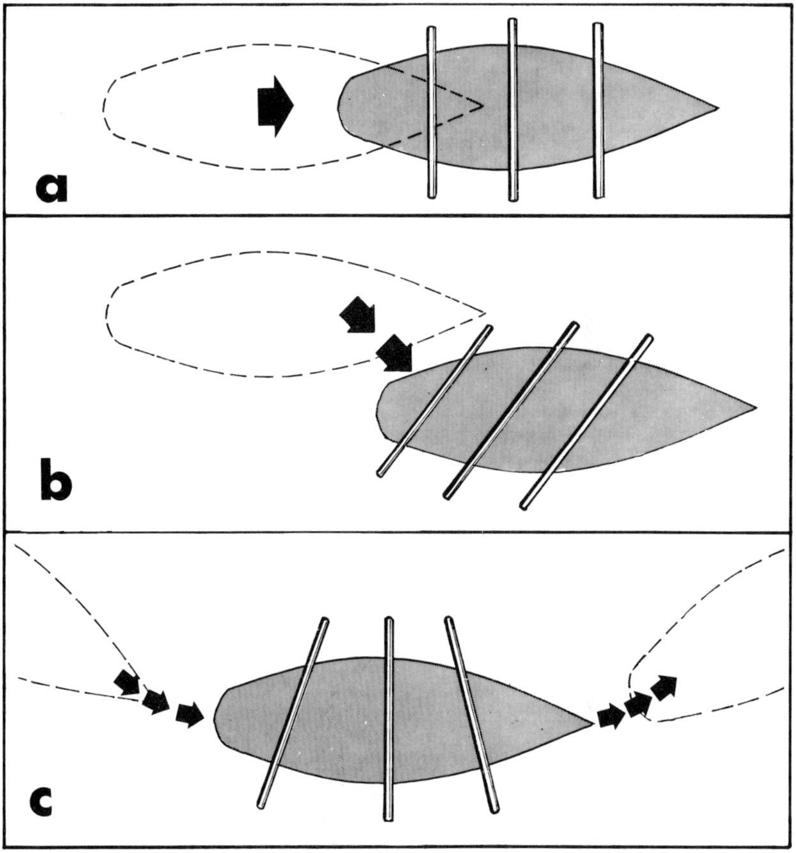

Abb. 165

Wer allein arbeiten muß, kann seine Körperkräfte mit Hilfe einer Talje vervielfachen. Die übliche Kraftübertragung der Großschot reicht dazu meistens nicht aus – aber man kann mit einer weiteren Talje aus zwei anderen kräftigen Blöcken einen Flaschenzug bauen, der die Körperkräfte von 8 bis 10 Helfern erzeugt (Abb. 166; siehe auch Abschnitt „Bootspflege – Beschäftigung oder Arbeit?").

Wer sich allein mit einem größeren Boot quält und Mühe hat, es zu bewegen, kann sich mit der sogenannten „spanischen Ankerwinde" helfen. Die Zugleine befestigt man dazu am Steven ungefähr in der Ebene

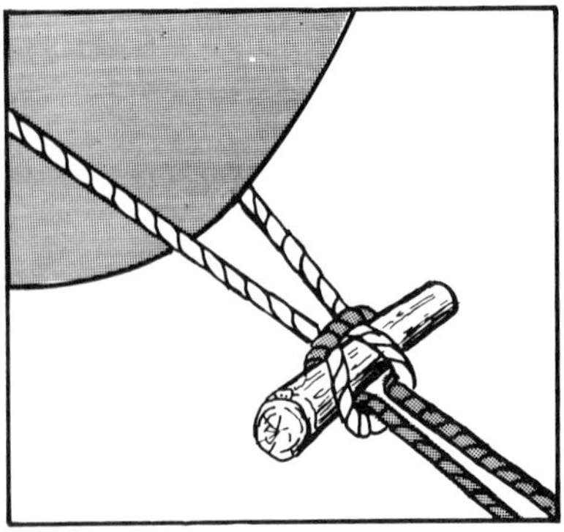

Abb. 168

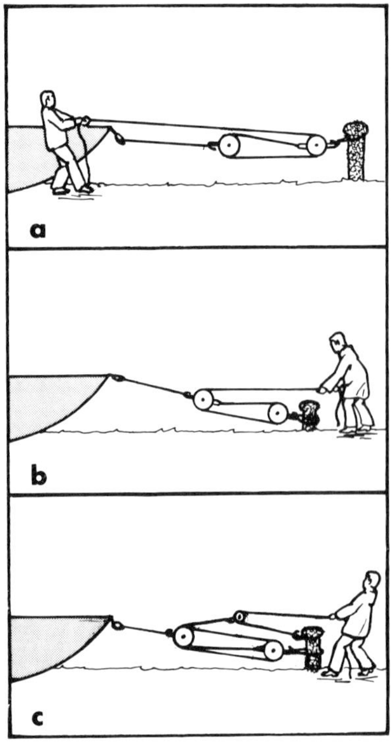

Abb. 166

des Gewichtsschwerpunktes (d. h. auf ca. halber Freibordhöhe) und führt sie zu einer Verankerung an Land ungefähr dort, wohin man das Boot verholen will (Abb. 167). Benutzt man den eigenen Anker, muß man noch einen simplen Bock bauen, damit die Leine überall die gleiche Höhe über dem Boden behält. Ist ein kräftiger Pfahl, Baum oder eine ähnliche Stütze in der Nähe, kann man sie dort gleich in der gewünschten Höhe anschlagen.

Jollen haben für dieses Aufholen aber oft keine Schleppöse am Steven. Sie müssen dann in ein Joch gelegt werden. Die Großschot hat meistens

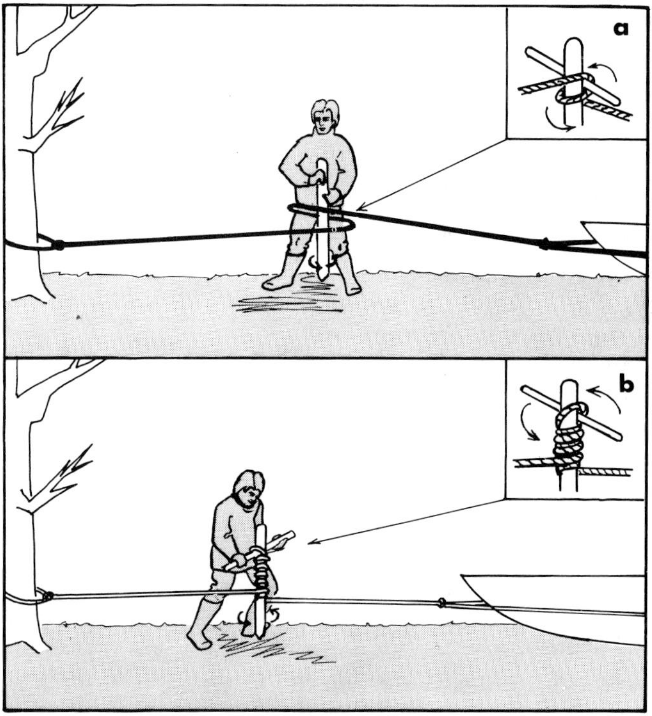

Abb. 167

ungefähr die doppelte Bootslänge und ist als Jochleine gut geeignet. Beide Leinen verbindet man durch einen Knebel (Abb. 168), damit man sie nach der kräftigen Zugbelastung leicht lösen kann. Wer kein passendes Rundholz zur Hand hat, kann auch den Hammerstiel oder andere Werkzeuge hierzu verwenden.

Mit einem senkrechten drehbaren Rundholz (als Welle) und einem waagerechten Hebel (als Spillspake, Abb. 167) baut man sich ein primitives Gangspill und verkürzt durch Drehung die Schleppleine, d. h. windet das Boot langsam an seine Verankerung heran. Der drehbare Pflock muß

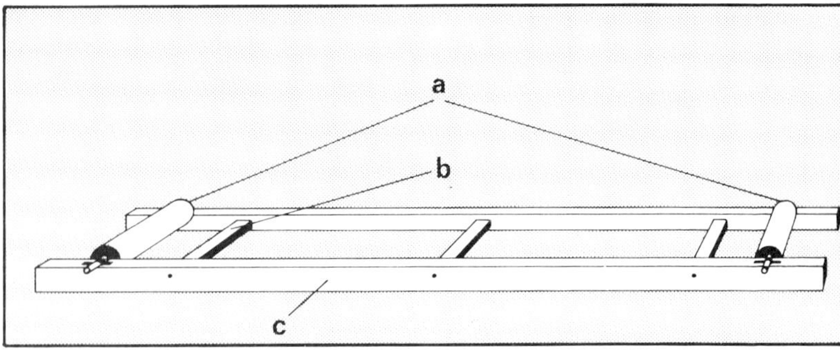

Abb. 169

seinen Platz einige Male wechseln und immer neu auf ca. halbem Wege zwischen Boot und Anker in den Boden gesetzt werden. Die Lose holt man dazu am Anker durch.
Wer ein Wassergrundstück hat und wer sein Boot allein ins Winterlager rollen möchte, oder wer die Gelegenheit nutzen will, an schönen Tagen die Überholungsarbeiten im Freien vorzunehmen, kann sich einen eigenen Rollenweg wie eine waagerechte Leiter bauen (Abb. 169): Längshölzer von reichlich halber Bootslänge (c) verbindet man mit drei bis vier Querhölzern (b), deren Oberkanten nicht über die Längsträger nach oben reichen dürfen. An den Endpunkten dieses Gestells, gegebenenfalls noch auf halber Länge, läßt man gummigepolsterte Rollen ein

Abb. 170

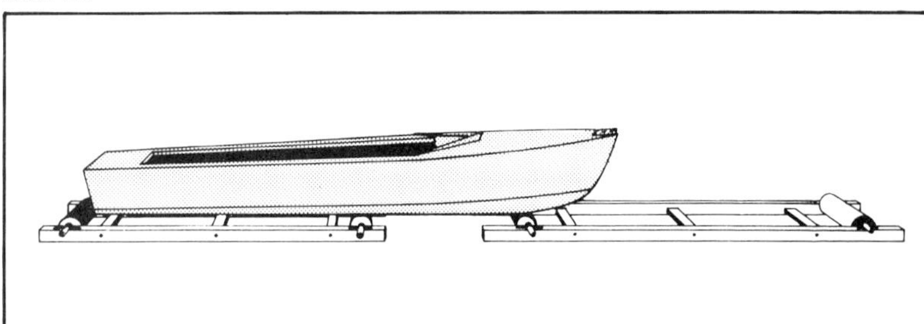

(a), auf denen der Kiel fahren kann. Mit zwei Slipleitern dieser Art (Abb. 170) kann man das Boot auch über weite Strecken schieben oder ziehen, indem man immer wieder eine Leiter vor die andere legt.
Wer hoch hinaus will, kann den Bootstransport Laufbändern übertragen. Er muß nur die Befestigung der Heißstropps am Bootsrumpf überprüfen. Für Motorboote sind bestimmte Aufhänge-Vorrichtungen vorgeschrieben, aber besonders bei einem älteren Boot weiß man nie, ob die Bolzen, die Unterlegstücke oder die Verbindungsteile für die Belastung eines (nach einer Saison ohnehin schwereren Bootsrumpfes) noch ausreichen.
Für Boote mit Außenbord-Antrieb (Z-Antrieb oder Außenbordmotoren) ist eine Dreipunkt-Aufhängung vorgeschrieben (Abb. 171), mit einer Heißvorrichtung auf dem Vorschiff (die bis zum Kiel durchlaufen muß) und zwei achtern an jeder Spiegelseite. Einbaumotoren sollen mit zwei Anheißpunkten auskommen, die ebenfalls feste Verbindungsteile zwischen Deck und Kiel haben müssen: Ein Heißpunkt auf dem Vorschiff, der zweite auf dem Achterschiff (Abb. 172).
Wesentlich zuverlässiger und vertrauenerweckender sind dagegen breite Laschings, die das Vor- und Achterschiff auf je ein Viertel Bootslänge unterfassen. Verbindungsleinen zwischen den Heißstropps sind notwendig, damit das Boot nicht aus seiner Zurring rutschen kann (Abb.

Abb. 171

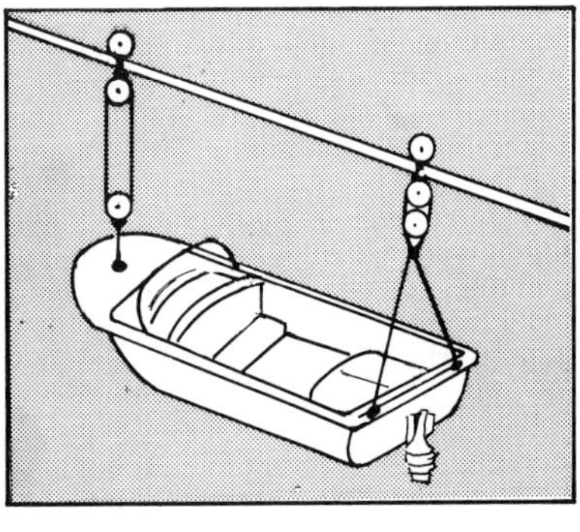

Abb. 172

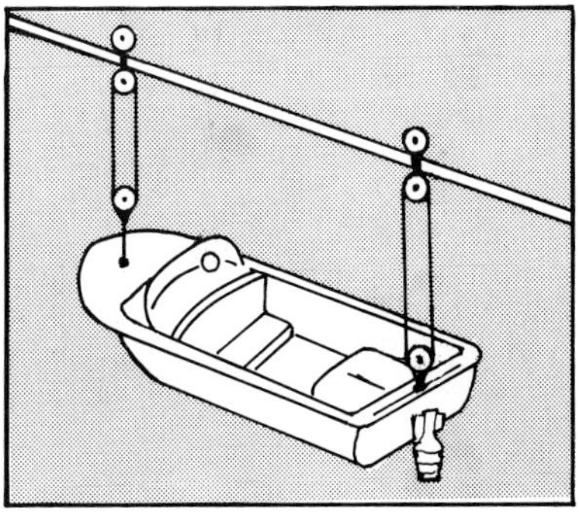

173). Ebenfalls muß man auf ausreichende Polsterung achten, wo die Tragegurte am Kiel oder am Seitendeck über Ecken laufen. Besser sorgt man gleich für Querbalken zwischen den Heißschlingen, die seitlich über das Boot hinausreichen und in jedem Falle verhindern, daß Rumpf und Deck verformt oder beschädigt werden können. (Abb. 174)
Der Winkel, den die Heißtropps zur Vertikalen bilden, soll möglichst groß sein; denn die Festigkeit des Zugmaterials verringert sich bei kleineren Winkeln schnell (Abb. 175). Das bedeutet dann entweder dickere Trossen oder Bruchgefahr für Tauwerk – und Boot! Sie ist besonders bei Kielbooten groß, die durch ihr totes Ballastgewicht viel schwerer als Jollen oder Motorboote sind (Abb. 176).

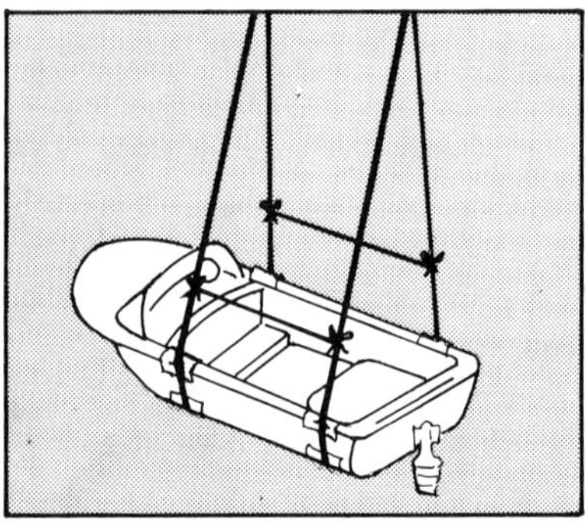

Abb. 173 ▲

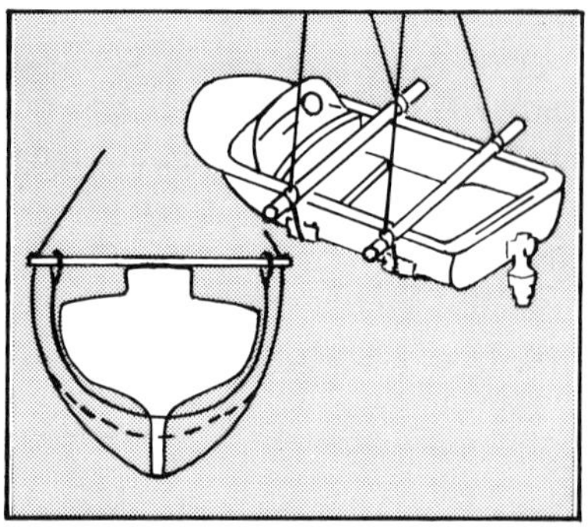

Abb. 174 ▲

▼ Abb. 175

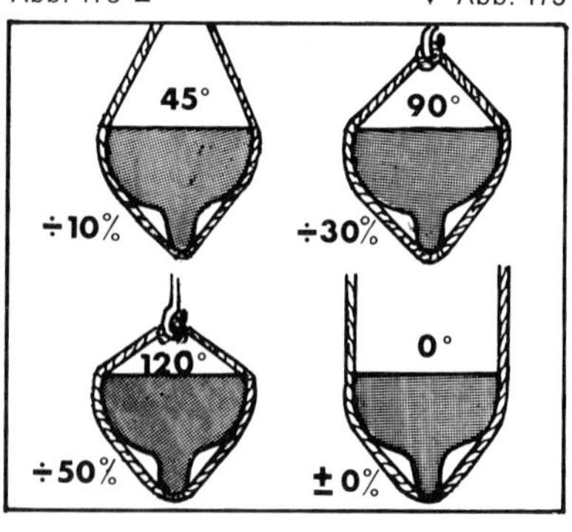

▼ Abb. 176

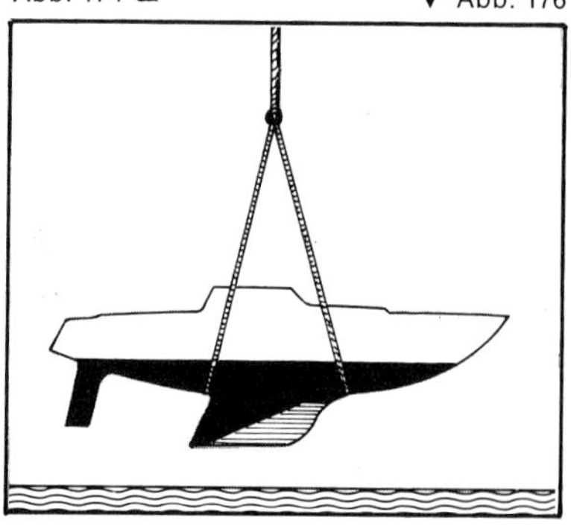

Leichte Boote können hängend überwintern

Der beste Winterlagerplatz für ein Sportboot oder eine Jolle ist die Garage – wenn sie hoch genug ist! Wie man ein leichtes Boot hier aufhängt, entscheide man nach Prüfung der Festigkeit von Dachbalken oder Seitenwänden.
Kann man Haken in der Decke anbringen, fährt man das Boot auf dem Trailer in den Lagerraum und legt unter das Achterschiff einen Gurt, unter das Vorschiff eine Querstrebe mit Führung für den Kiel (Abb. 177). Alle vier Endpunkte besitzen Rollen, die Leinen über Blöcke mit der Decke verbinden und von dort zu zwei nebeneinander liegenden Klampen am Garageneingang führen. Bei einem 100-kg-Boot muß man ohnehin nur 50 kg heißen, wenn man das Vorschiff allein anlüftet. Diese Last ist dann noch auf zwei holende Parten mit einer Kraftersparnis von $^1/_2$ (oder sogar $^1/_3$) verteilt, so daß man maximal 12,5 kg mit einer Leine holen muß, wenn man das Boot abwechselnd vorn und achtern bis unter die Decke hebt. Hier kann das Boot überwintern, wenn man nicht die Taljen entlasten will und Querstreben unterlegt, die auf Beschlägen ruhen, die sicher ins Mauerwerk eingelassen sind.
Ein sehr leichtes Boot kann man auch einfach hochheben, mit einfachen Leinen hochziehen (Abb. 178) und dann die Querhölzer ohne diese aufwendigen Heißtaljen unterschieben.
Auf jeden Fall ist das Boot so sicherer gegen Diebstahl und trockener untergebracht, als wenn man es einfach in den Garten legt. Aber auch hier leidet ein Kunststoffboot keinen Schaden, wenn es richtig aufliegt und gut abgedeckt ist.
Liegt es über Kopf auf, sollte es, je nach seiner Länge, vier seitliche kleine Pallhölzer erhalten (Abb. 179), die das Deck 10 bis 20 cm über dem Boden halten, damit die Luft gut zirkulieren kann. Zum Abdecken nimmt man eine Plastikplane, die seitlich bis in Höhe der Pallhölzer reicht und an mehreren Stellen so tief und gut in das Erdreich gepflockt ist, daß Luft unter die Plane dringen, ohne daß der Wind sie hochheben kann. Längsschiffs über den Bootsboden gelegte Dachlatten schaffen auch hier den nötigen Luftraum unter der Plane.

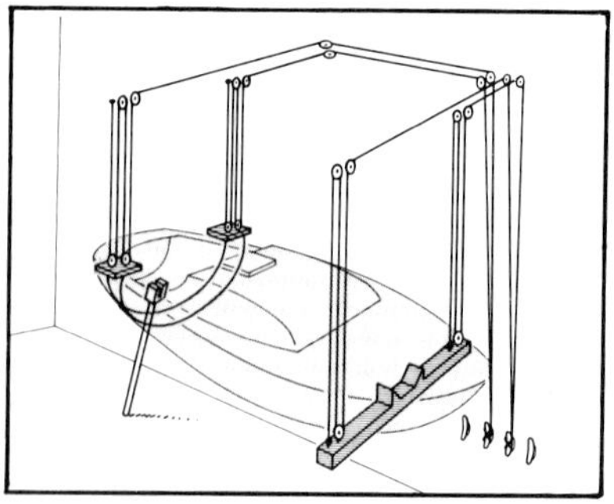

Abb. 177

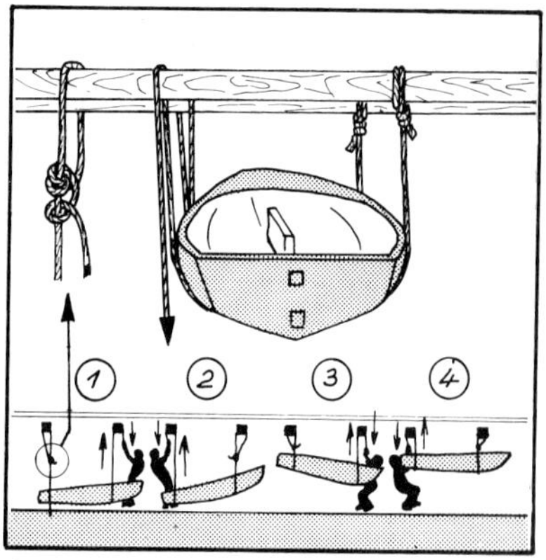

Abb. 178

Abb. 179

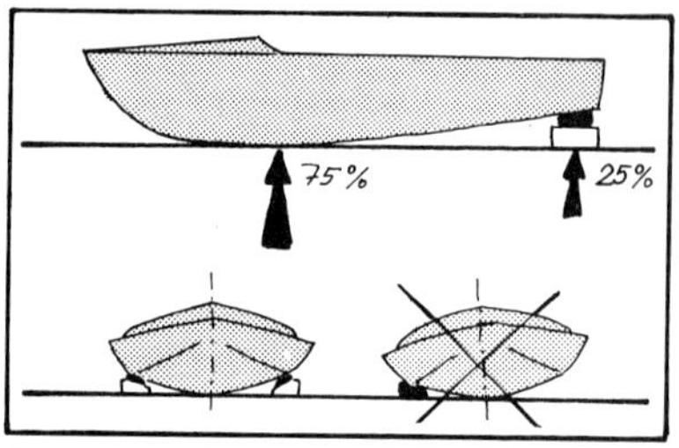

Abb. 180

Soll das Boot auf ebenem Kiel liegen, gibt man ihm annähernd seine Wasserschwimmlage. Das Vorschiff erhält bis zum Schwertkasten zwei flache Holzauflager, die zum Achterschiff größer werden. Da der Gewichtsschwerpunkt des Bootes ungefähr am Schwertkasten liegt, tragen die Kielauflager ca. 75 % des Gewichtes, das Stapelholz am Spiegel nur ca. 25 % (Abb. 180).

Auch waagerecht ist eine einseitige Belastung schädlich. Hier liegt der Gewichtsschwerpunkt in Kielrichtung, und der Steven muß genau senkrecht stehen, wenn man die Gefahr der Verformung und damit einen

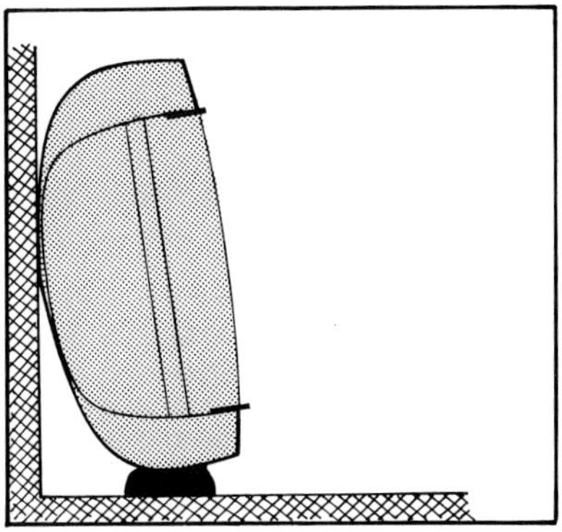

Abb. 181

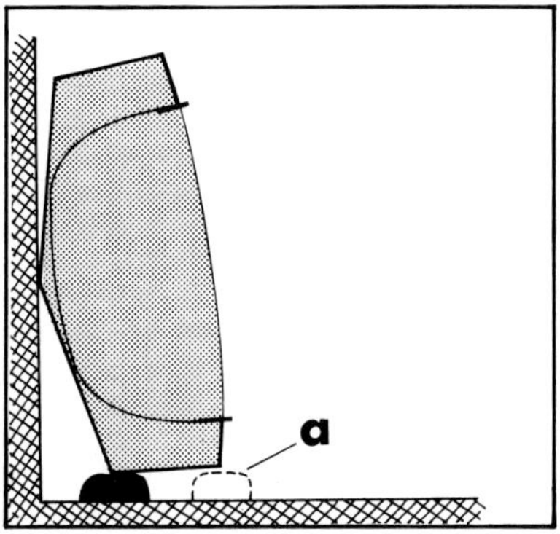

Abb. 182

Abb. 183 ▲

▼ Abb. 184

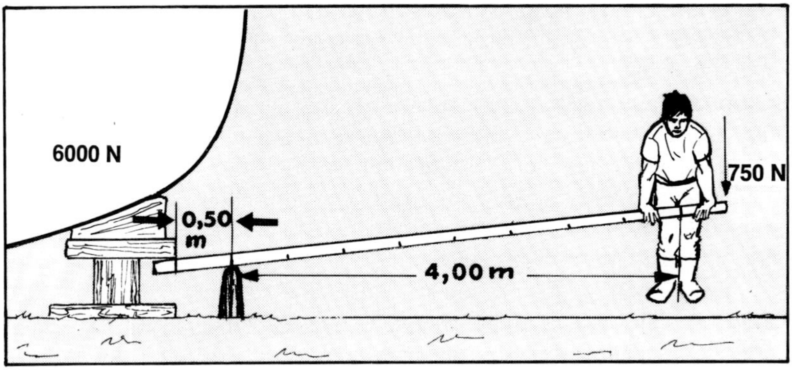

Verlust der guten Segeleigenschaften vermeiden will (s. Abb. 180). Falsch ist es, dem Boot nur eine einseitige Unterstützung zu geben.
Ist es nicht möglich, ein Boot aufzuhängen, auf ebenen Kiel oder waagerecht über Kopf zu lagern, muß man es schweren Herzens auf die Seite stellen. Hierbei läuft man jedoch Gefahr, daß es sich verformen kann. Ein Rundspantboot stellt man möglichst senkrecht (Abb. 181). Man unterstützt es so, daß es weder nach vorn noch nach hinten rutschen kann, und bringt die Standpolster am besten unter seitlichen Querverbänden an, z. B. Duchten, Schotten von Auftriebstanks oder ähnlichem. Ein Knickspantboot unterstützt man dabei in der Kimm (Abb. 182) und nicht unter dem Deck (a).

Ins Winterlager mit und auf dem Trailer

Für mittelschwere, noch trailerbare Boote ist der Trailer selbst die beste Lagerstätte für den Winter. Seine Auflageflächen sind ohnehin der Bootsform angepaßt, und was für die krängende und ruckende Belastung im Überlandverkehr bewährt ist, reicht auch für die Ruhelage über längere Zeit aus (Abb. 183).
Bevor man das Boot auf dem Trailer einwintert, muß jedoch auch der Trailer selbst für den Winter eingemottet werden. Gut gewaschen, wird er mit Öl und Fett (in Sprayform) sorgfältig konserviert, besonders auch in den Radnaben und überall dort, wo er mit Seewasser in Berührung gekommen war.
Wenn das saubere Boot auf dem sauberen Hänger an den Winterlagerplatz (im Schuppen, an einer Hauswand oder anderswo) gefahren ist, bockt man ihn unter der Deichsel und den Achsen auf, damit das Gewicht des Bootes auf den Pallhölzern liegt und nicht monatelang einseitig von den Reifen getragen werden muß.
Natürlich kann man dieses Gespann Boot – (Motor)-Trailer nicht immer mit dem Wagenheber hochsetzen, um Pallhölzer unter die Achsen zu legen (obgleich ein kräftiger Wagenheber ein ausgezeichnetes Hilfsmittel beim Aufbocken ist!). Aber mit einem Hebel schafft man es auch

Abb. 185

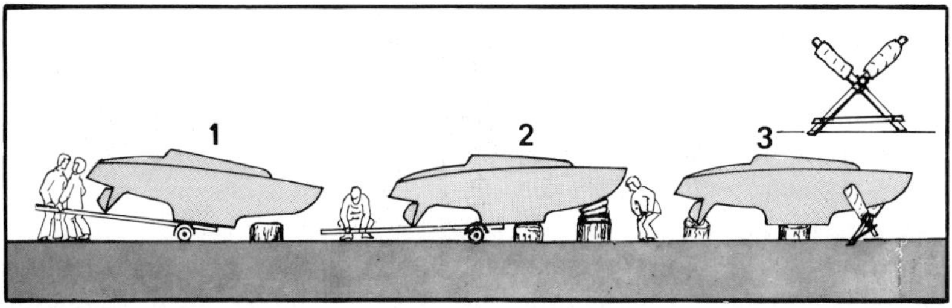

Abb. 186

Abb. 187

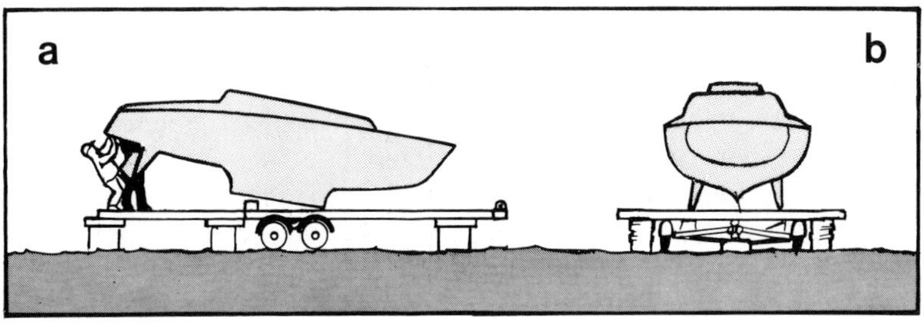

zu zweit allein. Gut ist es, vorher nicht nur für eine ausreichend feste, sondern auch eine lange Hebelstange zu sorgen und für den Drehpunkt eine ausreichend feste und genügend hohe Auflage zu suchen. Und es ist auch wertvoll, wenn man ungefähr kalkuliert, wo und wie man den Hebel ansetzen will, um mit der Kraft eines (leichten) Mannes ein (schweres) Boot sicher zu heben: Wenn Boot und Trailer zusammen einer Gewichtskraft von 6000 N entsprechen und der Abstand bis zum Stützpunkt 0,50 m beträgt (Abb. 184), dann muß ein Mann mit seinem Gewicht einen 4 m langen Hebel herunterdrücken, um das gleiche Moment von 3000 Nm zu erreichen ($6000\ N \cdot 0{,}5\ m = 3000\ Nm = 750\ N \cdot 4\ m$).
Aber auch das Abladen eines mittelschweren Bootes (z. B. eines kleinen Seekreuzers mit Mittelkiel oder Kimmkielen) ist nicht so schwer, wenn man vorher etwas mit Köpfchen arbeitet: Es geht (ist aber weniger empfehlenswert!), wenn man einen kleinen Seekreuzer in seiner üblichen Stellung auf dem Trailer (Vorschiff über der Deichsel) zum Winterlagerplatz fährt, die Deichsel anlüftet und das Heck auf vorbereitete Pallhölzer stellt (Abb. 185). Hierbei gefährdet man jedoch das Ruder, auch wenn das Ruderblatt durch eine Ruderhacke geschützt ist. Die Pallhölzer unterstützen jetzt den Mittelkiel und/oder die Kimmkiele, und man muß das Boot nur nach vorn neigen, wenn der Trailer herausgezogen ist: Das Winterlager ist erreicht!
Leichter läßt sich ein Boot auflegen, wenn man es auf seiner Fahrt ins Winterlager verkehrt auf seinen Trailer setzt, d. h. das Heck nach vorn. Der Kiel unter dem Vorschiff ist stabil genug, um einen großen Teil des Bootsgewichtes auszuhalten. Man pallt das Boot zuerst hier ab, zieht den Trailer weiter nach achtern und gibt dann dem Kiel einen zweiten Unterstützungspunkt (Abb. 186). Jetzt steht das Boot auch für einige Minuten allein, wenn der Trailer entfernt ist, und läßt sich ohne Hast auch achtern unter der Ruderhacke unterstützen. Eine gepolsterte Gabel, in die man den Vorsteven legt, verhindert seitliche Drehungen. Besser ist es, wenn man das Boot über dem Trailer aufbockt und den Bootswagen erst später entfernt. Hierzu benötigt man jedoch einige Kanthölzer:
Man verblockt die Räder des haltenden Trailers, lüftet das Heck an

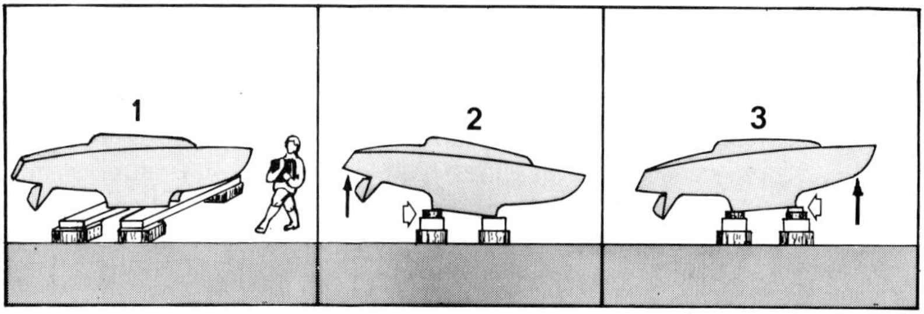

Abb. 188

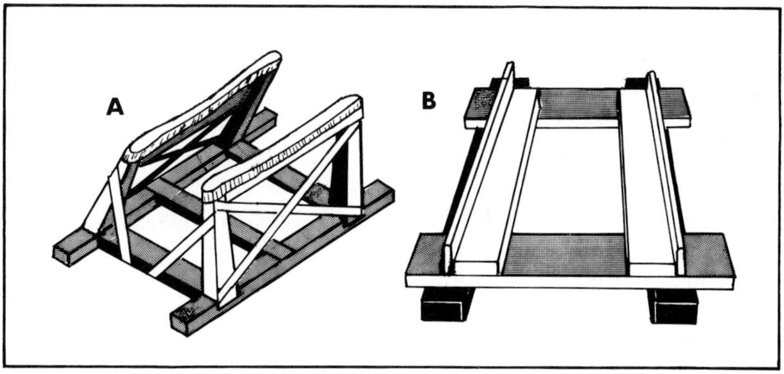

Abb. 189

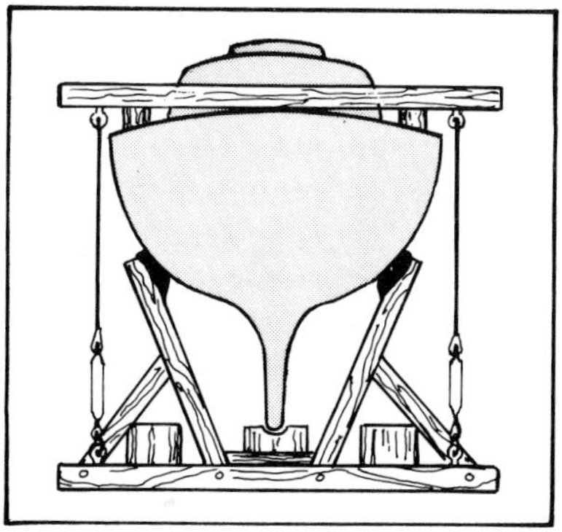

◄ Abb. 190

Abb. 191

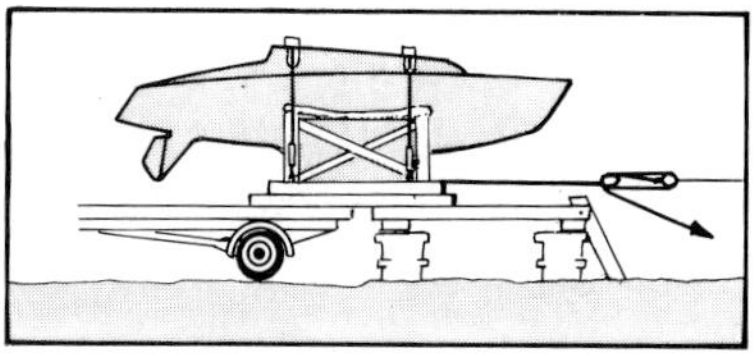

(Abb. 187) und schiebt ein breites Kantholz unter den Kiel, das an jeder Seite ca. 50 cm über die Räder nach außen reicht. Dann hebt man das Vorschiff an, belastet das Achterschiff und setzt den vorderen Teil des Kiels auf ein zweites, vorderes Querholz. Für diese beiden Querhölzer baut man nun neue Pallhölzer und pallt die beiden Querstreben mit zwei Hebeln, Unterlegscheiben und Keilen so hoch, bis man den Trailer unten herausziehen kann. Jetzt läßt sich z. B. ein kleiner Kimmkieler von mittlerem Gewicht auch weiter hochbocken, indem man abwechselnd mit zwei bis drei Mann das Heck hebt und den Bug herunterzieht bzw. den Bug hebt und das Heck niederhält, während gleichzeitig Lage um Lage auf die Pallhölzer gelegt wird (Abb. 188).
Wer noch seinen Ladebock hat (auf neuen Serienbooten muß man ihn ohnehin bezahlen, und wer sein Boot auf einem LKW von einem Revier zum anderen transportiert, besitzt ihn schon), kann ihn zur Winterlagerung sehr gut benutzen. Seine Form entspricht der Bootsform (Abb. 189): Eine Langauflage für ein Boot mit Flossenkiel (A). Die Langauflagen sind mit Bolzen befestigt, und ein simples Transportgerät für Kimmkieler (B), nur mit einer seitlichen Sicherung.
Der Kran (siehe Abb. 176) hebt unser Boot auf den Lagerbock, oder es rutscht vom Slipwagen in ihn hinein. Die dazugehörigen passenden Querstreben setzt man auf das Deck und zurrt sie mit senkrechten Tauwerkstreben und Spannschrauben zu einem einheitlichen festen Paket (Abb. 190). Auf der Ladefläche eines Lasters rollt das Boot jetzt nach Hause, wo man eine gleichhohe Bühne (z. B. aus leeren Ölfässern mit Balkenlager) aufgebaut hat (Abb. 191). Schmierseife macht die Fläche zwar nicht gerade zu einer glatten Gleitbahn, aber mit Hilfe einer Talje läßt sich das Boot doch ohne Probleme auf seinen Thron schieben (und hier auch im Frühjahr wieder herunterholen). Die Bühne muß man jedoch allseitig schräg abstützen, damit das Boot auch dann nicht umfallen kann, wenn ein anderes Fahrzeug gegen dieses hohe Himmelbett stößt. Ja, richtig: Natürlich muß das Haus auf seinem hohen Fundament auch noch ein passendes Dach erhalten.

Aufbocken zur Winterlagerung – Tips und Erfahrungen

Boote mit Kimmkielen müssen auf dem Slipwagen gegen seitliches Verrutschen gesichert werden (Abb. 192). Oft reicht die Festigkeit des Bodens nicht aus, und der ganze Rumpf sackt durch, wenn die Kimmkiele seitlich ausweichen können.
Für Boote mit großem Tiefgang oder beim Aufslippen mit noch gesetztem Mast empfiehlt sich eine Seitenstütze (Abb. 193), die mit dem Unterbau des Slipwagens sicher verbunden ist. Die seitlichen Stützen setzt man am besten erst unter, wenn das Boot mit seinem Kiel sicher aufliegt. Auch nachher bringt man erst Keile und Klötze (1) an den Seiten in Höhe der Bilge unter.
Für Werften, die viele Boote gleicher Größe aufslippen oder für Eigner, die jährlich auf einem eigenen Slipwagen überwintern, empfehlen sich feste seitliche Stützen, in denen die Bilgepolster mit Bolzen in unterschiedlichen Ausnehmungen befestigt werden können (Abb. 194).

Abb. 192

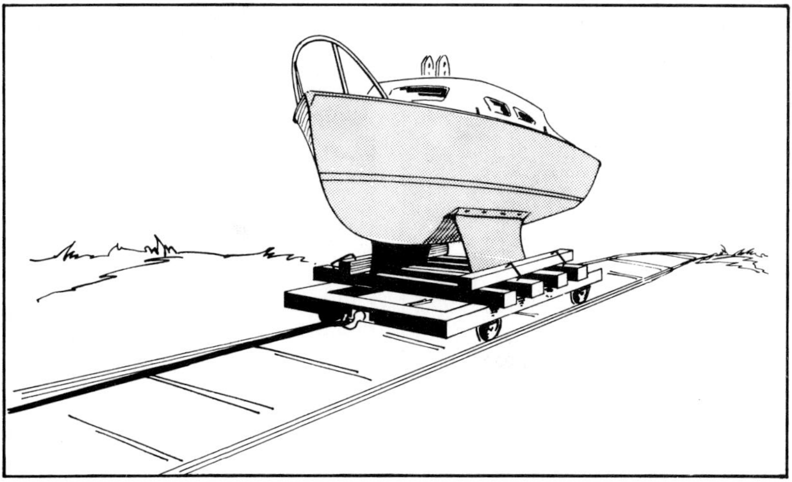

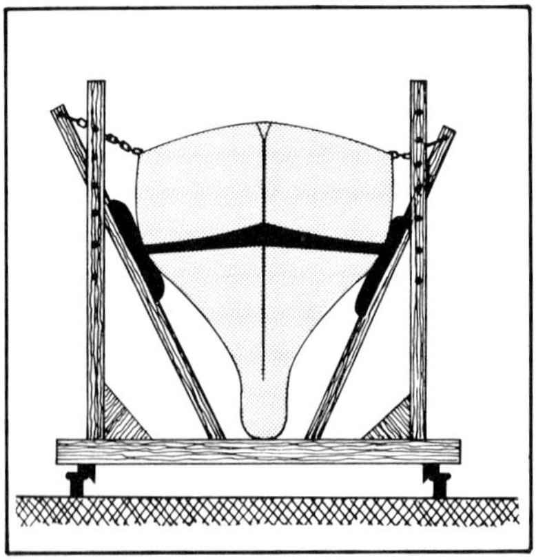

Abb. 194

Abb. 195

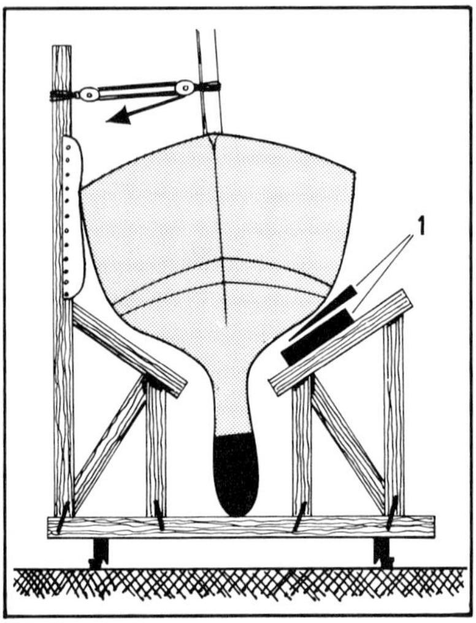

Abb. 193

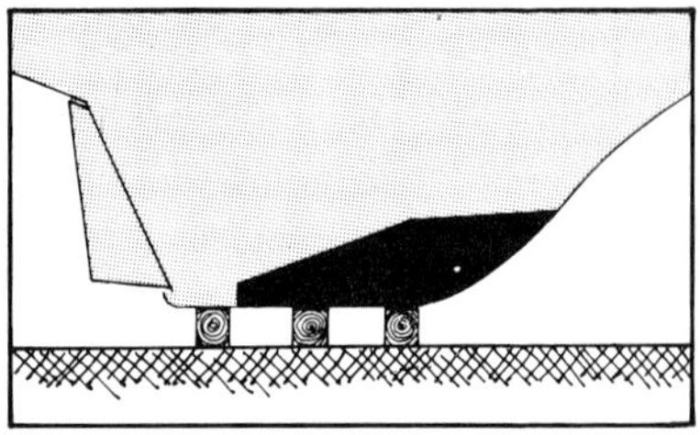

Abb. 196

Abb. 199

▼ Abb. 197

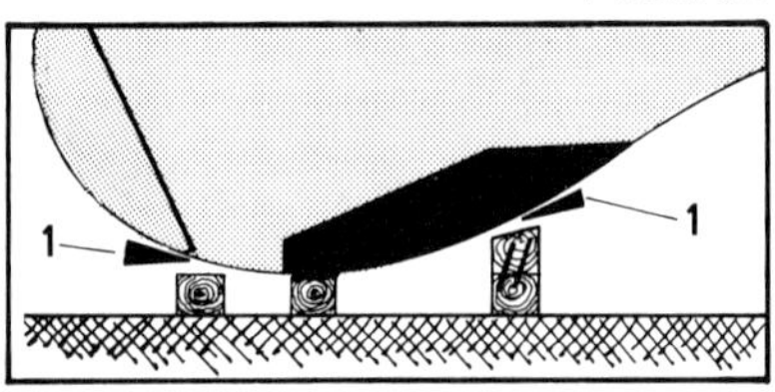

Schiebt man die Seitenstützen zu früh unter den Rumpf (wenn dieser noch nicht richtig auf dem Slipwagen steht), legt sich das Boot hier bereits auf (Abb. 195), und das noch frei hängende Kielgewicht bewirkt Zerstörungen und Beschädigungen im Bereich der Bilge.
Eine gerade Kielsohle unterstützt man durch einfache Pallhölzer oder Balken gleicher Abmessung (Abb. 196). Bei Kielbooten mit einem runden Boden muß man mit Klötzen und Keilen (1) arbeiten (Abb. 197), bis die Schwimmwasserlinie annähernd waagerecht zur Ebene des Slipwagens liegt. Auch dann ist erst gesichert, daß das Boot gefahrlos auf- und abslippen kann.
Der Bootslänge entsprechend muß man an jeder Seite mehrere Pallhölzer und Stützen unterbauen (Abb. 198, 1) und insbesondere dem Boot eine kräftige Unterstützung unter dem Vorschiff (2) und dem Heck (3) geben. Lange Eisenwinkel empfehlen sich als Sicherung der Seitenstützen gegen Verrutschen. Man schlägt sie einfach mit dem Hammer in das Erdreich.

Abb. 198

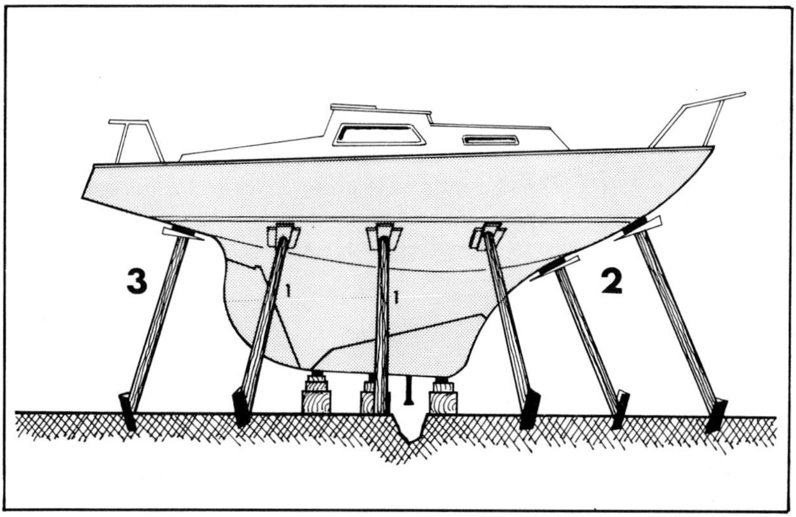

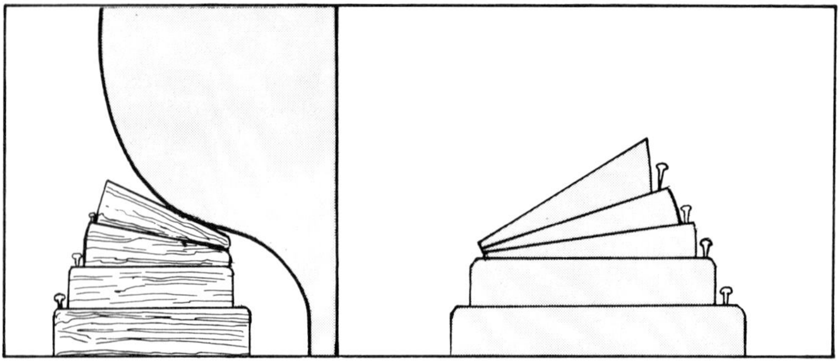

Abb. 200

Wer sein Boot immer in einem privaten Winterlager läßt, kann anstelle der Pallhölzer auch Stützen anfertigen (sogar serienmäßig kaufen!), die mit ihrer Grundplatte und Stützen am Boden befestigt werden und mit dem Haltepolster der anderen Seite auf die richtige Länge eingestellt werden können (Abb. 199). Das erleichtert und beschleunigt die Arbeit des Aufbockens.

Die Arbeit mit Keilen ist hierbei eine Wissenschaft für sich: Ihre Wangen müssen glatt aufeinander liegen (Abb. 200), wenn sie das Boot auch bei Erschütterungen (wenn es einen Winter lang im Wind steht oder jemand an Bord geht) unbeweglich halten. Wenn Keile nicht glatt aufeinander passen, lege man besser kräftige Leisten unter, die nur auf einem Teil anliegen, und setze außen einen Nagel dagegen, damit sie nicht rutschen können. Diese Nagelung empfiehlt sich auch für Keile; sie gewährt dann mehr Sicherheit.

Gut behütet und bedacht

Eine Plastikplane und ihr hölzerner Unterbau sind Aufwendungen, die sich bezahlt machen, wenn man sie in jedem Herbst über dem Boot aufbaut und dazu den (meist teuren) Platz in einer festen Bootshalle

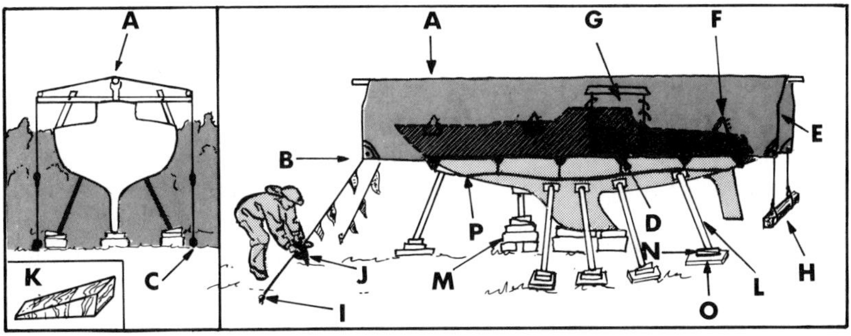

Abb. 201

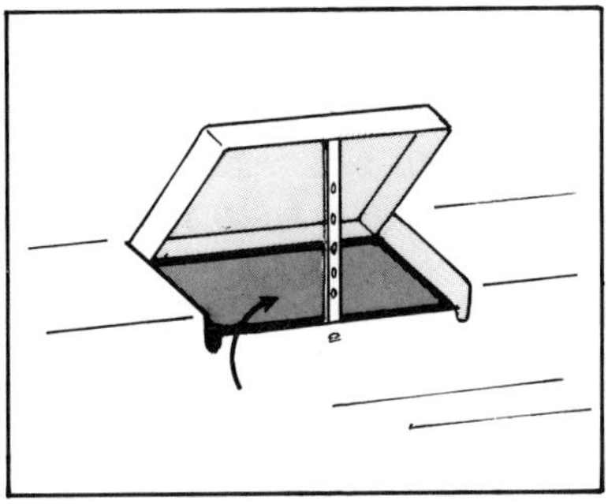
Abb. 202

Abb. 203

spart. Dasselbe Geschirr wieder zu benutzen, spart dazu auch Zeit. Man kann außerdem noch die letzten guten Tage nutzen, ehe man das Boot zum Winterschlaf endgültig fest verzurrt.

Der hölzerne Unterbau sollte selbstragend sein (Abb. 201) und nicht Mastbacken, Bug- und Heckkorb oder andere feste Teile des Bootes als Auflager haben. Zwei Längsträger formen einen nach vorn und achtern abfallenden Dachfirst (A). Die Plastikplane reicht bis in Höhe der Wasserlinie (B). Hier sind entweder kurze Stropps mit kleinen angelaschten Gewichten befestigt (C), damit der Wind die Plane nicht anheben kann, oder handlange Gummischlaufen (D), durch die eine Leine rund um den Bootsbauch wie ein Leibgurt läuft, der die Plane an der

engsten Stelle des Bootsrumpfes hält (P). Zur Durchlüftung ist der Dachfirst vorn und achtern offen (E). An den Seiten sind Fenster aufgesetzt (F), damit die Luft auch seitlich entweichen kann, und an einer Stelle bleibt in Höhe der Plicht eine schnürfähige Einstiegöffnung (G) mit weit überlappenden wasserdichten Kanten, damit man ungehindert an und von Bord gehen kann. Die Ecken der Plane werden entweder durch eine verbindende Holzplanke niedergehalten (H) oder mit Leinen an den Boden gepflockt (I), die dann aber mit bunten Tuchfetzen (J) als Stolperleinen gekennzeichnet sind.
Am besten läßt man sich vor dem Aufbocken 20 Hartholzkeile schneiden, die 20 x 10 x 5 cm groß sind (K), damit man sie zum Aufbocken zur Hand hat. Kräftige Stützen (L) sind besser als Aufbauten aus einer Vielzahl kleiner Hölzer (M), da diese leicht ins Rutschen kommen und ihre Stabilität verlieren können. Auf weichem Grund legt man flache, kurze Bretter (N) unter die Stützen und sichert sie, wenn nötig, mit Pflöcken (O) gegen Verrutschen. Die Bootsenden müssen besonders sorgfältig unterstützt werden, weil man bei Arbeiten an Bord überall herumturnt (auch zu zweit!) und dann die Gefahr besonders groß ist, daß das Boot umkippt (P). Auch eine Leiter gehört mit zur Winterlagerausrüstung jedes größeren Bootes. Am besten zurrt man sie mit ein und schließt sie am Boot so sicher an, daß nicht andere sie auch benutzen können. Die Schiebeluken bleiben offen. Alle Klappluken (Abb. 202) auf dem Vor- und Achterschiff sowie in der Plicht erhalten – halbgeöffnet – eine Holzsperre, damit auch sie entlüften können. Die Scharnierbänder würden leiden, wenn man sie einfach nur aufklappt.
Um einen einfachen steilen Dachfirst über dem Deck zu bauen, bedarf es keiner großen handwerklichen Fertigkeit. Sinnvoll ist es jedoch, die Dachsparren nicht einfach auf Deck zu stellen (wo sie an der Fußleiste zwar ein gutes Widerlager finden), sondern sie – wie bei einem Haus – mit einem Überstand (Abb. 203) über die Seitenwand zu führen. Regenwasser kann jetzt direkt vom Dach zur Erde tropfen. Die Außenhaut wird nicht mehr naß.
Wichtig für die Auswahl eines solchen (offenen) Winterlagerplatzes: Suche nicht zu sehr die Nähe einer Hauswand! In der Zeit der Schnee-

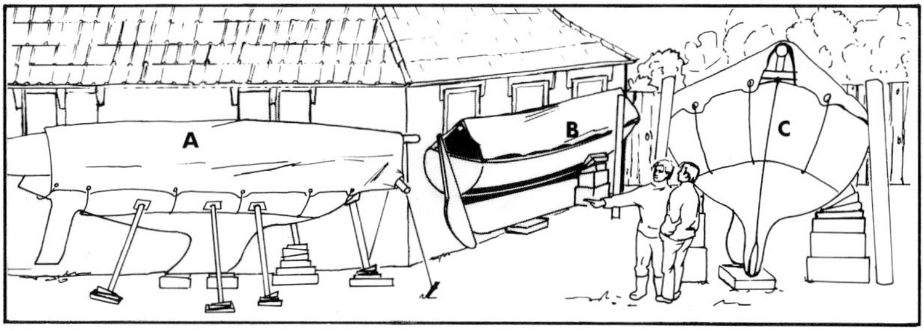

Abb. 204

schmelze kann das Dach seine ganze nasse Last, die die Traufe nicht mehr fassen kann, auf und in das Boot ergießen (Abb. 204, A). Wähle auch nie den Schutz der Nordwand eines Hauses; denn dann wird das Boot nicht nur im Winter, sondern auch während der Arbeiten im Frühjahr immer in Kälte und Feuchtigkeit liegen (B). Es gibt hier keinen Sonnenschein, der zum Austrocknen des Bootes und während der Arbeitszeit willkommen ist. Besser ist dann ein freier Platz, der Wind und Sonne gleichermaßen ungehinderten Zutritt gibt (C).

Richtig hängen beim Aufholen

Die meisten Boote werden jetzt nicht mehr mit dem Slipwagen, sondern mit Autokränen oder Travellifts aus dem Wasser genommen. Entweder hängen sie dabei in Heißgurten, die direkt mit Stahlaugen am Kranhaken befestigt werden, oder die Gurte sind mit einer Traverse (einem Rechteckrahmen aus Rundeisen) verbunden. In beiden Fällen sollte man die Tragegurte auf ca. halber Seitenhöhe des Rumpfes, immer aber unterhalb der Scheuerleiste durch kurze Enden miteinander verbinden, damit sie (insbesondere nicht am Vorschiff) vom feucht-glatten Unterwasserschiff abrutschen können (Abb. 204a). Breite, hochreißfeste Trevira-Gurte sind besser als mit Gummischlauch ummantelte Chemiefaser- oder Stahlseile.

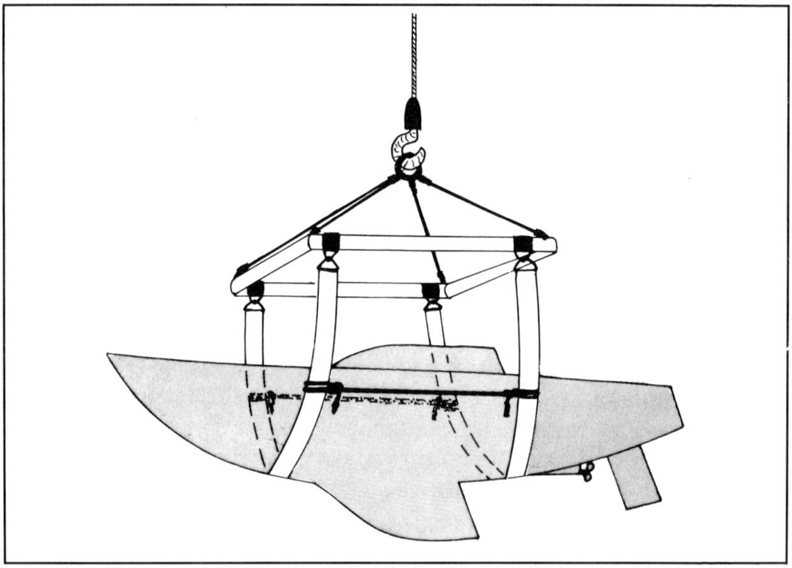

Abb. 204 a

Bester Winterlagerplatz: Bootswagen

Ein idealer Lagerplatz für einen kleinen Seekreuzer oder ein schweres Motorboot ist ein umgebautes Lkw-Fahrgestell oder ein Anhänger. Er hat die entsprechende Tragkraft von ca. 5 bis 6 t, und man kann die Seitenstützen nicht nur so fest und sicher, sondern auch genau an jenen Stellen haltern, wo sie dem Bootsrumpf den allseitig besten Halt geben, wenn der Kiel auf der Grundplatte aufliegt. Ein Hänger mit Tandem-Achsen (Abb. 204 b) oder ein einachsiger Hänger mit Doppelbereifung hat dabei den Vorteil, daß er sich sehr viel besser bugsieren läßt als ein zweiachsiger Hänger mit einfacher Bereifung. Dieser fahrbare Lagerbock läßt sich auch auf der Straße mit einem Trecker bewegen, wenn man die vorgeschriebenen Geschwindigkeiten und örtlichen Sonderregelungen beachtet.

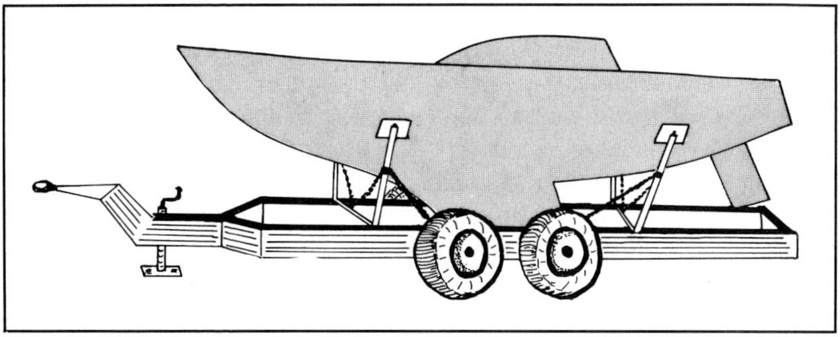

Abb. 204 b

Ein Lagerbock ist sicherer und billiger

Wer immer wieder in das gleiche Winterlager geht, muß für das Aufpallen mit Pallhölzern den entsprechenden Zeitaufwand teuer bezahlen. Das Risiko, daß das Boot umfallen kann, wenn die Stützen abrutschen oder durch Unachtsamkeit anderer umgestoßen werden, bleibt dabei bestehen.

Abb. 204 c

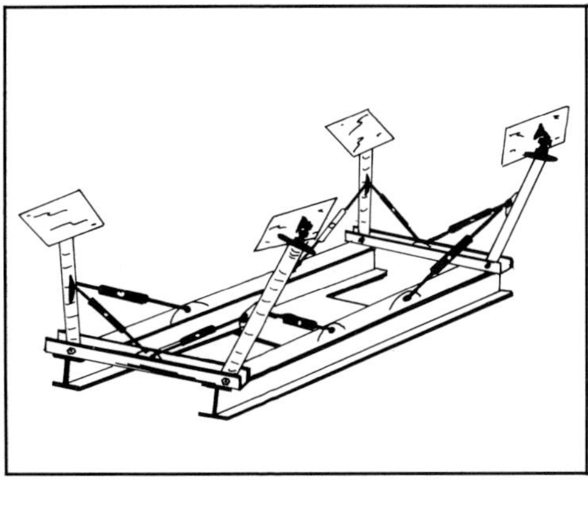

Abb. 204 d

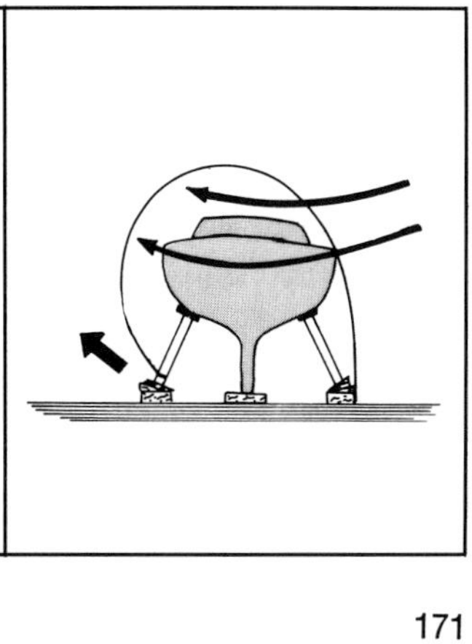

Ein fester Lagerbock (Abb. 204 c), aus Stahlprofilen zusammengeschweißt, hat diese Nachteile nicht. Wenn man dem Kiel einen ganz genauen Platz schafft, reichen 4 starre Stützen aus. Mit Gewindespindeln, wie sie der Tiefbau benutzt, kann man sich jedoch auch verstellbare Seitenstützen schaffen. Bei ihrer Benutzung muß jedoch auch der untere Befestigungspunkt drehbar sein, und die Querstreben in Längs- und Querschiffsrichtung sollten zur Veränderung ihrer Länge mit Spannschrauben ausgestattet sein.

Abdeckplanen

Abdeckplanen unterschiedlicher Größe, Machart und Materialien werden im Fachhandel und durch Anzeigen in der Fachpresse überaus reichlich angeboten. Wer nicht die Katze im Sack kaufen will, schlage im örtlichen Branchenadressbuch nach. Es gibt überall Firmen, die Planen vermieten oder die neue und gebrauchte Planen verkaufen. Insbesondere gebrauchte Bauplanen in den Abmessungen 10 x 6 m aus sehr reißfesten, derben Kunststoffen werden zu günstigen Preisen angeboten. Wenn man sie gut verzurrt und keine Stellen an Bord (z. B. an dem als Dachfirst vom Bug zum Heck gelegten Mast) schafft, wo sie schamfilen können, halten sie wohl ein Jahrzehnt durch.

Vorsicht vor Windbruch

Die Abdeckplane darf niemals an den Stützen befestigt werden, die das Boot halten (Abb. 204 d). Wenn dann nämlich stürmischer Wind von außen gegen die Plane drückt, so daß sie sich nach innen einbeulen muß, oder wenn der Wind von unten und innen gegen die Plane bläst und diese hochhebt, reißt er damit die Stützen ab. Nach dem Aufpallen des Bootes muß man daher entweder die Plane hauteng um den Bootsrumpf legen und die Zurring wie eine Reihleine von einem Planenrand zum anderen unter dem Rumpf hindurchführen, oder man muß die Halteleinen außerhalb der Stützen in den Erdboden pflocken.

Eigner-Erfahrungen und Produktenbörse

Ich habe lange überlegt, wie ich die Erfahrungen in der Bootspflege, die unsere Familie jährlich mit dem 9-m-Kunststoff-Seekreuzer „Cormoran II" und dem 12-m-Stahl-Seekreuzer „Cormoran III" sammelt, nach Sachgebieten gegliedert in dieses Buch und seine weiteren Neuauflagen aufnehmen könnte. Denn neue Erkenntnisse über technische Anlagen und Erfahrungen mit Industrieprodukten gewinnt man ja bei unseren jährlich gesegelten über 5000 Seemeilen nicht nur mannigfaltig, sondern auch zu völlig unerwarteten Zeiten auf den unterschiedlichsten Gebieten. Da sie sich schwerlich in bestimmte vorbereitete „Kästen" packen lassen, will ich sie hier einfach nacheinander vermitteln, ohne den Versuch, sie schulmäßig zu gliedern. Vielleicht gewinnt ein Bootseigner dadurch auch einen besseren Überblick, was ihn bei der Bootspflege und Bootsreparatur im einzelnen erwarten kann und in welche speziellen Richtungen er gegebenenfalls eine Weiterbildung ausdehnen muß.
Diese technischen Erfahrungstips der jüngsten Vergangenheit haben gegenüber ausführlicheren Behandlungen der Themen im Buch daher auch einen neueren, aktuelleren Wert: Sie heben dadurch allgemeinere Hinweise nicht auf, aber sie spezifizieren sie nach neueren, letztlich auch werkstoffbedingten Erkenntnissen.

Rutschfester Decksbelag

Ich benutze seit einem Jahrzehnt Treadmaster-Decksbeläge aus Gummikork-Material, das mit Zwei-Komponenten-Kleber zuverlässig auf unserem Kunststoff bzw. Stahldeck haftet, unter so extremen klimatischen Bedingungen vom Amazonas bis nach Island und bei meistens ganzjährigem Bootsbetrieb. Der Decksbelag ist hautfreundlich (auch für nackte Füße in warmen Sommern und in tropischen Gewässern), von uns selbst ohne Schwierigkeit verlegt werden und verbürgt hohe Standfestigkeit auch bei starker Krängung auf einem nassen Deck. Ich verstehe nicht, warum man hier und dort immer noch ein teures Stabdeck zusätzlich aufbringt, mit dessen Verankerung man das Deck an hunderten von Stellen zerstört, das einer oftmaligen Versiegelung mit Pflegemitteln bedarf und das dazu noch gelegentlich eine gefährliche Rutschbahn darstellt. – Konsequenterweise habe ich auch die Grätings aus unseren Plichten entfernt, die noch dazu ständig für Farbschäden am Plichtrand sorgten, und sie durch Treadmaster-Duschmatten ersetzt. Sie haben eine ähnliche, fußfreundliche Oberflächenstruktur wie Decksbeläge, aber einen integrierten Wasserablauf an der Unterseite. Erhältlich bei der Firma Haake & Söhne, Mörkenstr. 7, 2000 Hamburg 50.

Schnellreparaturen mit Kaltmetallen

Für die Reparatur undichter Leitungen, poröser Tankwände, Risse in Rohren und andere Kalamitäten hat man auf See weder gute Arbeitsbedingungen noch ausreichend Zeit. Hier half mir gelegentlich der „Plastikstahl" von Devcon, der von Louis Taxt, Ludwigstr. 4, 2000 Hamburg 60 vertrieben wird. Er besteht zu ca. 80% aus Metall und 20% aus Epoxidharz, wird komplett als Arbeitspackung geliefert und haftet ohne Schrumpfung chemikalienbeständig auf Stahl, Aluminium, Glas, Keramik und Messing. Wo möglich oder erforderlich, enthält die Reparaturstelle eine Glasharzbandage. Die Reparatur auf See ist nicht nur eine Notreparatur, sie ist eine Dauersicherung.

Gerissene Fensterscheiben

Einen durch Spannungen (bedingt durch unterschiedliche Temperatureinwirkungen) entstandenen Riß in einem 10 mm dicken Sicherheitsglas unserer Bordfenster beseitigten wir durch eine DEV-Tube mit Auto-Mixer von Louis Taxt, Ludwigstr. 4, 2000 Hamburg 60. Hierin werden die in unterschiedlichen Spritzenteilen gehaltenen farblosen Materialien Harz

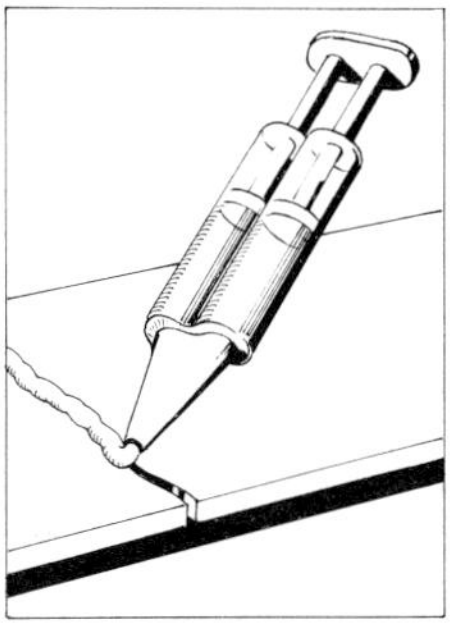

und Härter gleichzeitig nebeneinander herausgedrückt und automatisch vermischt. Das Material klebt in wenigen Sekunden und härtete bei uns in kurzer Zeit so aus, daß das Fenster asolut wasserdicht blieb und wir bis heute auf einen Ausbau der nur wenig störenden Reparaturnaht verzichtet haben.

Pflegemittel für ein Stahlboot

Die herkömmliche Ansicht, daß die Pflege eines Stahlbootes besonders kostenträchtig und arbeitsaufwendig ist (verglichen mit einem Kunststoffboot oder einem Holzboot), teile ich nicht. Die Industrie liefert heute nämlich eine vielschichtige Palette von Anstrich-, Konservierungs- und Pflegemitteln von wirklich erstaunlicher Leistungsfähigkeit und Dauerhaftigkeit. Sie wurden hauptsächlich im militärischen Bereich erprobt und werden auch hier natürlich weltweit angewandt. Dazu gehört das „DEVCON/Z" zum Kaltgalvanisieren. Anders als Mennige oder andere „abdichtende" Farben dichtet diese, einer Feuerverzinkung ähnelnde Zinkbeschichtung, die Metalloberflächen nicht nur gegen Feuchtigkeit ab, sondern verhindert Rostbildung und Rostausbreitung auf Eisen durch galvanischen Effekt. Gebinde von der Spraydose an bis 4,0 Liter.

Rollenkästen im Mast, Scheiben und Blöcke

Die Mastenhersteller wählen meistens zu schmale Scheiben und zu enge Rollenkästen, und sie verwenden bei ihnen für Scheiben, Achsen und Kästen – leider – Materialien aus Kunststoff, Buntmetall, Edelstahl und Leichtmetall, zwischen denen es ganz zwangsläufig zu Korrosion kommen muß. Behandlung mit Marinespray ist in Rauhwasserrevieren regelmäßig notwendig. Eine vorhergehende Süßwasserbehandlung zum Ausspülen der Salzkristalle ist wünschenswert. Wenn die Lager erreichbar sind, ist eine Fettbehandlung nützlich.

Blitzschutzsicherung

Um die vielen elektronischen Geräte an Bord besser gegen Blitzschlagfolgen zu schützen, verwende ich Überspannungsableiter 5 kA/5 A vom Typ Siemens A 1, A 2 in Knopfform mit Drahtenden, die in die entsprechende Zuleitung der Geräte eingesetzt werden. Sie kosten ca. 3,50 bis 5,00 DM und sind im Fachhandel, beispielsweise auch im Versandhandel Bürkli, 4000 Düsseldorf 1, Kölner Str. 42 oder 8000 München 2, Schillerstr. 40 erhältlich.

Sicherung der Nähte im Segel

Das Schamfilmen der Segel läßt sich an Wanten, Stagen, Bugkorb, Seereling, Saling und anderen Stellen nicht vermeiden. Auch bei schlagenden Segeln können Nahtfäden zerreißen. Die englische Firma Howe & Bainbridge hat als Schutz dagegen einen speziellen Kunststoff-Versiegelungslack geschaffen, der im Fachhandel oder über die Segelmacher zu beziehen ist. Er heißt „Seamcoat“, auch „Seamkote“ geschrieben und wird mit einem Pinselchen auf die Nähte aufgetragen. Die versiegelte Naht kann man unbedenklich sogar (versuchsweise) mit Schleifpapier auf ihre Festigkeit prüfen. Ein Fläschchen (für ca. 10 m^2 Segelfläche) kostet 9,50 DM. Segelmacher nehmen für die Versiegelung 7,– DM/m^2.

Winterbehandlung verchromter Schotwinden

Der „saure Regen“ zerstörte bei uns (im Winterlager Wedel bei Hamburg) durch die Schwefeldioxid-Abgaben benachbarter Großkraftwerke den Chromüberzug unserer Schotwinden. Seither bewährtes Schutzmittel dagegen: Völliges, leichtes Einfetten mit Vaseline oder einem ähnlichen Konservierungsfett. Nicht bewährt hat sich das (alleinige) Abdecken und nahezu luftdichte Verschnüren mit Folie oder Tüchern.

Batteriepflege

An Bord benutze ich seit Jahr und Tag mit gutem Erfolg die neuen wartungsarmen Varta-Selen-Batterien, die am Ende der Saison an Bord bleiben (bzw. auf „Cormoran III" mit ihrer Gesamtleistung von 460 A/h gewichtsmäßig auch gar nicht problemlos von Bord gegeben werden können). Sie sind nach dem mitgegebenen Wartungskalender (Abb. 205) nur am Ende der Saison vor der Einlagerung und dann erst wieder vor dem Aktivieren im Frühjahr nachzuladen. Es ist tatsächlich erstaunlich, wie gering die Selbstentladung der Batterie in den (kalten) Monaten von Oktober bis März ist.

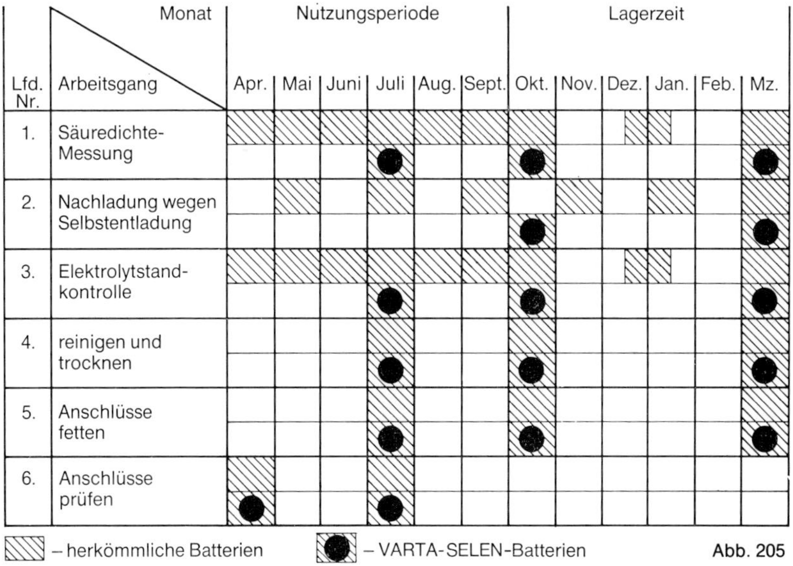

Abb. 205

Nach Angabe des Herstellers genügt nicht nur destilliertes Wasser, sondern auch den Reinheitsanforderungen der Akkumulatoren-Industrie (gemäß VDE 0510) entsprechendes „Batteriewasser" den Forderungen der Batteriepflege. Es ist kostengünstiger und einfacher zu erhalten.

Rostentferner und Korrosionsschutz in einem Arbeitsgang

Seit mehreren Jahren benutze ich für mein Stahlboot einen chemischen Rostumwandler, den ich vorher mit Erfolg für die Beseitigung von Flugrost auf meinem damaligen Kunststoffboot sowie seinen Nirostateilen (Bug- und Heckkorb, Seereling usw.) verwandt hatte. Das Fabrikat heißt Chemprime. Es ist eine klare, grünliche Flüssigkeit, die Zink-, Strontium-Phosphat-Verbindungen enthält und aufgrund ihrer dünnflüssigen Konsistenz auch in die feinsten Risse und Spalten eindringt, z. B. die Schrauben des Motorfundamentes oder die Teile der Ruderanlage.
Das Produkt verwandelt auf chemischem Wege Rost (Eisenoxyd) in eine wasserunlösliche passivierende Schicht, die untrennbar mit der Metalloberfläche verbunden ist, eine Unterrostung unmöglich macht und gleichzeitig eine gute Haftung für spätere Anstrichaufbauten garantiert. Es ist auf Eisen, Stahl, Chromteilen, Edelstahl und Aluminium einsetzbar und greift die meisten Kunststoffe einschließlich Polyester nicht an, hingegen nach längerer Einwirkungszeit Acryglas, Gummi und Polystyrol.
Der dünnflüssige Rostumwandler mit einer Ergiebigkeit von 20 m^2 pro Kilogramm läßt sich auch bei niedrigen Temperaturen (während der Frühjahrsüberholung des Bootes) verarbeiten und trocknet bei ca. 18° C in ca. 4 Stunden völlig durch, bei kälterem Wetter entsprechend länger. Falls in dem Rost sehr viel Schmutz vorhanden ist, bildet sich nach dem Anstrich ein weißer Belag, in den der ab- und aufgelöste Schmutz und Rost verwandelt wurde, der sich nach dem Trocknen leicht abwischen läßt. Innenbauteile des Bootes bedürfen keiner weiteren Behandlung. Der Witterung ausgesetzte Außenteile sollten grundsätzlich den üblichen Deckanstrich erhalten.
Chemprime ist ein bewährter chemischer Rostumwandler und Unterrostungsschutz der US-Militärbehörden nicht nur für Schiffe und Fahrzeuge. Das Produkt wird in Gebinden ab 1 kg ausschließlich von der Firma Joachim Kauz, Blumlage, 3100 Celle verkauft. Übrigens auch im Haushalt (für Stahldrahtzäune, Gartentore usw.) bewährt und empfehlenswert. Preis DM 36,– für 1 kg = 1 Liter.

Kathodischer Schutz mit Opferanoden

Im Fachhandel gibt es jetzt die serienmäßig für Bootspflege hergestellten Bera-Zinkanoden, die von der Firma Louis Taxt, Ludwigstr. 4, 2000 Hamburg 6 importiert werden. Sie entsprechen den Anforderungen der amerikanischen Marinenorm und sind aus 99,995% reinem Zink hergestellt. Jeder Segler weiß, daß sie sich an ihrem montierten Platz ständig unter Wasser befinden müssen. Nicht allgemeines Wissensgut unter Yachteignern ist jedoch, daß die Anordnen in Längsrichtung am Schiff angebracht werden sollen und möglichst ein ständig fehlerfreier Kontakt zwischen der Anode und dem Teil, das geschützt werden soll, herzustellen ist. Abb. 206 zeigt den richtigen kathodischen Schutz von Stevenrohr und Ruderbeschlag auf einem Kunststoffboot, Abb. 207 bei einem Stahlruder mit Eisenkiel und Kielschiene. Auf Abb. 208 ist die Befestigung einer Wellenanode dargestellt.

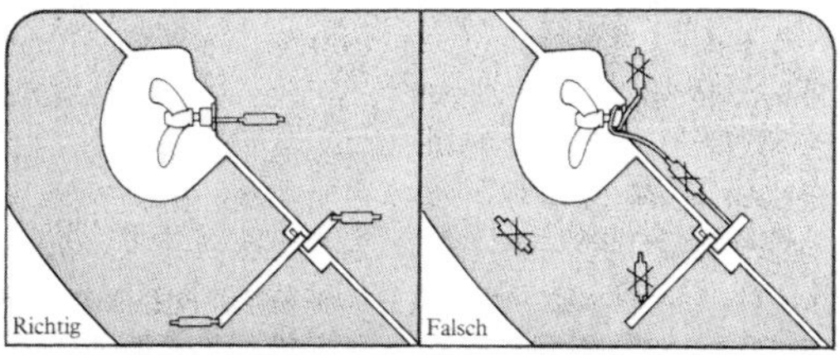

Abb. 206

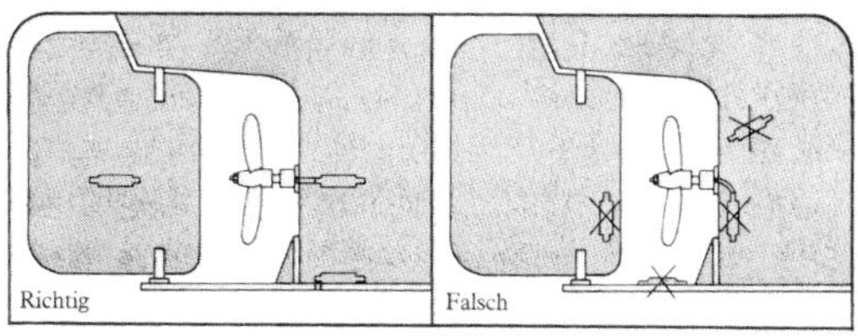

Abb. 207

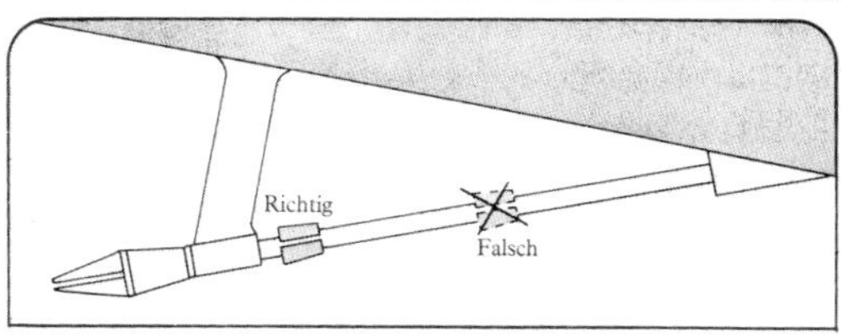

Abb. 208

Beschädigung der Eloxierung an Masten und Bäumen

Die beschädigte Schutzschicht muß mit Anstrichmitteln erneuert werden, damit das Aluminium nicht ausblühen kann. Kleine Kratzer verschließt man (während der Saison) nach Entfetten durch Verdünner mit einem farblosen Zwei-Komponenten-Kleber. Großflächige Schadstellen (zum Beispiel Scheuerstellen am Spi-Baum) werden im Herbst geschliffen, mit einer ätzenden Grundierung (Wash Primer) vorbehandelt und dann mit einer Farbe behandelt, die dem Eloxierungston ähnelt. Es genügen drei Anstriche.

Silikon-Gummi

Ein-Komponenten-Kleb- und Dichtstoff, der sich universell zum Abdichten und Versiegeln zwischen Glas, Metall und Kunststoffen eignet. Auch zum flexiblen Verkleben von Teilen benutzt, wo hohe Temperaturbeständigkeit erforderlich ist. S. ist ebenfalls ein ausgezeichneter elektrischer Isolator, wasser- und wetterfest. Die Verklebung hat ausgezeichnete Hafteigenschaften, bleibt flexibel wie Gummi und verbindet fast alles mit allem. Lieferbar in Kartusche oder Tube; letztere ist an Bord empfehlenswerter. – S. kann beispielsweise bei leckenden Fensterscheiben eingesetzt werden. Werden Scheiben abgenommen und neu eingesetzt, dann achte man darauf, daß die Silikonschicht nicht beim Anschrauben wieder herausgedrückt wird. Es empfiehlt sich, sie zuerst nur leicht anzuziehen, damit der wurmartige Silikon-Ring zuerst an- und durchhärten kann, so daß er zum Schluß tatsächlich eine bleibende breite, gummiartige Dichtschicht zwischen den beiden Werkstoffen darstellt. Im S. werden alle Schrauben getupft, ehe man sie im Außenbereich eindreht. Die Dichtmasse schützt auch gegen Elektrolyse, wenn man in gleicher Form Edelstahlnieten behandelt, die beispielsweise beim Anbau von Maststufen in die Aluminium-Mastwandung gezogen werden.

Leckende Fenster

Dauerelastische Dichtungsmassen (Silikon-Gummi – siehe dort) haben sich bei unterschiedlichen Temperaturverhältnissen (Segeln in den Tropen, Winterlager in Deutschland) nur bedingt bewährt. Insbesondere bei Macrolon-Scheiben, die am Kajütaufbau (oder auf der Außenhaut) auf leicht gewölbten Flächen aufgesetzt sind und für die ein umlaufender Metallrahmen immer ein teuerer Aufwand ist, hat sich folgende Montage bewährt: Die Abstände der serienmäßigen Schrauben halbieren, d. h. die doppelte Anzahl der Bohrungen mit Abständen von nur ca. 50 mm wählen und als Dichtung einen fingerbreiten, nahezu 10 mm dicken, im Fachhandel erhältlichen, moosgummiartigen selbstklebenden Dichtrand wählen. Er wird am Bootskörpermaterial zusätzlich mit Silikon angeklebt und verdichtet sich beim Anschrauben auf ca. 50% seiner Stärke. Der Rand erhält von außen eine Silikon-Versiegelung.

Ankerkette

Das Verzinken einer Kette ist immer problematisch, weil man niemals alle Stellen erreicht, an denen die Kettenglieder aneinanderstoßen. In der Berufsschiffahrt ist das Verzinken nicht nur unüblich, sondern sogar verboten: Der Zinkbelag hindert daran, mögliche Schadstellen an den Kettengliedern bei einer optischen Prüfung zu erkennen. Ich habe es mir daher abgewöhnt, meine Ankerkette nach Ablauf von Jahresfristen neu zum Verzinken zu bringen und behandele sie seither mit Chem-Prime Rostschutz und Rostumwandler (siehe oben) sowie einem nachfolgenden Schutzanstrich. – Auch die entsprechenden Kettenlängen habe ich mit auffallenden Farben markiert, beispielsweise in rot bzw. weiß und wie folgt: ein Kettenglied = 5 m Kettenlänge; zwei Kettenglieder rot angemalt = 10 m Kettenlänge; 3 Kettenglieder angemalt = 15 m usw. Ab 30 Meter dann mit weißer Farbe: ein Kettenglied = 35 m; 2 Kettenglieder = 40 m usw. Da auch die beiden angrenzenden Kettenglieder je zur Hälfte notgedrungen mit gemalt werden, sind die entstehenden Farbklexe groß genug.

Ruderkoker

Viele Boote haben Schwierigkeiten mit leckenden Ruderkokern, und insbesondere Blauwassersegler, die lange Distanzen segeln und bei denen eine Selbststeueranlage das Ruder oft wochenlang bedient, klagen über diese Schwachstelle. Die Ursachen können – unabhängig von Art der Buchsen, Abdichtung des Kokers und Konstruktion der Lager – vielfältig sein. Als einfachste Abhilfe empfiehlt sich die Klärung folgender Fragen: Sind überhaupt Schmiernippel vorhanden? Werden sie tatsächlich mit der Fettpresse bedient? Sind sie durchgängig und werden die Nippel selbst nicht von verharztem Fett verstopft? Wird zum Schmieren ein möglichst zähes Fett (Wasserpumpenfett) benutzt (siehe „Kleines Lexikon der Schmierstoffe")? – Da bei meinem Boot der Zugang zum Schmiernippel am Ruderquadranten schwierig und der Einsatz einer Hand-Druckpresse noch problematischer war, habe ich eine Hebelpresse bzw. eine Schraubpresse mit einer flexiblen Druckrohr-Zuleitung (ähnlich wie zur Schmierung der Wellenstopfbuchse) angelegt. Seitdem ich sie mit dem richtigen Fett benutze, habe ich keine Schwierigkeiten mit Leckstellen am Ruderschaft mehr. Je nach Drehbelastung des Ruderschaftes muß man nur einmal wöchentlich die Fettpresse einige Umdrehungen drehen.

Seeventile

Seeventile mit Drehspindeln haben sich nicht bewährt. Bewegt man die Handräder einige Wochen nicht und wurde der Dichtkeil besonders fest eingedreht, dann löst sich das Handrad von der (im Feuchtbereich unvermeidlich korrodierten) Spindel, und man muß anstelle des abgedrehten Handrades mit Schlüsseln und Zangen arbeiten, um ein geschlossenes Ventil zu öffnen. Klemmt der Dichtkeil in geöffneter Stellung und schert das Handrad beim Zudrehen ab, kann es im Notfall zu unsympathischen oder sogar gefährlichen, nicht absperrbaren Wasserdurchlässen kommen. Ich habe stattdessen überall Kugelventile mit Hebelverschlüssen installiert, die als Schnellschlußschieber zuverlässiger wirken.

Schotwinden

Die Achillesferse ist im allgemeinen das Pall, d.h. die federbelastete Sperrklinke am Trommelkranz, die die Bewegung der Winsch zur einen Seite erlaubt, zur anderen Seite jedoch sperrt. Vielfach ist es (aus mir unverständlichen Gründen) aus einer minderwertigen Edelstahllegierung gefertigt und sehr korrosionsanfällig. Wenn es klemmt, ist die gesamte Winsch nutzlos geworden. Denn die Trommel dreht sich zwar, aber sie sperrt nicht. – Man kann einen solchen (oftmaligen) kleinen Schaden aber leicht beheben und sollte – vorbeugend – das Pall bei jeder Frühjahrsüberholung inspizieren und neu einfetten. Hierzu entfernt man einfach den Sprengring auf dem Kopf der Windentrommel. Nach Entfernung dieses Sicherungsringes läßt sich die Trommel einfach abheben, und das gesamte „Innenleben" der Winsch ist zur Inspektion und zum Fetten frei. – Das zur Schmierung benutzte Winschenfett ist immer Seewassereinwirkung ausgesetzt und muß so ausgewählt werden, daß es weder verharzen noch verseifen kann. Das beste Reinigungsmittel ist Petroleum oder Waschbenzin.

Windsäcke

Die von mir entwickelten Windsäcke in Form einer schmalen, allseitig offenen Pyramide, in die der Wind auch bei drehender Richtung immer optimal einfließen kann, ohne daß man den Windfänger umsetzen oder drehen muß, werden jetzt von der Segelmacherei Frank Hartzel, Borsigstr. 6, 3200 Hildesheim serienmäßig gefertigt. Insbesondere in warmen Revieren sorgen sie für eine so gute Kalt- und Frischluftführung unter Deck auch bei heißester Sonne, daß wir auf das Ausbringen eines Sonnensegels weitgehend verzichten konnten.

Feuerlöscher

Die Überprüfung des Füllzustandes ist heute einfach, weil nahezu alle für Bordzwecke geeigneten Feuerlöscher mit Farbskalen auf ihren Manometern ausgestattet sind, an denen man Inhalt und Leistungsfähigkeit ablesen kann. Im allgemeinen bedeutet die Zeigerstellung auf dem grünen Bereich volle Einsatzfähigkeit.

Ölfilterwechsel

Man ist zuerst hilflos, wenn sich dieses wichtige Teil bei Motordurchsicht bzw. Ölwechsel weder drehen noch abschrauben läßt. Da der Filter selbst anschließend weggeworfen wird, kann man ihn beim Abnehmen getrost beschädigen – nur der Gewindeteil des Motors muß dabei unbeschädigt bleiben. Maßnahmen: Man setze auf den äußeren Rand der Filteroberfläche einen Schraubenzieher im Winkel von ca. 45° zu dieser Ebene und schlage zuerst mit der Hand bzw. dann leicht mit dem Hammer auf. Diese Prozedur setze man an mehreren Stellen der Filteroberfläche fort, bis sich der Filter zu drehen beginnt. Eine Vorbehandlung des Gewindeteils mit Marinespray ist vorteilhaft. – Stattdessen kann man auch einen kräftigen Gummistropp doppelt nehmen und als Schlaufe um den Filterkörper legen. Er zieht sich fest und wirkt bei einer ruckartigen kräftigen Zugbewegung gleichzeitig wie ein Drehhebel. – Sollte weder die eine noch die andere Maßnahme fruchten, hilft nur, einen kräftigen und ausreichend langen Schraubenzieher durch den Filterkörper hindurchzustoßen und ihn als Hebel zum Abschrauben zu benutzen. – Wer oftmals Schwierigkeiten beim Abschrauben des Ölfilters hat und keine der genannten Notmaßnahmen benutzen möchte, kann einen Spezialschlüssel erwerben, der (ähnlich wie beim Öffnen von Marmeladegläsern im Haushalt) um den Filter gelegt wird. Seine Anwendung setzt jedoch den (oft an Bord nicht vorhandenen) erforderlichen Raum neben Motor und Motorraumwand voraus, der insbesondere bei senkrecht stehenden Filtern meistens nicht gegeben ist.

Überwinterung des Dieselmotors

Die in den Bedienungsanleitungen der Motorenhersteller und zahlreichen Fachbüchern genannten Hinweise für das Einwintern des Dieselmotors habe ich (wie viele meiner Stegnachbarn) nicht mehr erfüllt. Erfahrungsgemäß genügt es, vor dem Einwintern das Motoröl zu wechseln und Ölfilter wie Brennstoffilter auszutauschen. Gleichzeitig entleert man den Kreislauf der Seewasserkühlung und die entsprechenden Außenleitungen einer Zweikreiskühlung. – Steht das Boot auf Land, öffnet man zusätzlich das Impellergehäuse und dreht den Motor etwa alle vier Wochen eine halbe Schwungradumdrehung durch, damit sich die drehenden und gleitenden Teile im Inneren eine neue Ruhestellung aussuchen können. – Beim Überwintern im Wasser kann man das Dienstleistungsangebot eines Marinabetriebes annehmen (falls das Boot im Ausland überwintert) und den betriebsklaren Motor alle zwei Wochen oder alle vier Wochen ca. 30 bis 60 Minuten lang laufen lassen. Auch eine solche Behandlung ist jedoch nicht erforderlich, wenn man den Motor für einige Monate stillegt, das Seewasser aus dem Kühlsystem abläßt und gleichzeitig auch die Seewasserrückstände aus der Auspuffanlage (bei mir durch einen simplen, in die Bilge entwässernden Ablaßhahn möglich) auslaufen läßt. Die Abgasöffnung (in der Außenhaut) verschließt man am besten, so daß alle Motorteile gegen Nässe und Luftfeuchtigkeit gut abgeschirmt sind.

Dieseltanks

Um Kondenswasserbildung im Kraftstofftank zu verhindern, fülle man die Dieseltanks zum Einwintern randvoll auf. Auch während der Betriebszeit im Sommer ist es wegen der Schwitzwasserbildung insbesondere in warmen Gewässern ratsam, so oft wie möglich nachzutanken. – Schwitzwasser bildet sich auch an den Außenseiten der Brennstoff- und Wassertanks, d. h. bei allseitig frei eingebauten Tanks zum Bootsinneren hin. Insbesondere in Revieren mit unterschiedlichen Lufttemperaturen (bei Tag und Nacht) oder bei unterschiedlichen Raumtemperaturen innen und außen kann es hier zu Schwitzwasserbildung kommen, die – durch die Summe der Flächen aller Tankwandungen bedingt – zu einer deutlich sichtbaren (wenn auch nur geringfügigen) Wasserlagerung in der Bilge führt, die man sich zuerst nicht erklären kann. Abhilfe: Die Tankwandungen müssen isoliert werden. Am besten verbindet man die Isolierung mit einer Schalldämmung, wenn die Tanks im Motorraum liegen (wo übrigens der Bootsmotor eine nicht unbeachtliche Wärmequelle für die Schwitzwasserbildung der kalten Tankinhalte ist) und klebt Schallschluckmatten auf. Die entsprechenden Schaumgummi-Materialien habe ich von der Firma Giersberg, Badener Str. 28, 7552 Durmersheim 2, bezogen. Sie verkauft auch wollähnliche Unterlagen für Kojenpolster, um das Durchfeuchten der hölzernen Bauteile zu verhindern, auf denen die Schaumgummi-Schlafpolster liegen.

Mastleiter

Die laufende Inspektion des Mastes wird durch die Installation einer Mastleiter beträchtlich erleichtert. Die von mir entwickelte Konstruktion aus Edelstahlstufen und Spanndrähten, die dem Mast auch noch eine zusätzliche Querversteifung gibt und sich jedem Masttyp harmonisch anpaßt, wird von der Firma Jachmann-Technik, Postfach 243, 3167 Burgdorf zu erstaunlich günstigen Preisen geliefert. Die entsprechenden Baukastenteile lassen sich von jedem Bootseigner mit wenig Aufwand und in kurzer Zeit montieren.

Inventarkennzeichnung

Am besten macht man sich eine Schablone des Bootsnamens in entsprechender Größe, die einfach auf jedes Ausrüstungsteil aufgelegt werden kann, so daß alle Inventarteile (nicht nur an Deck) einheitlich und deutlich beschriftet sind. Rettungsinsel, Rettungskörper, Beiboot, Segelbezüge, Segelsäcke, aber auch Fender und andere mobile Teile bis hin zum Regenzeug lassen sich auf diese Weise kennzeichnen. Ein einfacher Bootsname zahlt sich hierbei aus.

Weitere Eigner-Erfahrungen und neue Produkte finden Sie ab Seite 236.

Inspektion im Herbst

Jedes Boot hat verletzliche Bereiche, die besonders stark belastet werden. Sorgfältig kann man sie nur überprüfen, wenn das Boot an Land liegt. Zwei Möglichkeiten gibt es, um künftigen Beschädigungen weiterer Abnutzung zu begegnen: Größere Vorsicht und ein Schutz durch andere Materialien, die widerstandsfähiger oder austauschbar sind.

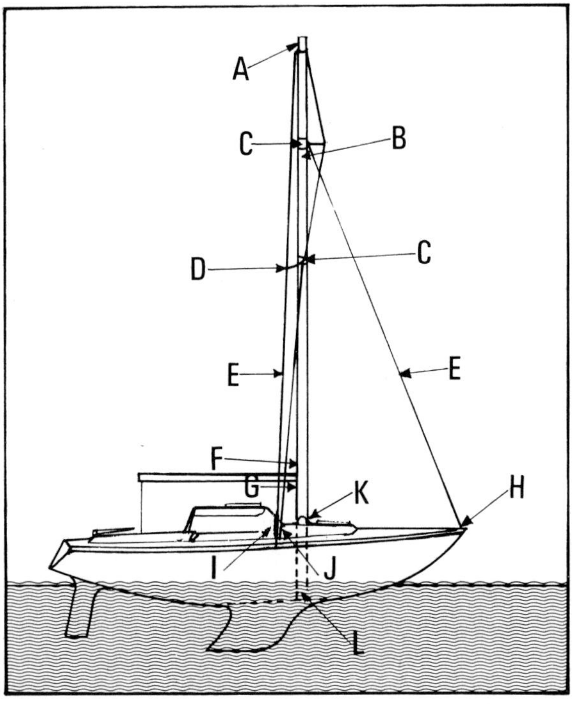

Prüfung der Takelage

- A Großfallscheibe
- B Fockfallscheibe
- C Mastbeschläge
- D Salingen
- E Wanten und Stagen
- F Hohlkehle des Mastes
- G Lümmelbeschlag
- H Vorstagbeschlag
- I Wantenspanner
- J Püttings
- K Mastfuß oder Mastschuh
- L Mastfuß auf Kiel

Abb. 209

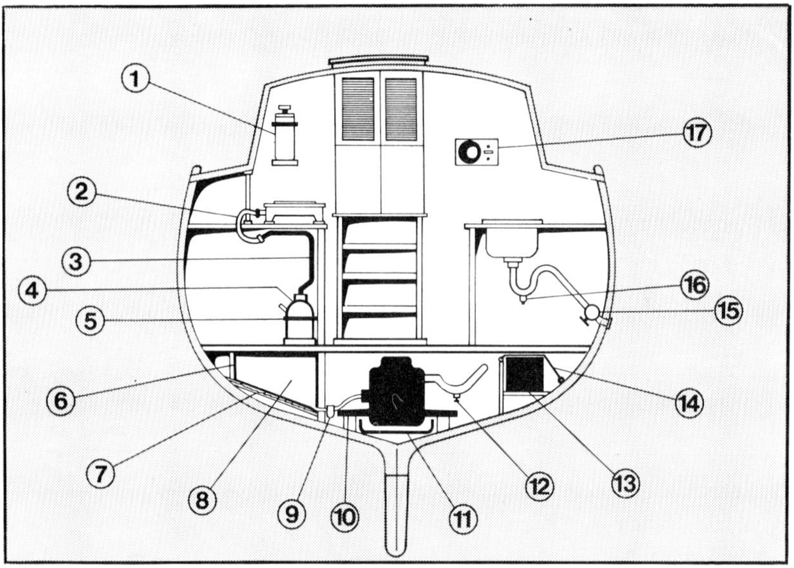

Abb. 210

In der Kajüte: Ein bunter Check-Fächer

Bei der Inspektion nicht vergessen (Abb. 210): Der Feuerlöscher (1) muß an Bord bleiben! Den Kocher (2) nimmt man von Bord, die flexible Zuleitung wird erneuert. Die feste Kupferleitung (3) wird auf Dichtigkeit geprüft. Auch die Gasflasche (4) gehört an einen trockenen Platz im Haus. Ihre Halterung (5) ist zu überprüfen. Der Brennstofftank (6) ist pflegebedürftig. Rostbehandlung und ein neuer Anstrich ist wünschenswert. Liegt er noch überall gut auf (7)? Prüfe seine Halterung! Leere und reinige alle Tanks (8)! Leere und reinige alle Filter in allen Leitungen (9)! Prüfe die Haltebolzen des Motors (10)! Entleere das Tropfblech (11)! Entleere das Schwitzwasser (12) aus der Auspuffleitung. Baue die Batterie aus (13) und lade sie auf, ehe sie daheim ins Winterlager kommt. Prüfe die Batteriehalterung, fette sie und beseitige Korrosionsstellen (14). Öffne das Außenbordventil des Waschbeckens (15) und reinige bzw. trockne die Zuleitung aus (16). Entferne die Batteriezellen aus allen elektronischen Geräten (17).

Fleischhaken im Drahttauwerk – Kennzeichen für ermüdetes Material

Unser nichtrostendes Drahttauwerk ist sehr widerstandsfähig, und die neuen Patentspleiße lassen keine Drahtenden mehr herausgucken, an denen man sich – wie an Fleischhaken – blutige Finger holt. Wenn sich aber solche Fleischhaken zeigen, ist das Drahttauwerk hier überlastet gewesen; Kardeele sind gebrochen, und die Festigkeit ist an diesen Stellen vermindert. Solche kritischen Stellen sind die Drahtfallen in den Bereichen der Fallscheiben (für Großsegel, Fock und Spinnaker, Abb. 211), die gegenüberliegenden Endpunkte, wo das Drahttauwerk an das

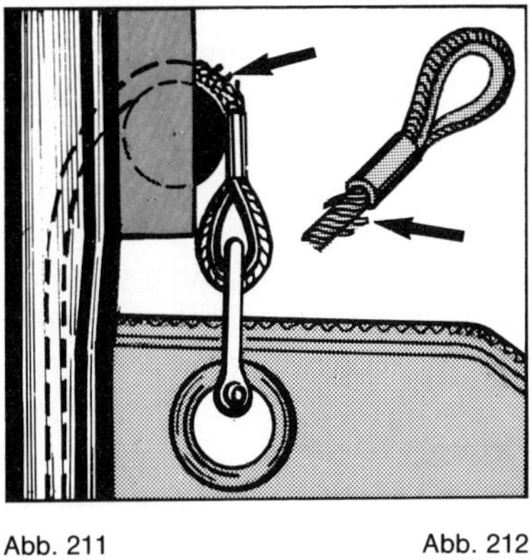

Abb. 211

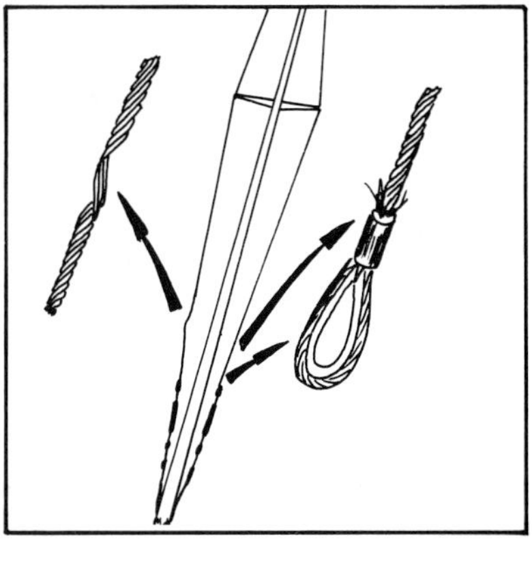

Abb. 212

Fasertauwerk geschäkelt ist, und die Kauschen der Stagen und Wanten (Abb. 212). Zwei oder drei dieser „heißen Enden" kann man noch als Signal werten, dieser Stelle künftig besondere Aufmerksamkeit zu schenken. Mehr Fleischhaken, vor allem über eine größere Strecke, zwingen zum Ausmustern und zum Ersetzen dieses Teils des stehenden oder laufenden Gutes.

Eine Takelskizze ist der Steckbrief unserer Takelage

Die Herbstinspektion ist gleichzeitig eine gute Gelegenheit, mit der Prüfung aller Takelageteile eine Inventur an Hand einer Takelskizze zu verbinden. Wer ein neues Boot kauft, erhält oft eine solche Takelskizze vom Hersteller mit all den Namen, Materialien, Längen und Stärken, die zum stehenden und laufenden Gut gehören. Gibt sie die Werft oder der Händler dem neuen Eigner nicht mit, muß man sie sich allein anfertigen. Der Eigner besitzt dann immer die genauen Maße, wenn er einmal ein Ersatzteil beschaffen oder ein verlorenes Teil ersetzen muß. Ein Blick auf diese Takelskizze zeigt ihm auch, wieviel Material und welche unterschiedlichen Teile zum Betrieb seines Windmotors notwendig sind.
Takelskizze und Takelage zeigen Abbildungen 214 und 215. Man kann sie noch erweitern, indem man z. B. zu den einzelnen Bezeichnungen, die die Ziffern der Abbildung unterscheiden, das Datum des Einkaufs oder das Jahr des Benutzungsbeginns festhält. Dann weiß man schon vorher, welchen Einzelteilen man in dem betreffenden Jahr seine

Abb. 213

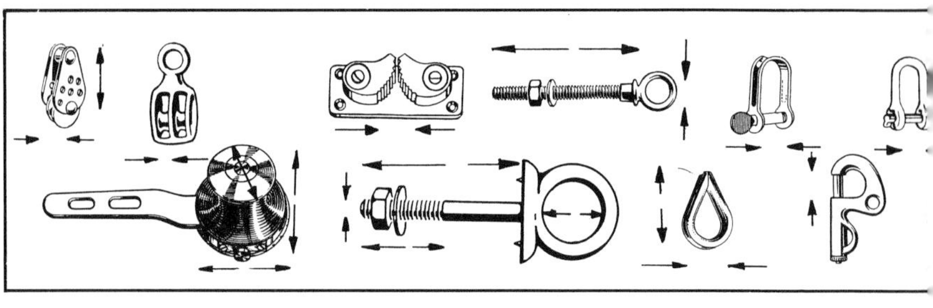

besondere Aufmerksamkeit widmen muß oder was in jedem Falle nach einer entsprechenden Betriebszeit zu ersetzen ist.
Neben den Fachworten der Takelageteile, die man ja zu einem Gespräch mit dem Shipshändler benötigt – um ihm zu verklaren, welche Art von Schäkel oder Blöcken man benötigt –, sollte man sich auch aufschreiben, wie groß der Durchmesser von Kettengliedern, die Öffnungen von Stagreitern oder die Breiten von Rutschern sein müssen (Abb. 213). Wenn man Ersatz sucht, spart man sich das Probieren, und an Hand dieses „schlauen Buches" muß man beim Einkauf weniger überlegen.

Einwintern des Segels

Bei unserem Segel sind es vor allem die Nähte (Abb. 216) und die Befestigung der Segelbeschläge, die uns bei der Herbstinspektion am meisten interessieren. Die Nähte leiden besonders unter der Schamfiling; man geht am besten Naht für Naht durch, um zu prüfen, ob einige Stiche aufgegangen sind: besonders natürlich prüft man die Nähte, mit denen die Bahnen zusammengenäht wurden; aber auch die aufgesetzten Teile wie Lattentaschen, Dopplungen an Schothorn und Hals, die Befestigung der Lattentaschen und des Kopfbretts und die Befestigung des Vorlieks am Segel sind beliebte Schadensstellen.

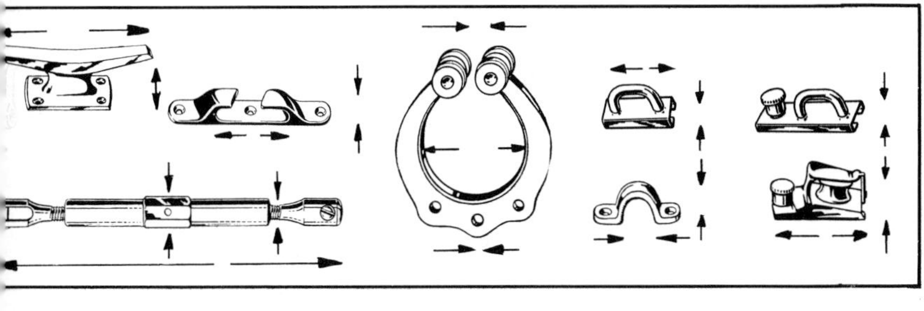

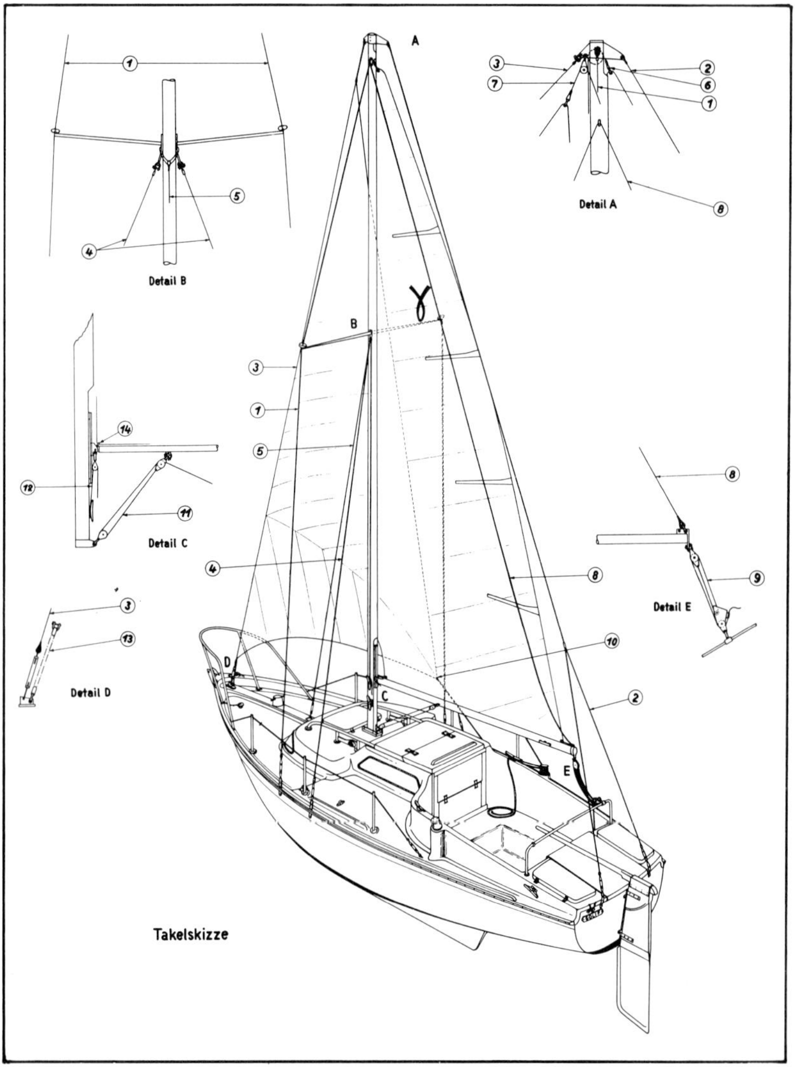
A
B
C
D
E
1
2
3
4
5
6
7
8
9
10
11
12
13
14
Detail A
Detail B
Detail C
Detail D
Detail E
Takelskizze

Abb. 214

Steckbrief einer Seekreuzer-Takelage

Referenz	Anzahl	Bezeichnung	Skizze	Länge m	Draht oder Tau ⌀ mm	Draht oder Tau Art	Block Rollen ⌀	Block Referenz	Schäkel ⌀	Schäkel Art	Schäkel Anzahl	Zubehör
1	2	Oberwant	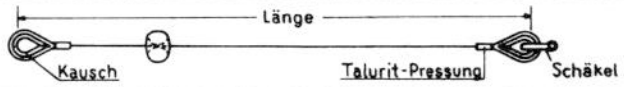	8,16	4 monotoron	Nirosta			8	gerade verzinkt	1	2 Kauschen 2 Talurit-Spleiße 1 Styropor-Ball 1 Wantenspanner, verchromt, AM6 Nr. 3 8 mm
2	1	Backstag	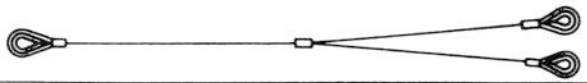	7,54 + 1,50 / 1,50	4 monotoron	Nirosta						3 Kauschen 4 Talurit-Spleiße 2 Wantenspanner, verchromt, AM6 Nr. 3 8 mm
3	1	Vorstag		8,32	4 monotoron	Nirosta						2 Kauschen 2 Talurit-Spleiße 1 Wantenspanner, verchromt, AM6 Nr. 3 8 mm
4	2	Unterwant		4,69	4 monotoron	Nirosta			8	gerade verzinkt	1	2 Kauschen 2 Talurit-Spleiße 1 Wantenspanner, verchromt, AM6 Nr. 3 8 mm 1 Vinylrohr, 2,50 m lang, 8 × 11 mm
5	1	Kleines Vorstag		4,53	4 monotoron	Nirosta						2 Kauschen 2 Talurit-Spleiße 1 Wantenspanner, verchromt, AM6 Nr. 3 8 mm 1 Vinylrohr, 2,50 m lang, 8 × 11 mm
6	1	Großfall	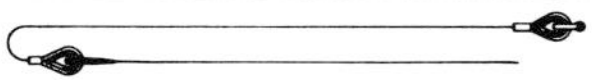	7,60 9,00	4 (7×19) 10	Nirosta Tergal			8	gerade verzinkt	1	2 Kauschen 2 Talurit-Spleiße
7	1	Fockfall	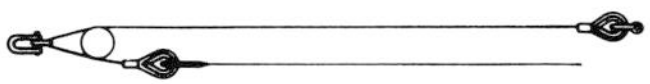	7,60 9,00	4 (7×19) 10	Nirosta Tergal	50	EB2	8	gerade verzinkt	2	2 Kauschen 2 Talurit-Spleiße
8	1	Dirk		16,00	8	Tergal			8	gerade verzinkt	1	1 Kausch, 8 mm
9	1	Großschot	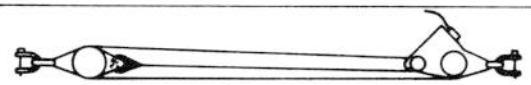	13,00	10	Tergal	50 50 25	EB H 2 } mit Schotklemme ZBK 2	8 6	gerade, verzinkt Nirosta	1 1	
10	1	Fockschot		8 × 2	10	Tergal			8	geschweißter Schäkel verzinkt	1	1 Kausch, Nirosta 8 mm
11	1	Baum-Niederholer		4,00	10	Tergal	50 50	EB2 EBH2	8	gerade verzinkt	2	
12	1	Vorliek-strecker	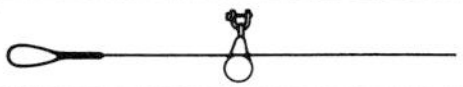	2,00	10	Tergal	50	EB2	8	gerade verzinkt	1	
13	1	Fock-Vorläufer	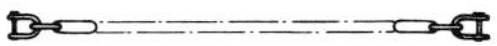	≃ 0,60	5	verzinkte Kette			8	gerade verzinkt	2	
14	1	Schäkel für Großsegelhals								célinox Nr. 2	1	

Abb. 215

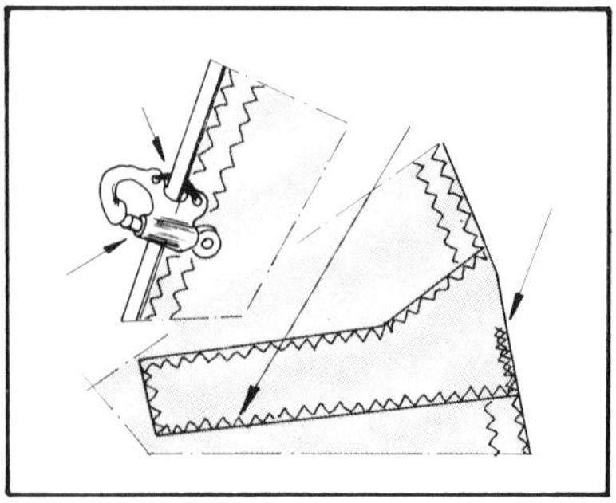

Abb. 216

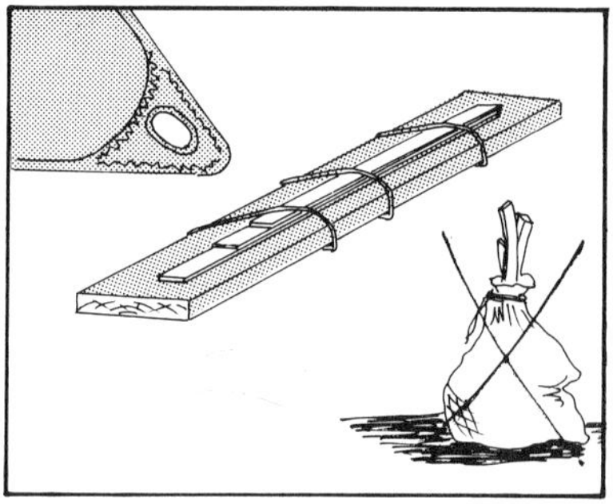

Abb. 217

Wenn diese kleinen Schäden nicht im Laufe des Winters (am besten sofort!) behoben werden, kann sich ein kleiner Schaden schnell vergrößern:
Die Nähte der Lattentaschen können an beiden Enden aufgehen. Am inneren Ende der Lattentasche kann das Segel trotz eingearbeiteter Verstärkungen durch die Latten schamfilt sein.
Bei einem Großsegel mit Tauwerksliek, das in einer Hohlkehle läuft, liegen schadhafte Stellen oft im Tuch zwischen Kopfbrett und Liektau. Hier können Verstärkungen nicht aufgenäht werden, weil dann das dickere Vorliek nicht mehr in die Nut paßt. Mit einigen Stichen von mehrfach gewachstem Polyestergarn kann man den gefährlichsten Stellen wieder die nötige Festigkeit geben.
Alle Kauschen und Gatchen müssen auf mögliches Verbiegen untersucht werden. Auch die Stagreiter sind nachzunähen; ihren Bolzen gibt man einige Tropfen Öl (s. Abb. 216). Schadhafte Taklings an Ausholerleinen und alle übrigen Segelstropps sind zu erneuern.
Besonders sorgfältig ist auch das Liektau der Vorsegel zu untersuchen, insbesondere am Hals – dort wird der Liekdraht am häufigsten naß. Ein PVC-Überzug kann durch die Krümmung leiden, in die er durch die Kausch gelegt ist.
Die Segellatten legt man entweder in eine schmale Lattentasche oder

bindet sie auf einer waagrechten Planke fest (Abb. 217), damit sie sich nicht verziehen können.
Wenn die Segel gereinigt sind (wie es im Abschnitt „Segelpflege im Sommer“ beschrieben ist), legt man sie möglichst lose und offen in einen sauberen, gelüfteten, aber kalten Raum (z. B. auf den Dachboden); niemals läßt man sie (mitsamt den Latten) im Segelsack. Es bekommt ihnen gut, wenn man sie im Laufe des Winters zwei bis drei Mal ansieht und gegebenenfalls umpackt.
Wenn nicht genug Platz auf dem Boden ist, vermeide man in jedem Fall die Lagerung in starken Falten, in Feuchtigkeit oder unter Preßdruck.

Haftflicken für Segelreparaturen – nicht nur im Havariefall

Auch das beste Segeltuch und der dickste Stoff reißen ein, wenn das Segel hinter einem Splint hängen bleibt oder sich an einem spitzen Metallteil verhakt. Mit kleinen Löchern im Segel muß man also genauso rechnen wie mit einem längeren Riß. In einer Plastiktasche gibt es kleine Flicken für wenig Geld, hergestellt von Davies Instruments in den USA, von der Firma Robert Lindemann, Osterrade 12, 2050 Hamburg 80, importiert und im Fachhandel verkauft. Ein Sortiment verschiedener Größen und unterschiedlicher Farben ist erhältlich. Eine Rolle mit ca. 7,5 m Länge eines ca. 50 mm breiten Segeltuchstreifens in allen möglichen Farben für Tuche vom Spinnakerstoff bis zum Sturmsegel kostet (1983) ca. 15 DM. Die selbsthaftetenden Flikken können auch als Vorsorge an Segelstellen aufgeklebt werden, die unter Schamfiling leiden, z. B. im Bereich der Saling, der Wanten oder der Seereling.

So kommt der Motor unter Dach und Fach

Viele Bootseigner kennen das Handwerk des Bootsbauers und Segelmachers. Sie trauen sich auf See notgedrungen einen Teil deren handwerklicher Kenntnisse selbst zu. Nur beim Motor üben sie Zurückhaltung. Ist es allein die Angst vor schmutzigen Fingern, wenn man den Jockel (ob angehängt oder eingebaut) dem Fachmann überläßt? Der Segler hat immer eine Alternative, wenn der Motor streikt – er nutzt die Windenergie. Der Motorbootfahrer muß – nolens volens – prüfen und basteln, wenn der Motor streikt. Es bleibt gar nicht aus, daß er sich intensiver mit seiner Kraftmaschine beschäftigen muß. Eine gute Gelegenheit, zum Einwintern den Motorenmechaniker einmal nicht zu bemühen und selbst ans Werk zu gehen. Weiß man wirklich nicht mehr weiter, ist immer noch Zeit genug, einen Fachmann zu Rate zu ziehen.
Generell unterscheiden wir das Einwintern und die Inspektion. Einwintern ist einfach, aber Service-Handgriffe wollen gelernt sein. Aber wenn das Einwintern einige Male gut geklappt hat, kann man sich auch an eine Selbst-Inspektion wagen. Es ist ja nicht nur der Stolz, es allein zu können – man spart auch eine Menge Kosten ein!

Der Motor fährt sich nicht kaputt – er steht sich kaputt!

Während der Sommermonate ist unser Bootsmotor vorwiegend einem mechanischen Verschleiß ausgesetzt. Bei Verwendung guter Motoröle und sachgemäßer Behandlung halten unsere sorgsam konstruierten und gut gebauten Bootsmotoren jedoch eine Vielzahl von Jahren ohne nennenswerte Reparaturen aus.
Wird ein Verbrennungsmotor aber für mehrere Monate stillgelegt, tritt an die Stelle des mechanischen Verschleißes ein meistens viel schnel-

lerer chemischer Verschleiß. Er kann nur durch sorgfältige Einwinterung des Bootsmotors vermieden werden: Durch die Kurbelgehäuse-Entlüfter und die Luftansaugstutzen dringt in der Zeit der Stillegung atmosphärische Luft in den Motor ein. Die Ölkohle, die bei den Verbrennungsvorgängen im Motor entstand, ist stark hygroskopisch und zieht diese Feuchtigkeit ständig an.
So stellen sich im Laufe der Betriebsruhe beträchtliche Zerstörungen ein: Vernarbte Lager und Lagerzapfen; schwarze Abdrucke der Kolbenringe dort, wo diese an die Zylinderwand drücken; starke Rostbildung an der Kurbelwelle und an den Kugel- und Rollenlagern. Man merkt diese Zerstörungen erst bei Wiederinbetriebnahme, und die dann notwendigen Instandsetzungsarbeiten sind nicht nur teuer – sie lassen das Boot auch während der schönsten Frühlingstage am Steg liegen.
Auch das Salzwasser bewirkt einen Verschleiß der Motorenteile. Besonders anfällig ist das Neoprene-Rädchen mit seinen flexiblen Impellerflügeln in der Wasserpumpe. Wenn der Motor mehrere Monate im Salzwasser gelaufen ist und ohne Überholung eingelagert wird, verdunstet das Wasser. Die Salzkruste bleibt zurück, und die Impellerrädchen fressen sich an der Innenwand der Wasserpumpe fest. Durch diese Salzablagerung kann das Rädchen im Frühjahr aus seiner Verankerung gerissen werden, wenn man den Motor wieder in Betrieb nimmt, und das Versagen der Wasserpumpe bewirkt dann andere, teuerere Schäden am Bootsmotor.
Richtiges Einwintern schützt den Bootsmotor vor diesem chemischen Verschleiß. Ein achtlos in die Ecke gestellter Außenborder oder beim Einwintern vergessener Einbaumotor können aber auch durch Korrosion, Rost und eingefrorenes Kühlwasser mit seiner beträchtlichen Sprengwirkung weitgehend unbrauchbar gemacht werden.

Das Einwintern des Außenbordmotors

- Den Motor (der zuletzt in Salz- oder Brackwasser eingesetzt war) kurze Zeit in Süßwasser laufen lassen, damit alle Salzrückstände in der Kühlanlage herausgespült werden.

● Hat man die Möglichkeit, den Motor für dieses Durchlaufen in ein Becken oder einen Behälter zu hängen, kann man dem Süßwasser einen korrosionslösenden Emulsionszusatz beimischen. Er reinigt dann die Wasserpumpe und alle Wasserumlaufkanäle besser.

● Während der Motor läuft, nimmt man die Haube bzw. die Verkleidung ab, zieht den Kraftstoffschlauch ab, entfernt den Ansaugfilter und spritzt ein Konservierungsöl mit einer Ölkanne in die Lufeinlaßöffnung des Vergasers ein. Während die im Sommer benutzten Motoröle vor allem den mechanischen Verschleiß des Motors schützen, ist dieses spezielle Konservierungsmittel (von verschiedenen Herstellern) speziell als Korrosionsschutzöl für chemischen Verschleiß hergestellt. Die Ölmenge ist von der Zylinderzahl abhängig; man rechnet ca. 50 g pro Zylinder. Zum Schluß steigert man die Ölmenge, bis der Motor im Öl ertränkt ist. Auf diese Weise bildet sich ein Schutzfilm aus Öl im Motorraum, an der Kurbelwelle, am Nadellager, an den Zylinderwänden, an den Zylinderkopfringen und überall, wo ein chemischer Verschleiß gefährlich werden könnte.

● Anstelle der oben genannten Behandlung oder zusätzlich zu ihr kann man auch ca. 50 g Korrosionsschutzöl durch die Kerzenöffnung in die Zylinder gießen und den Motor einige Male von Hand durchdrehen.

Abb. 218

Hierbei werden zwar Zylinder und Kolben gut konserviert, das Kurbelgehäuse mit Kurbelwellenlagerung aber weniger.

- Jetzt Motor vom Spiegel abnehmen bzw. aus dem Becken herausheben und senkrecht aufstellen bzw. anhängen. Bei zurückgestelltem Gashebel den Motor mit dem Handstarter kurz durchdrehen, um die Wasserpumpe vom Wasser zu befreien. Auch die Kühlwasserleitung wird so trocken.
- Schwimmerkammer des Vergasers und die übrige Kraftstoffanlage vom restlichen Kraftstoff entleeren.
- Propeller abnehmen. Propellerwelle mit Scherstiften und Muttern säubern und einfetten.
- Motor von außen reinigen. Lackschäden mit Farbsprühdose nach entsprechender Grundierung beseitigen. Der Farbüberzug wird zwar nicht so dauerhaft wie die fabrikmäßige Einbrennlackierung, aber sie schützt vor Korrosion im nächsten Jahr.
- Kraftstofftanks und Kraftstoffschläuche entleeren. Besonders Zweitaktgemische bilden bei langer Lagerung unangenehme Rückstände.
- Motor in einem trockenen, frostfreien und gut durchlüfteten Raum senkrecht aufhängen. (Abb. 218).

Das Einwintern des Einbau-Benzin-Motors

Die Einwinterung eines fest eingebauten Motors beginnt bereits, wenn das Boot noch schwimmt:

- Wir lassen den Motor warmlaufen, bis er seine Betriebstemperatur erreicht hat, und stellen ihn ab. Das Motoröl wird in die Ölwanne entleert oder mit einer Ölpumpe abgesaugt.
- Jetzt füllt man spezielles Konservierungsöl (z. B. Shell Ensis Öl 20 oder Esso Rustban 623) ein, bis die untere Marke am Ölpeilstab erreicht ist. Etwas Öl spritzt man zusätzlich in den Vergaser.
- Dann läßt man den Motor nochmals unbelastet ca. 5 Minuten bei niedriger Drehzahl laufen, damit sich das Öl zur Konservierung überall gut verteilt hat.

Nach dem Aufslippen des Bootes und wenn der Motor wieder abgekühlt ist:

- Kühlwasser ablassen und Ablaßhähne schließen. Ein Rostschutzmittel (z. B. Shell Donax C) mit ca. 20 l Süßwasser mischen und zum Einsaugen an die Saugwasserleitung des Motors anschließen.
- Jetzt den Motor im Leerlauf so lange laufen lassen, bis die gesamte Mischung aus dem Behälter abgesaugt ist. Anschließend das Rostschutzgemisch wieder ablassen. Das gesamte Kühlsystem ist jetzt mit einem schützenden Ölfilm überzogen.
- Zündkerzen entfernen und durch die Kerzenöffnung in jeden Zylinder ca. 30 cm^3 Korrosionsschutzöl gießen. Motor dann von Hand oder mit dem Anlasser einige Male durchdrehen, bis Zylinderwandungen, Kolbenringe und Ventilführungen gut eingeölt sind. Dann Zündkerzen wieder einschrauben.
- Ventildeckel hochnehmen und alle Spuren von Kondensation und Rost entfernen. Ventilfedern, Kipphebel und die Innenseite des Ventildeckels mit Korrosionsschutzöl einsprühen.
- Motor von außen mit Sprühmittel reinigen und dann mit einem Feuchtigkeit abweisenden Spray behandeln.

Der Einbau-Diesel-Motor geht ins Winterlager

Für einen Diesel gilt sinngemäß das gleiche wie für den Benzinmotor. Vor dem Aufslippen des Bootes:

- Motor bis zur Betriebstemperatur warmlaufen lassen und abstellen. Motorenöl entweder ablassen oder absaugen.
- Konservierungsöl bis zur unteren Marke am Ölpeilstab einfüllen.
- Motor unbelastet ca. 5 Minuten mit niedriger Drehzahl laufen lassen, damit sich das neue Öl verteilen kann.
- Kraftstoff-Filter entleeren. Kraftstoffzuleitung zum Tank lösen und mit Schläuchen in einem Kanister verbinden, der mit zwei Drittel Dieselöl und einem Drittel Konservierungsöl gefüllt ist. Dann Kraftstoffsystem entlüften und Motor 10 Minuten lang im unbelasteten Leerlauf laufen lassen.

- Motor abstellen und Konservierungsöl aus der Ölwanne entfernen.
- Einspritzanlage nicht entleeren, damit ein vollständiger Korrosionsschutz erhalten bleibt.
- Besser ist, den Motor mit einem speziellen Einspritzpumpöl als Kraftstoff kurze Zeit laufen zu lassen und dann dieses Öl im Kraftstoffsystem zu belassen. Läßt man diese Schutzöle mit ihrer geringen Viskosität ab, ist der hinterbliebene Ölfilm zu dünn, um wirkungsvoll zu schützen.
- Glühkerzen oder Einspritzdüsen herausnehmen und in jeden Zylinder ca. 30 cm^3 Konservierungsöl einfüllen. Motor von Hand oder mit dem Anlasser einige Male durchdrehen. Glühkerzen oder Einspritzdüsen wieder einschrauben.

Die Behandlung nach dem Aufslippen des Bootes und mit abgekühltem Motor ist die gleiche wie beim Einbau-Benzin-Motor.

Batteriepflege

- Die Batterie darf nicht an Bord bleiben, sonst ist sie im Frühjahr nicht nur entladen, sondern sie hat sich auch noch chemisch zersetzt.
- Beim Ausbau löst man zuerst die Klemme am Minuspol (Masse) und dann die Plusklemme. Beide werden gut von außen gesäubert.
- Die ausgebaute Batterie erhält dann der Tankwart oder die Werft zur Pflege, damit sie alle 4 Wochen nachgeladen und nach jeder dritten Ladung mit 5% der Ampèrekapazität bis auf 1,75 Volt Zellspannung entladen werden kann, um anschließend neu geladen zu werden.

Schaltung

- Alle Schellen, Bowdenzüge und andere Metallteile der Schaltvorrichtung behandelt man mit Rostschutzfett oder Konservierungsöl.

Kraftstofftank

● Die Kraftstofftanks entleert und entlüftet man, bevor das Boot in die Winterlagerhalle zu anderen Booten geschoben wird. Bekanntlich sind die Benzindämpfe die gefährlichsten Brandursachen.

Elektrisches Bordnetz, Lichtmaschine und Anlasser

● Alle Leitungen kontrollieren wir auf Brüche oder Scheuerstellen. Kabelbefestigungen werden nachgesehen.

● Die Kohlen und Kollektoren der Lichtmaschine und des Anlassers sieht am besten ein Fachmann nach.

Besonders wichtig

● Man bringt überall kleine Schilder an, wenn Motorenöl oder Wasser abgelassen sind, der Tank entleert ist oder Teile gelöst und abgebaut wurden, damit man bei Inbetriebnahme des Bootes im nächsten Frühjahr genau Bescheid weiß.

Was macht der Fachmann bei einer Generalüberholung?

Nur wer technisch wirklich versiert ist, sollte allein an die große Generalinspektion seines Motors herangehen – und wenn er das passende Werkzeug hat! Es ist nämlich nicht allein mit üblichen deutschen DIN-Schlüsseln getan, man benötigt z. B. für amerikanische Außenbordmotoren einen Satz Schlüssel mit zölligen Abmessungen. Auch ein Drehmomentschlüssel ist nötig. Der Kauf des teueren Gerätes lohnt sich kaum, aber man kann es sich leihen!

Wenn mal als „Lehrling“ zuerst dem Fachmann bei der Inspektion eines Außenborders über die Schulter sieht, geht das Einwintern unseres Jockels so vor sich:

● Motorhaube abnehmen und alle Schrauben und Muttern am Kraftkopf mit einem Drehmomentschlüssel nachziehen. Vorschriften des Herstellers beachten!

● Zündkerzen herausnehmen und reinigen. Elektrodenabstand prüfen, notfalls nachrichten und gegebenenfalls erneuern.

- Schwungrad abnehmen und Zündanlage (und Lichtmaschine) freilegen. Beim Zusammenbau nach der Inspektion muß ein Drehmomentschlüssel benutzt werden.
- Unterbrecherkontakte kontrollieren, nachstellen oder erneuern.
- Zündkabel auf defekte Isolation überprüfen, die auch durch Scheuerstellen oder Alterung schadhaft sein kann.
- Thermostat bei wassergekühlten Motoren ausbauen und Funktionsprüfung bei entsprechend heißem Wasser vornehmen. Die Öffnungstemperatur beträgt ca. 65° C.
- Kraftstoffpumpe abbauen, reinigen und insbesondere das Filtersieb, den Dichtungsring des Schauglases und die Membrane mit ihren Dichtungen prüfen. Schadhafte Teile erneuern.
- Vergaser abnehmen und durchblasen. Schwimmernadel prüfen und Schwimmerstand nachsehen. Für das Winterlager muß der Kraftstoff ganz entfernt werden, da Rückstände später die Düse verstopfen können. Es kostet nicht viel, die Dichtungen beim Zerlegen zu erneuern.
- Beim Elektrostarter Kollektor und Kohle überprüfen, beim Handstarter Zugseil und Rückholfeder kontrollieren.
- Nach Schmierplan alle am Motor vorhandenen Nippel abschmieren, bis frisches Fett aus den Lagerstellen quillt.
- Vergaser, Schaltgestänge und andere mechanisch bewegte Teile mit Vaseline einfetten. Kraftkopf mit Kriechöl einsprühen, damit auch die gesamte elektrische Anlage gut gegen Feuchtigkeit geschützt ist.

Die folgende Prüfung im Testbecken muß gegebenenfalls die Werkstatt vornehmen:

- Der Motor erhält einen Testpropeller, um normale Fahrverhältnisse zu simulieren. Bei laufendem Motor werden dann alle Funktionen reguliert. Insbesondere die Prüfung der Kompression erlaubt Rückschlüsse auf die Leistung des Motors und den Zustand der Kolbenringe.
- Die wichtigste Arbeit beim Einwintern ist, Zylinderlaufflächen, Kolben und Kurbelwellenlager einen einwandfreien Schutzfilm zu geben. Bei laufendem Motor wird das Konservierungsöl eingesprüht, damit es sich auch im Inneren des Motors ablagern kann.
- Besonders wichtig ist der Wechsel des Getriebeöls, das sich im Lau-

fe der Saison immer mit etwas Wasser durchsetzt hat, so daß es verseift ist. Defekte Dichtungen erneuert man hierbei. Durch die eigentliche Ablauföffnung (von unten) drückt man frisches Öl so lange nach oben, bis aus der (oberen) Einfüllöffnung nicht mehr das verbrauchte schwarze, sondern das frische Öl herausdrängt. Durch dieses Einfüllen von unten können schädliche Luftblasen nicht im Getriebe entstehen.

- Dann verschließt man beide Öffnungen wieder, und es kann sich nun während der Wintermonate kein Kondenswasser im Getriebe bilden.
- Der Propeller wird abgenommen und die Propellerwelle gesäubert und eingefettet. Nur der Fachmann kann entscheiden, ob die vielen kleinen Beschädigungen, die der Propeller im Laufe einer Saison erhalten hat, zu reparieren sind oder gar der Propeller ersetzt werden muß.
- Wenn man die Wasserpumpe überprüfen will, muß der Motorschaft abgebaut werden. Das Wasserpumpengehäuse wird dann von Schmutz und Salzrückständen befreit. Pumpenrad und Platte werden auf Schäden überprüft.
- Wenn alle Teile leicht eingefettet und wieder zusammengebaut sind, ist jegliches Kühlwasser aus dem Motor entfernt. Er kann nun auch bei Kälte gefahrlos aufbewahrt werden.
- Zur Frühjahrs-Überholung kommt der Motor noch einmal ins Testbecken, damit beim Probelauf das Konservierungsmittel entfernt werden kann. Er ist dann fahrbereit.

Abb. 219

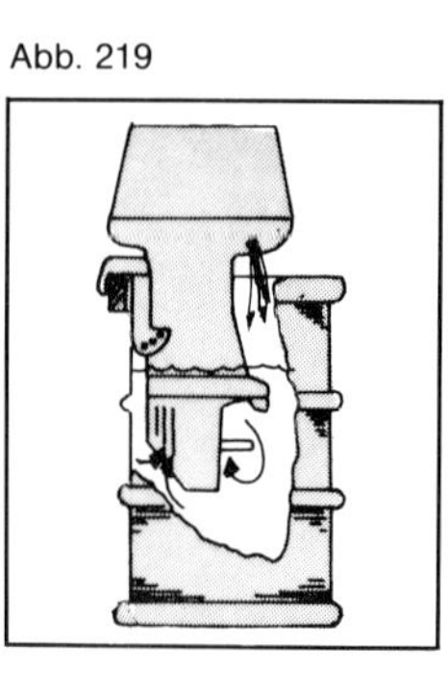

Ein solches Testbecken kann man sich mit geringem Aufwand selbst bauen (Abb. 219): Man nimmt ein altes Ölfaß, schneidet eine Bodenseite ab und füllt es mit Süßwasser. Dessen Gewicht stabilisiert es so sehr, daß auch ein mittelschwerer Außenborder das Test- und Konservierungsbecken nicht umwerfen kann. Kleine Außenborder können auch in einem leeren, aber am Boden geringfügig beschwerten Faß den ganzen Winter über stehen bleiben, wenn die Einwinterung beendet ist.

Winter

Reparatur und Heimarbeit

Wer einen Sommer lang unter Segeln oder Motor geschippert ist, hat an, auf und in anderen Booten eine Menge von Dingen gesehen, die praktisch sind und die er ebenfalls an Bord einbauen würde. Wieviel man davon verwirklicht, hängt natürlich von dem Boot, aber mehr noch von der Bastelkunst des Eigners und seiner Zeit ab. Ich kann hier nur einige Vorschläge bringen; sie zeigen nur die Richtung, in der sich schöpferische Ideen und Bastelleidenschaften ausbreiten können:

Zwei kleine Augbolzen und ein Gummistropp sind notwendig, um Festmacher oder leichtere Leinen griffbereit unter einem Backskistendeckel in der Plicht zu zurren (Abb. 220).

Zwei Löcher mit der Handbohrmaschine und einen Gummistropp, dessen Tampen Achtknoten erhalten, benötigt man für eine Flaschenhalterung in einer Ecke der Plicht. Wer sein Boot nicht beschädigen oder

Abb. 220

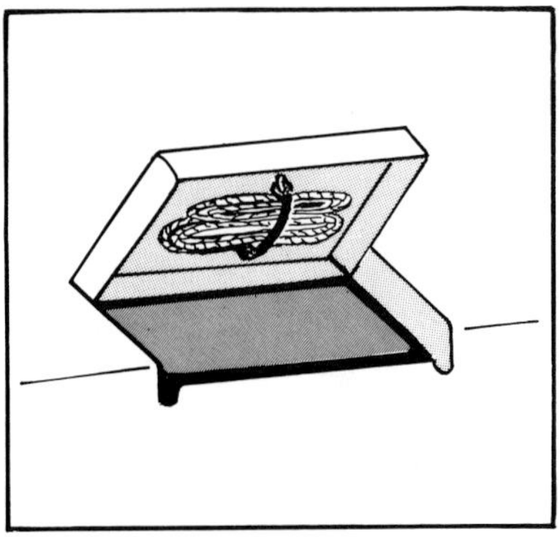

Abb. 221

eine Kajütwand durchbohren will, kann auch einen offenen Dreieckskasten bauen, (Abb. 221), der vorn durch Gummistropps verschließbar ist und dann mit seinem Bodenbrett oder nur einer Seite in der Plicht verschraubt oder verleimt wird.

Kein Ärger mit der Ankerkette

Nur wenige Boote führen noch eine Ankerkette voller Länge, aber fast alle benutzen einen Kettenvorlauf. Wer oft ankert, bringt eine dreckige Kette ins Winterlager. Das Putzen ist leicht, wenn man eine Doppelbürste baut (Abb. 222) und hierzu einfach zwei Bürsten nebeneinander nagelt. Zweimal durchgezogen, und die Kette ist sauber! Der Aufwand lohnt sich, wenn man diese Bürste im Winterlager hängen läßt und sie in jedem Herbst wieder benutzt.
Jedes Kettenglied mit dem Hammer abzuklopfen, ist kein Luxus! Bei einem schadhaften Kettenglied nützt das beste Ankermanöver mit dem sichersten Ankergeschirr nichts (Abb. 223). Rost, Verformung oder Abnutzung läßt sich nur erkennen, wenn man den Dingen auf den Grund geht.

Abb. 222

Abb. 223

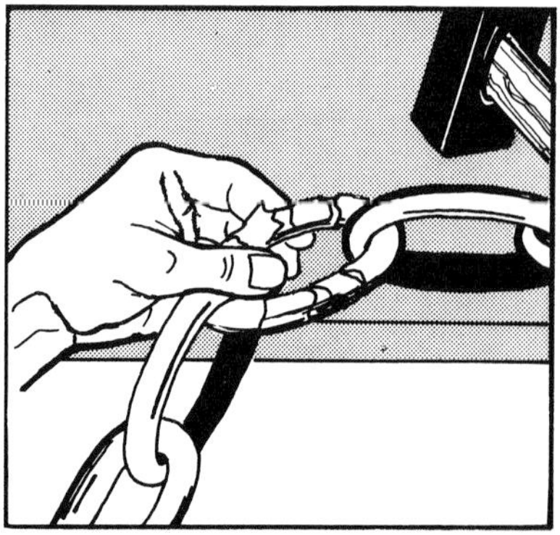

Stützkorsett für Decksblöcke

Von einer Flautennacht auf See, in der die losen Schotblöcke (ohne Zug auf den Schoten) auf Deck trommelten, hat der Schipper den Vorsatz mit ins Winterlager genommen, diesen Lärmgeistern Stützkorsetts anzulegen. Mit innen hohlen Hartgummischeiben, die vor dem Anschäkeln des Blocks auf den Augbolzen gestülpt werden (Abb. 224) ist diese Arbeit schnell getan. Jetzt kann sich der Block nur zur Seite neigen, und das Gummi federt diese Bewegung eines arbeitslosen Blockes lautlos ab.
Wer anstelle eines abgeschnittenen Stücks vom Gummischlauch seemännisch zünftiger arbeiten will, kann auch einen Zierknoten in Form einer Matte (Abb. 224 a) rund um den kratzenden Decksblock legen. Die Fläche muß nur größer sein, weil sich der Block mit seiner ganzen Länge legen kann.

Hat sich das Deck unter Klampen verzogen?

Glasfaserverstärkter Kunststoff besitzt einen hohen Elastizitäts-Modul. Starke Zugbelastung auf den Klampen kann im Laufe einer Saison das

Abb. 224

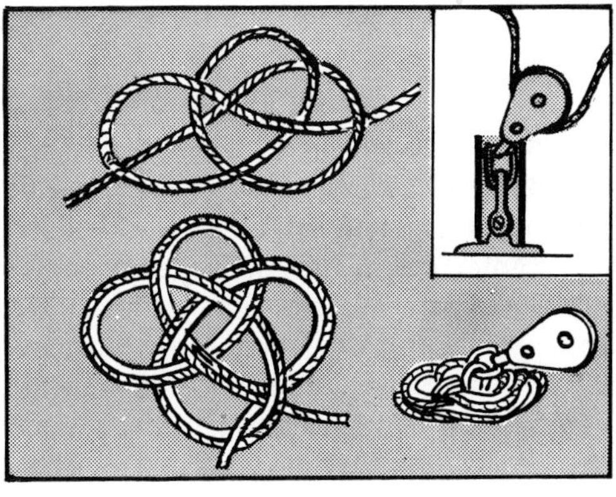

Abb. 224 a

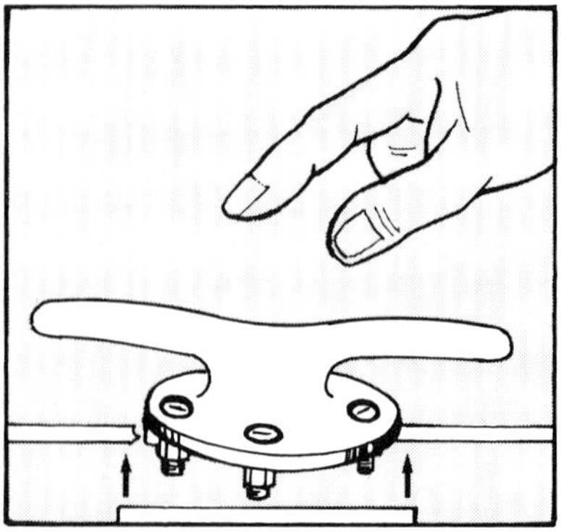

Abb. 225

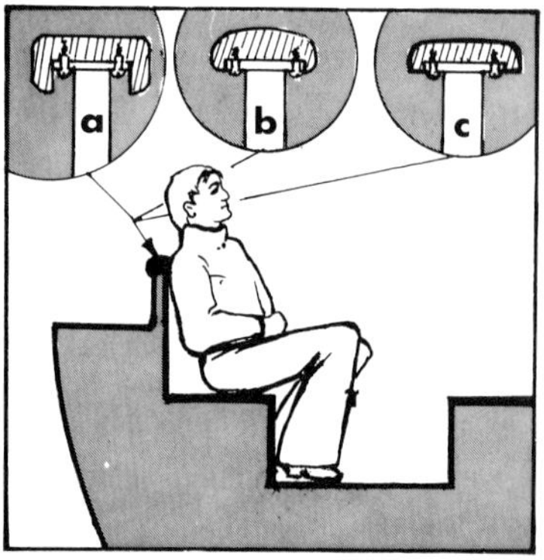

Abb. 226

Deck verformen (Abb. 225). Auch können die Haltebolzen ausreißen, wenn sie nicht ausreichend verankert sind. Ihnen gilt das besondere Augenmerk des Schippers bei seiner Inspektion, und natürlich auch allen anderen Haltepunkten wie Augbolzen, Pollern, Winschen, Verankerungen, Leuwagen und Schotschienen. Wie man ihre schadhafte Verankerung repariert, ist in meinem Buch „Bootsreparatur – selbst gemacht – Kunsstoffboote" im einzelnen beschrieben.

Wo der Gelcoat abgerieben ist

Es gibt Scheuerstellen, an denen die feine, aber so wichtige Oberschicht des Kunststoffs abgescheuert ist: Die oberen Kanten des Plichtsülls, gegen das man von innen den Rücken lehnte oder über das von außen die Schoten liefen, die Trittflächen neben der Plicht an Deck und andere Arbeitsplätze. Meistens ein nutzloses Unterfangen, eine neue Feinschicht aufzutragen oder mit Anstrichmitteln diese Scheuerstellen für die nächste Saison zu sichern. Man macht am besten aus der Not eine Tugend und legt Holzteile auf diese immer wiederkehrenden wunden Punkte:

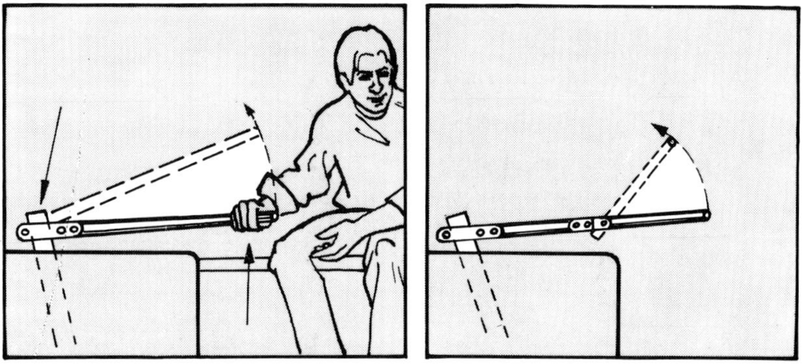

Abb. 227

Das als Profil laminierte Cockpittsüll erhält einen breiten Holzdeckel, der seitlich übersteht (Abb. 226). Man kann ihm jede gewünschte Form geben, flach (A), hochgewölbt (B) oder flachgewölbt (C) und die Holzabdeckung entweder von oben oder von unten aufschrauben. Damit diese innen überstehende Kante nicht beim Sitzen stört, versieht man sie mit Ösen, an denen sich schmale Längspolster aus Schaumstoff befestigen lassen, die die Plicht bequemer und gemütlicher machen (und sogar auch vielfach als Rückenpolster auf den Kajütsitzen dienen).

So verliert die Pinne ihren Spielraum

Unerwünschten Spielraum zwischen Pinne und Ruderkopf kann man natürlich durch festere Beschläge und kräftiges Anziehen der Schrauben und Bolzen beseitigen. Aber jeder Schipper kennt seine Eigenarten und weiß daher, wo die eigentlichen Ursachen für dieses übertriebene Spiel liegen: Die Pinne ist bei Arbeiten in der Plicht im Wege, und sie wird dann in andere Richtungen bewegt, als es zum Steuern üblich ist. Hier beseitige man das Übel an der Wurzel: Wenn die Pinne oft gehoben werden muß, baue man ein Scharnier ein (Abb. 227), damit nur der Handgriff hochklappen kann, der übrige Teil der Pinne aber immer in

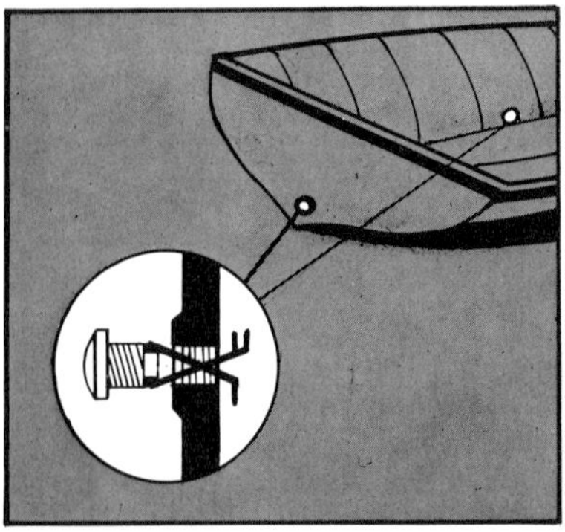

Abb. 228

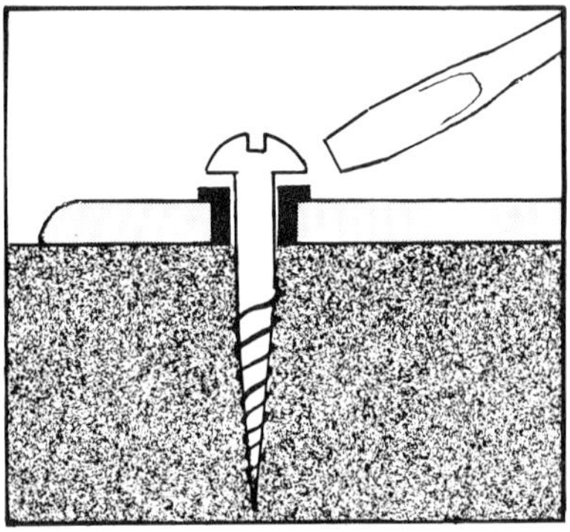

Abb. 229

der gleichen waagerechten Ebene bleibt. Hat die Pinne in der Waagerechten zu viel Lose, erhält sie einen seitlich schwenkbaren Ausleger, der sich durch ein Gelenk ganz nach achtern klappen läßt, aber den man auch wie die Pinnenverlängerung einer Jolle auf Amwindkursen benutzen kann, wenn der Rudergänger (auch bei einem Kielboot) nicht auf seinem Plichtsitz, sondern auf dem Luvdeck sitzt.

Sicherung der Lenzschrauben

Die Entlüftungsöffnungen der Auftriebstanks einer Jolle und andere abgeschlossene Räume auf Kajütbooten, die als Auftriebsbehälter dienen, besitzen Entlüftungsventile. Auf Jollen müssen sie z. B. vor dem Segeln durch Schrauben verschlossen werden, damit das eindringende Wasser bei einem gekenterten Boot die Sicherheitsbehälter nicht in Tauchtanks verwandelt – und nach dem Festmachen oder Anlanden des Bootes öffnet man sie wieder. Die Lenzschraube ist meistens durch ein Bändsel gesichert, damit man sie nicht verliert – aber das Bändsel wiederum benötigt eine Halterung, die in einer engen Plicht stören kann. Man kann stattdessen auch einen Drahtbügel benutzen (Abb. 228), der unten und innen an der Ablaßschraube befestigt ist und scherenförmig mit seitlich umgebogenen Sicherungen in das Innere der Auftriebtanks faßt. Wenn beide Bügel eine um wenige Millimeter differierende Länge haben, kann man sie gegebenenfalls leicht durch Zusammendrücken mit einem Schraubenzieher ganz herausziehen, wenn man es wünscht.

Das Problem der elektrolytischen Korrosion

Die allgemeine Thematik dieses Buches verbot es, auf ein wichtiges Problem der Bootspflege, die elektrolytische Korrosion, ausführlicher einzugehen. Anzeichen für einen elektrolytischen Verfall sind die weißen pulvrigen Ablagerungen, die sich z. B. an Bolzen- und Schraubenköpfen, an Muttern von Beschlagshalterungen und ähnlichen Verbindungen verschiedener Metalle zeigen. Theoretisch sollten überall Baumaterial und Verbindungsmaterial aus dem gleichen bzw. verträglichen Materialen bestehen. Praktisch ist dieses doch hin und wieder nicht verwirklicht: Rostfreier Stahl ist teuer und hart; verzinkte Schrauben und Bolzen werden schon als ausreichende Sicherheit gegen Rosten von billigen Herstellern bevorzugt. Bronze ist zwar gut für Beschläge, aber ebenfalls nicht billig. Messingschrauben sind gut, aber für Beschläge sind sie zu weich. Ein guter Kompromiß läßt sich erreichen (wenn man nicht den Beschlag oder die Befestigung wechseln will oder kann), wenn man z. B. Messingschrauben mit Plastikbuchsen einsetzt (Abb. 229). Es kann dann keine Korrosion mit dem anderen Metall mehr eintreten, und die Schrauben lassen sich auch leicht wieder herausdrehen.

Bordwand-Durchbrüche – nicht vergessen!

Unsere Bootsrümpfe sind heute dicht. Wenn Leckstellen auftreten, können sie an wenigen Stellen gesucht werden. Die Bordwand-Durchbrechungen für die Abwässer aus Waschraum und Kombüse und die Zuflüsse für den Bootsmotor sind die häufigsten Leckstellen. Diese Beschläge in der Außenhaut sollten aber auch dann in ihre Teile zerlegt,

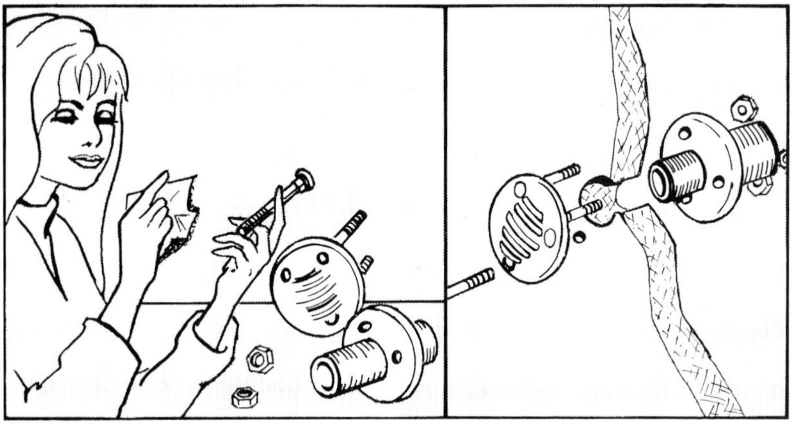

Abb. 230

inspiziert und gewartet werden, wenn sie noch nicht Wasser machen – im kommenden Frühjahr und bei schwimmendem Boot lassen sie sich kaum reparieren.

Man löst die Befestigungsschrauben (Abb. 230), reinigt die Oberflächen innen und außen mit Schleifpapier und schützt sie durch einen neuen Farbanstrich. Dann legt man eine Vergußmasse (die man auch für andere Dehnungsfugen an Bord benutzen kann) auf, nachdem die Oberfläche trocken, fettfrei und sauber gemacht wurde, und schraubt die inneren und äußeren Teile wieder zusammen.

Auch das Innenleben einer Winde geht uns an

Das ist eine Arbeit für daheim: Die Schot- und Fallwinden zu öffnen und zu warten. Am besten informiert man sich beim Kauf einer Winde, wie ihr Innenleben aussieht und wie man sie öffnen kann. Dann hebt man Trommel und Handhebel von der Grundplatte, reinigt die Greifer des Zahnkranzes mit ihren winzigen Federn und ölt sie mit leichtem Maschinenöl ein. Die Welle fettet man leicht ein, setzt dann alles sauber zusammen und gibt der Trommel und der Grundplatte auch außen einen dünnen Fettüberzug.

Bootsreparatur von Einzelteilen – selbst gemacht

Zu den Winterarbeiten gehört auch, bauliche Verbesserungen vorzunehmen, mit denen Ausrüstungsteile besser geschützt, der Windwiderstand der Takelage vermindert, ungenutzter Raum an Bord sinnvoll verwendet und die Sicherheit erhöht werden können. Der Yachtbau entwickelt sich ständig weiter, und je mehr bastelfreudige Eigner schöpferisch nachdenken, desto sinnvollere Konstruktionen kann man beobachten. Wo? Natürlich im eigenen Bootshafen oder in fremden Häfen, die man besucht, wenn man mit kritischem und interessiertem Blick für Boote über die Stege und Schlengel schlendert. Und natürlich auch in den Fachzeitschriften, die gelegentlich Tips aus der Praxis des Bootsbaus abdrucken.

Wer sich an schwierige Arbeiten wagt oder gern selbst Hand anlegt, sollte von Anfang an für eine richtige Werkstatt-Atmosphäre an Bord und für eine gute Arbeitsorganisation sorgen. Er leiste sich also zuerst eine Leine über seinem Boot (wenn es im Winterlager liegt), an der eine Kabellampe und ein Doppelstecker mit ihren Zuleitungen verschiebbar hängen (Abb. 231). Auch Kabeltrommeln leisten gute Dienste, mit mehreren Steckern, aus denen man an Bord den Saft für Licht und Kraft zapfen kann, wenn das Boot im Freien und fernab von elektrischen Anlagen betreut wird.

Auch die handwerklichen Arbeiten sollte man kennen; man lernt sie durch Zusehen oder auch durch seine Fibel, die man beim Kauf einer Heimwerkerausrüstung meistens kostenlos erhält. Die Freude an der Arbeit beginnt z. B. mit dem richtigen Sägen (Abb. 232): Die Linke hält das Brett über einem Holzbock oder einer anderen Unterlage, die Rechte führt die Säge im Winkel von ca. 45°. Der Druck ist lotrecht gerichtet. Auch muß man sich behelfen können, wenn man mit Maschinen arbei-

Abb. 231

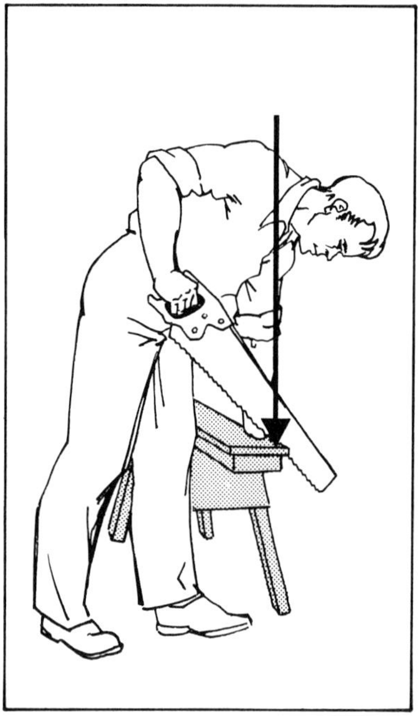

Abb. 232

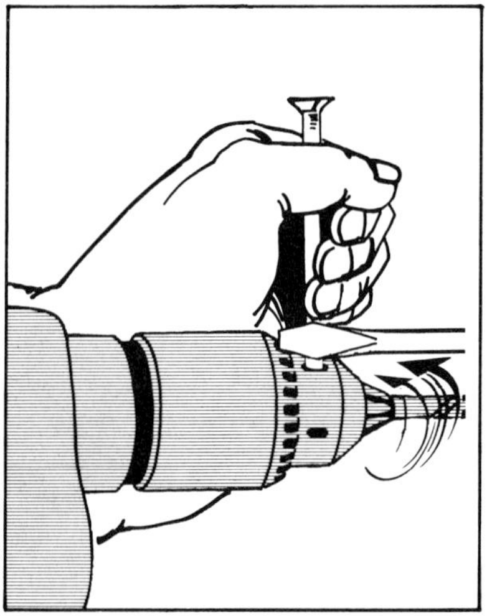

Abb. 233

tet und alles nicht nach Wunsch geht, weil man ein Betriebsteil verlegt hat: Ein verflixtes Gefühl z. B., wenn der Schlüssel für die Bohrmaschine verlorengegangen ist und man beim besten Willen nicht mehr weiß, wo man ihn noch suchen soll: Man steckt einfach einen dicken Nagel in das Schlüsselloch (Abb. 233) und drückt ihn gegen einen Schraubenzieher, der gleichzeitig waagerecht zwischen ein Zahnpaar faßt. Die Bohrmaschine angestellt – und der eingespannte Bohrer ist befreit. Aber wenden wir uns einigen Beispielen der Verbesserung von Einzelteilen zu:

Wenn der Mast das Deck durchdrückt

Auf vielen Booten steht der Mast frei an Deck. Auf eine Maststütze zwischen Deck und Kiel verzichtet man, weil der Kajütraum kostbar ist. Unterzüge (Versteifungen) des Decks in Höhe des Mastes, oft in Verbindung mit einem Querschott, sollen den Druck des Mastes auffangen. Diese Kräfte, die der Mast nach unten ausübt und die verstärkt werden, je kräftiger man die Wanten spannt, ist oft größer als die Gegenkraft, die die Konstruktion des Unterbaus aushalten kann. Die Folge: Das Deck wird in Höhe des Mastes nach unten gedrückt. Zwei Probleme bewegen den Eigner dann im Winterlager: Wie hebe ich das Deck wieder an, und wie sichere ich es für den nächsten Sommer, damit sich der Schaden nicht wiederholt.
Bei der Lösung kann man zwei Fliegen mit einer Klappe schlagen: Man beschafft ein Stützrohr in einer Länge von ca. 90% des Abstandes zwischen Bodenbrett und Decksbalken (Abb. 234), füllt den Zwischenraum zwischen Kiel und Bodenbrett durch eine feste Unterlage (Holzklotz oder ähnliches, B) aus und befestigt unter dem Mast einen Beschlag, in den das Stützrohr hineinpaßt (C). Der Gegenbeschlag auf den Bodenplatten (D) wird mit etwas größerem Durchmesser gewählt, damit der Kopf einer langen Maschinenschraube (E) in ihn eingelegt werden kann. Eine Verstellmutter verlängert man seitlich durch kleine aufgeschweißte Rundeisenstücke (F), damit man sie von Hand leicht drehen kann, und schraubt sie auf die Maschinenschraube. Die aufgesetzte Rohrstütze (ein dünnwandiges Rohr müßte durch eine aufgeschweißte Scheibe ein größeres Widerlager erhalten, G) wird nun auf die Maschinenschraube gesetzt und durch Drehung der Verstellmutter wie eine Spindel hochgekurbelt. So kann man das (geringfügig) verformte Deck wieder anheben und entweder diese Rohrstütze nach Beendigung der Arbeit abbauen oder sie im nächsten Jahre ständig fahren, zumindest, wenn man unterwegs ist. Im Hafen (und bei unbelastetem Rigg) läßt sie sich mit wenigen Drehungen der Verstellmutter schnell abbauen, und man gewinnt den gleichen Kajütraum, den man vorher hatte.

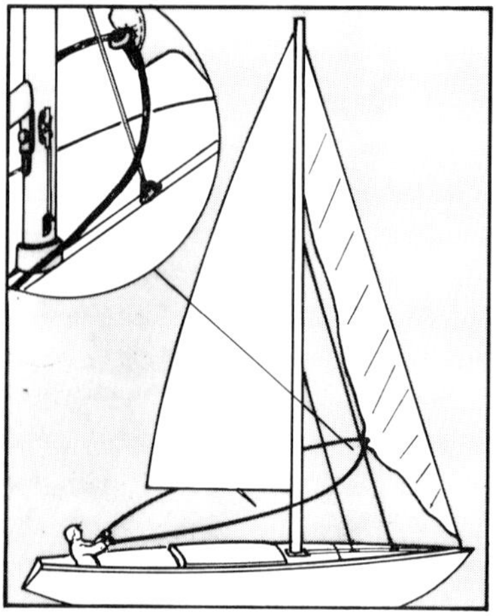

Abb. 235

Abb. 236

◄ Abb. 234

Abb. 237

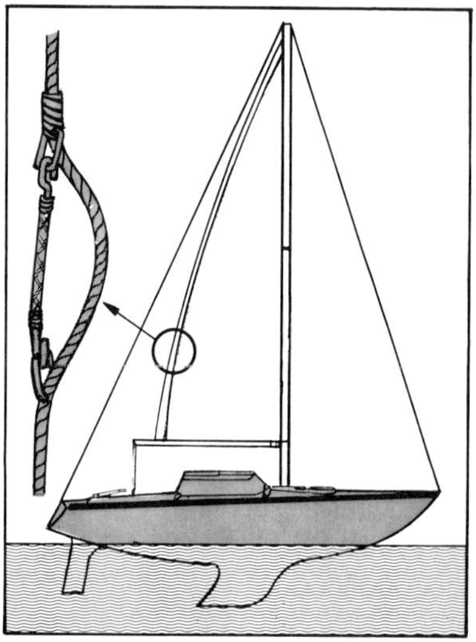

Vorbeugen ist besser als nähen

Große Vorsegel verhaken sich mit ihren Schoten am Mast, wenn sie übergehen. Klampen, Winden, Drahtfallen und Schienen sind die Hindernisse, an denen sie vorbeiflattern müssen und sich festhalten wollen. Bestes Gegenmittel: ein Mini- oder Baby-Vorstag, das von der unteren Saling oder einem zusätzlichen Mastbeschlag in Kopfhöhe bis zum Vordeck führt. Problem bei der Verwirklichung: Wo läßt sich dieses zusätzliche und nicht vorgesehene Vorstag am Mast befestigen. Lösung: Eine rostfreie Kette (die wir auch am Hals des Vorsegels benutzen) wird zwischen die Beschläge der Unterwanten an der Saling geschäkelt und das Minivorstag hier befestigt (Abb. 235, 236). Man kann es abnehmen, wenn es nicht gefällt; die Decksbefestigung ist nicht problematisch.

Pflege den Baum mit deiner Dirk

Die Dirk, früher eine seemännische Selbstverständlichkeit, wird auf neuen Von-der-Stange-Booten oft vergessen. Auch eine Baumstütze – früher sogar als „Galgen" über die ganze Cockpitbreite benutzt – ist neuen Eignern meistens unbekannt. Die Folge: der Baum fällt in die Plicht, wenn man das Segel fiert, und er stößt hierbei auf die Kanten des Schotbalkens, des Brückendecks oder der achteren Kajütwand – für ihn gefährliche Querverbände, die (zuerst meist unsichtbare) Beschädigungen des Hohlprofils verursachen.
Eine Dirk muß wenig tragen – die Bäume sind leicht. Und sie kann aus dünnem Material gewählt sein, das wenig Windwiderstand verursacht – Kunststofftauwerk hat eine hohe Reißfestigkeit. Bei Jollen (mit kleinen Segeln und leichten Bäumen) genügt eine am Masttopp befestigte Dirk, die an der Baumnock in ihrer Länge durch ein einfaches, zweimal durchbohrtes Holzblättchen beliebig verstellt wird. Bei einem Kreuzer (mit größerem Segel und schwererem Baum) sorgt eine Umlenkrolle am Masttopp dafür, daß man die Dirk auch heißen oder fieren kann, wenn man will. Lascht man noch zwei kleine Augen (Abb. 237) in die Dirk und hängt dazwischen einen kurzen Gummistropp ein, verhütet

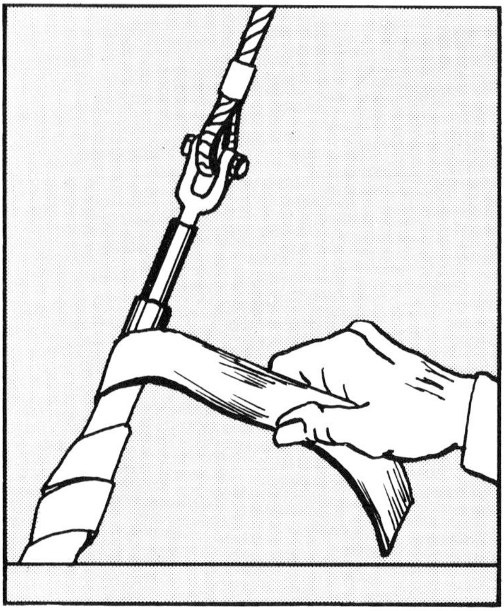

Abb. 239

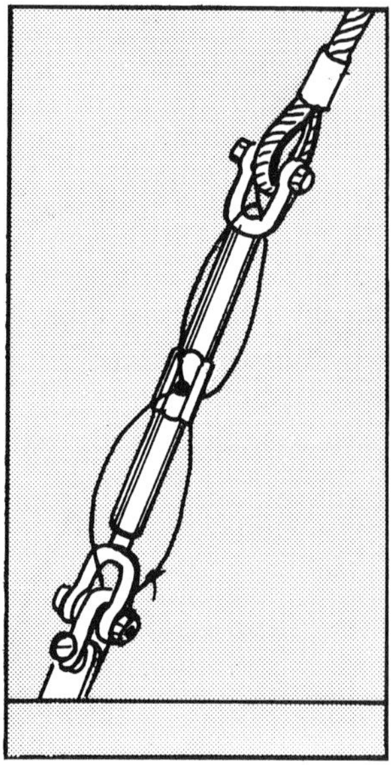

Abb. 238

Abb. 240

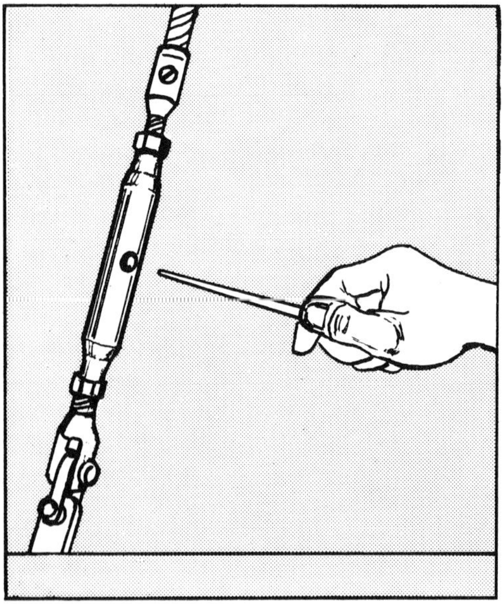

Abb. 243

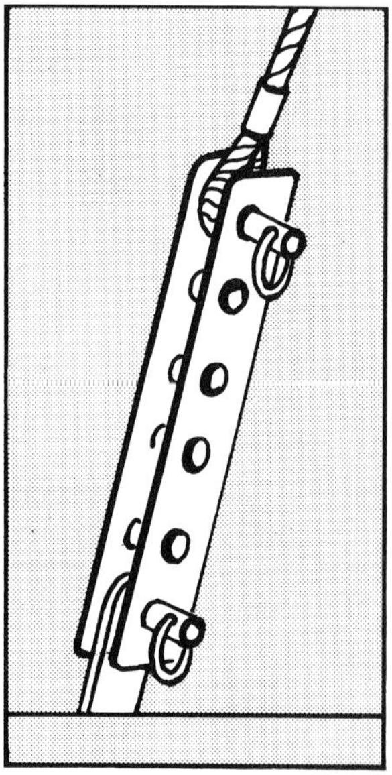

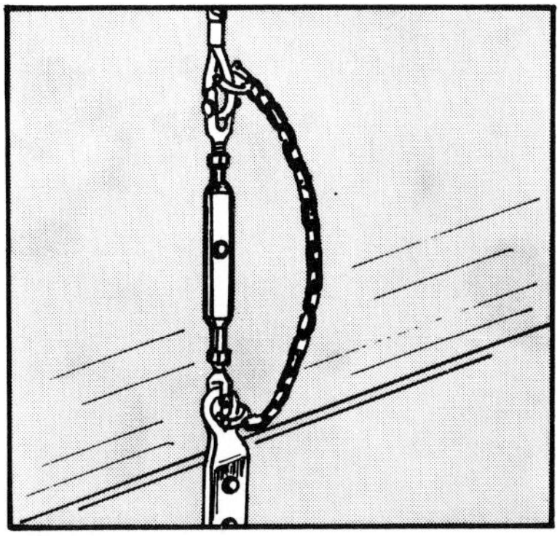

Abb. 241

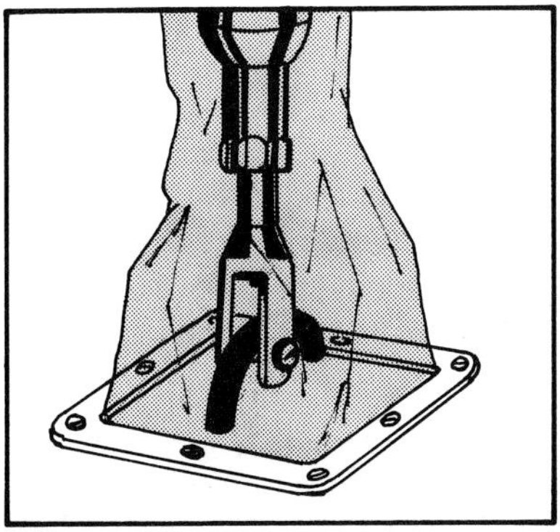

Abb. 242

man das Schamfilen der Dirk, ohne den Stand des Segels auf allen Kursen negativ zu beeinflussen.

Auch Wantensicherung ist Bootspflege

Wantenspanner sind – glücklicherweise – rar geworden. Sie müssen gesichert werden, damit sie sich nicht aufdrehen. Diese Drahtsicherung (Abb. 238) kann ein Segel oder eine Hose zerreißen. Überklebt man die gesicherte Spannschraube (Abb. 239), kann man die Verbindung zwischen Want und Deck nicht mehr im Auge behalten. Wantenspanner mit Stockschrauben auf dem Gewinde sind besser; aber manche Boote sind mit diesen teuren Verbindungen noch nicht ausgerüstet (Abb. 240). Da hilft nur, die Spannschrauben durch einen Verbindungstropp oder eine Nirosta-Kette zu sichern (Abb. 241). Wenn sie sich jetzt aufdreht, ist das Want immer noch sicher mit den Püttingen verbunden. Die fleischfressenden Drähte entfallen. Dazu kann man die Spannschraube mit ihrer Sicherung auch in eine durchsichtige Folie stecken, damit man bei allem Schutz noch ständig vor Augen hat, was innerhalb der Plastiktüte vor sich geht (Abb. 242): Die Folie wird auf Deck gelegt und der Beschlag mit Gummischeibe aufgeschraubt. Am oberen Ende wird die Plastiktüte wasserdicht gehalten.

Auf Jollen haben wir es leichter: Die neuen Beschläge verzichten auf einen Wantenspanner (Abb. 243). Man legt den Bolzen durch eines der Löcher und sichert ihn mit einem Ringsplint. Günstiger ist es, wenn die gesamte Apparatur unter Deck liegt. Jetzt entfällt auch das schwierige Fummeln, weil das Want eine längere Führung in dem Beschlag hat und die Vielfalt der Trimm-Möglichkeiten durch Ausnehmungen nicht nur im festen Beschlag, sondern auch in dem gleitenden Verbindungsteil des Wantes größer ist.

Auch Taklerarbeiten lassen sich selbst machen

Wenn man gebrochene Kardeele, beschädigte Spleiße und andere Stellen in Faser- oder Drahttauwerk des stehenden und laufenden Gutes erkannt hat, muß man nicht unbedingt selbst zum Marlspieker greifen, um neu zu spleißen. Besonders Drahtspleiße sind kein Vergnügen – aber die Industrie hat neue Möglichkeiten entwickelt, Kauschen zu befestigen, ohne spleißen zu müssen. Der Trick bei vielen ist nur: Es sind spezielle Geräte dazu erforderlich, die nur der Fachmann besitzt – und auf ihn muß man warten. Kommt er endlich, ist die Arbeit in wenigen Minuten getan; aber die Kosten durch Anfahrt, Wegegeld usw. doch sehr hoch. Warum sollte man diese Arbeit nicht auch allein machen? Mit einer speziellen Druckzange, Fabrikat Nicopress (Abb. 244) können aufgesetzte Hülsen zusammengedrückt werden. So entstehen Augen in Drahttauwerk beliebiger Länge mit und ohne eingelassene Kausch; die Zange selbst erlaubt die Bearbeitung von vier Hülsen unterschiedlichen Durchmessers, die für den weiten Bereich des an Bord benutzten Tauwerks ausreichen. Um die teuren Anschaffungen der Zange für einen Eigner allein zu vermeiden, legt man am besten zusammen und benutzt sie am Liegeplatz, im Klub oder unter Freunden gemeinsam – dann macht sie sich immer bezahlt.
Ohne teures Werkzeug kann man die Enden nach dem Marlow-Prinzip befestigen (Abb. 245): Auch hier wird eine (längere) Hülse auf den Tampen gesetzt. Dann dreht man die einzelnen Drähte der Kardeele auf, bis ein kleiner Trichter entsteht. In ihn hinein drückt man einen

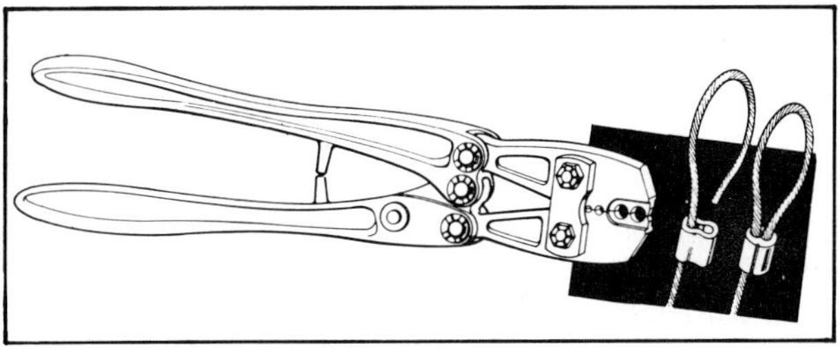

Abb. 244

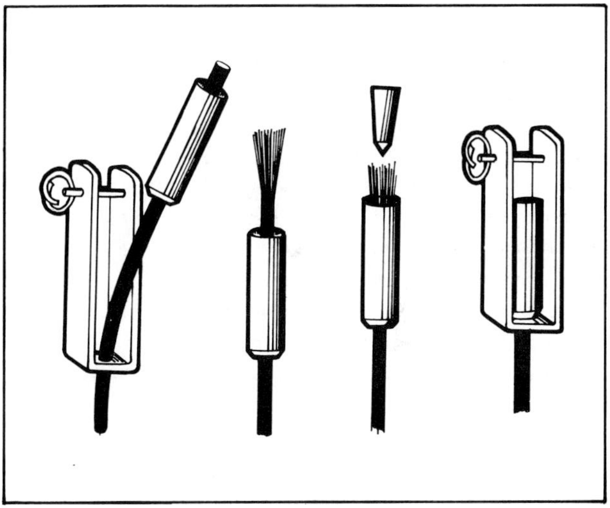

Abb. 245

zylindrischen Kern, der die vielen Drähte auf ungefähr halber Hülsenlänge rund um und an die Innenwandung preßt und festhält. Der Keil wird ganz versenkt und ist anschließend nicht mehr zu sehen – aber der Stopper mit seinem Endstück ist relativ klobig, so daß er wohl für Wantenhalterungen am Bootsrumpf, für Relingstützen und andere Teile an Bord zu verwenden ist, die keinen Windwiderstand verursachen können, nicht aber am übrigen stehenden oder laufenden Gut der Takelage.

Netze als Stauraum

Auf meinem Boot haben sich am Fußende über den Kojen aufgespannte grobmaschine Haltenetze bewährt, in denen man nicht nur Wäschestücke aufbewahren kann. Auch Kojenzeug und Kopfkissen lassen sich hier in der Zugluft geöffneter Bulleyes, Lüfter und Luken zum Durchlüften unterbringen (Abb. 246). Gegebenenfalls läßt sich auch ein 1 bis 1,5 m langes Netz zu diesem Zweck wie eine Hängematte am Tage über der Koje aufspannen. Auf längeren Atlantiktörns fanden in diesem Hängenetz nicht nur Frischbrot und Früchte, die nicht schimmeln sollten, ihre Aufnahme, sondern auch Fernglas und Fotoapparate, die hier schlingersicher gehaltert waren.

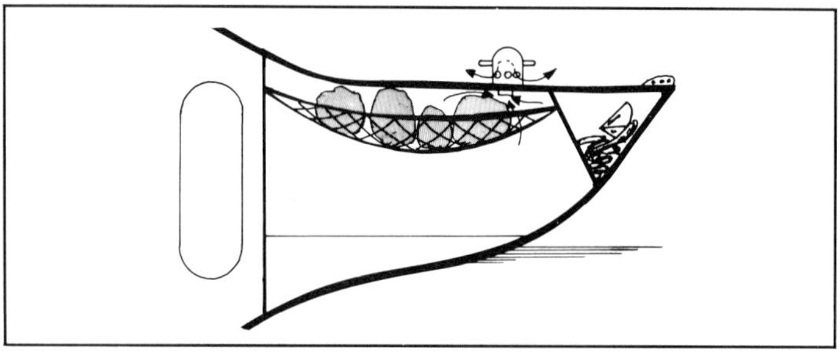

Abb. 246

Blasenpest (Osmosis) bei GFK-Booten

Ursachen und Reparaturmöglichkeiten

Auf vielen Kunststoffbooten entstehen nach mehrjähriger Benutzung am Unterwasserschiff eine Reihe von Blasen, die bei erster, flüchtiger Prüfung offenbar nur die Farbschicht nach außen gedrückt haben. Öffnet man einzelne Blasen mit einer Messerspitze, so tritt eine braune oder grüngraue, faulig riechende Flüssigkeit aus. Läßt man sie auf Lackmuspapier tropfen, dann stellt man fest, daß sie einen niedrigen ph-Wert hat und sauer reagiert. Eines solchen chemischen Beweises für die GFK-Blasenpest bedarf es aber im allgemeinen nicht. Denn nahezu alle Serienboote aus glasfaserverstärktem Kunststoff werden spätestens nach 8 bis 10 Jahren, einige bereits nach 2 Jahren Segelzeit hiervon befallen, und die Diagnose ist eindeutig:
Ursache der Blasenbildung ist die Osmose, der Durchtritt von Flüssigkeitsmolekülen durch halbdurchlässige (semipermeable) Wände in Richtung der stärker konzentrierten Lösung eines Stoffes. Die Wand, die in unserem Falle aus einer Gelcoat-Feinschicht und aus hartgewordenen Faser-Harz-Laminaten besteht (sie kann auch aus den Zellwänden lebender Organismen, Pergament oder gebranntem Ton sein) ist dabei nur für die Moleküle des Lösungsmittels (in unserem Falle: Wasser), nicht aber für die des gelösten Stoffes (mit winzigsten Harzkristallen) durchlässig.
Tatsächlich entstehen die Blasen auch nicht in der Farbschicht, sondern in bzw. unter der äußeren, den gesamten Bootsrumpf versiegelnden Gelcoat-Feinschicht. Sie sind Ausdruck einer interlaminaren osmotischen Quellung, bei der (See)Wasser die Gelcoatschicht des Unterwasserschiffes molekular durchdringt und sich mit wasserlöslichen Kristallen in dem darunterliegenden, äußeren Laminat verbindet. So werden

durch winzigste Haarrisse hindurch im Laufe der Zeit immer mehr Wassermoleküle aufgrund des Konzentrationsgefälles beider Flüssigkeiten nach innen gezogen, um die Konzentration zwischen Innen und Außen auszugleichen. Bei dieser zunehmenden Volumenvergrößerung in einem relativ kleinen Bereich entsteht ein Druck bis zu 5,5 bar, der die äußere Laminatschicht mit dem Farbüberzug von innen hochdrückt und zu einer sichtbaren Blase am Unterwasserschiff führt.

Ursachen der Blasenpest

Eine solche Blasenbildung ist immer ein Zeichen von Verarbeitungsfehlern während des Baus, qualitativ schlechter Materialien oder nicht optimaler Anwendungstechnik. Im einzelnen kann sie folgende Ursachen haben:

- Die Gelcoat-Feinschicht wurde schlecht verarbeitet. Es wurde beim Laminieren Luft in die Feinschicht oder unter sie eingerollt. Es wurden zu dünne Gelcoat-Schichten aufgetragen oder diese sind nur mangelhaft vernetzt. Bei der Bootspflege hat der Eigner im Laufe der Jahre die Feinschicht teilweise abgeschliffen und sie ausgedünnt bzw. beschädigt.
- Die für die Feinschicht benutzten Harze waren nicht ausreichend gegen Hydrolyse beständig, d. h. sie hielten die zeitweilige oder dauernde Wasserbelastung im Unterwasserbereich nicht (mehr) aus. Erfahrungsgemäß tritt Osmose auf Polyesterbooten in kaltem oder salzhaltigem Seewasser weniger auf als in warmem See- und Brackwasser oder in Süßwasser.
- Für das erste Laminat unter der Gelcoat-Feinschicht wurden Glasmatten benutzt, deren Oberflächen nicht ausreichend für die hierbei besonders gute Harzanhaftung vorbereitet waren oder die einen zu hohen Bindeanteil hatten.
- Es wurden Glasmatten mit falschen Emulsionsbindern verwendet.
- Das Styrol im Polyesterharz wurde nach der Herstellung der Laminate ungenügend ausgelüftet.
- Die Blasenpest ist entstanden, weil die Eigner ihre GFK-Boote ohne Schutz durch richtige Grundierungen und Antifouling-Anstriche in das

Wasser gebracht haben, um Zeit und Geld zu sparen, oder weil sie falschen Empfehlungen der Bootshersteller folgten.

- Auch die Verwendung von ätzenden Grundierungen (Wash Primer), die zur Vorbehandlung von Aluminium und Stahl, aber nicht von GFK-Booten hergestellt werden, können zur Schädigung der Feinschicht geführt haben.

Auf alle diese Fehler (außer des Abschleifens bei der eigenen Bootspflege) hat der Bootseigner leider keinen Einfluß. Er muß jedoch nach Auftreten der Blasenpest eine umgehende Beseitigung vornehmen, damit sich die osmotische Quellung an den bekannten Stellen nicht verstärken und nicht noch an weiteren Stellen auftreten kann. Sie wird sonst schnell zu einer zunehmenden Auflösung der äußeren Laminate und damit zur Zerstörung der wichtigsten Teile des Bootsrumpfes führen.

Reparaturmöglichkeiten der Blasenpest

Die notwendigen Reparaturarbeiten hängen von Art und Umfang der Blasenbildung ab. Vorher prüfe man also:

- Wo treten die Blasen auf? Kommen sie einzeln oder flächenverbreitet vor?
- Handelt es sich nur um kleine Blasen von 0,5 mm Durchmesser, oder haben sie bereits die Größe von 15 mm erreicht?
- Liegt die eingetretene Zerstörung nur oberflächig im Bereich der Gelcoatschicht, oder hat sie sich bereits bis zu anderen tieferen Laminaten durchgesetzt?

Zur Schadensbeseitigung gibt es drei empfehlenswerte Möglichkeiten:
Bei einzelnen, kleinen bis mittelgroßen Blasen und ohne feststellbare tiefgreifende Zerstörung des Laminats öffnet man jede einzelne Beule mit einer Messerspitze und kratzt die umgebende Farbschicht vorsichtig ab. Anschließend wird die Schadstelle mit einem Dreikantschaber ausgeschält. Die entstandene Öffnung spült man mit Süßwasser gründlich aus.

So macht man einen Trockentest

Die Weiterbearbeitung darf erst nach vollständiger Trocknung erfolgen. Für ausreichende Trocknung gibt es folgende Prüfmethode: Man legt

mehrere, bei Einzelöffnungen 10×10 cm, bei großflächiger Beschädigung 30×30 cm große Stücke glasklarer Plastikfolie auf den bearbeiteten Bereich und klebt sie an allen vier Kanten sorgfältig mit Tesafilm fest. Nach zwei Tagen überprüft man, ob die Innenseite der Folie noch trocken ist. Hat sich hier Feuchtigkeit gebildet, befindet sich noch Wasser im Laminat, und die Trocknung muß fortgesetzt werden.
Bei kleinen Schadflächen kann man das Austrocknen mit Hilfe eines Föns oder ähnlicher kleiner Heißluftgeräte beschleunigen. Bei größeren Schadflächen ist eine mehrmonatige Lufttrocknung notwendig, wenn nicht ebenfalls Heißluftgeräte mit etwa 60° C das Laminat erwärmen können und der Vorgang der Austrocknung gleichzeitig mit guter Belüftung verbunden werden kann.
Hat die Schadstelle den Trockentest bestanden, wird sie mit einer um 50% verdünnten Grundierung ausgetupft, mit einem Zwei-Komponenten-Epoxid-Spachtel verschlossen und nach dem Aushärten übergeschliffen, ehe mit dem weiteren Anstrich-Aufbau begonnen werden kann.

Bei einer Teilerkrankung des Unterwasserschiffes

Sind nur Teile des Unterwasserschiffes oder des Wasserpasses und auch diese nur von mittelgroßen Blasen bedeckt, ist das Laminat jedoch noch nicht oder nur geringfügig beschädigt, gibt es folgende Reparaturmöglichkeit:
Man öffnet die vorhandenen Blasen sorgfältig und schleift gleichzeitig die übrige Gelcoatschicht matt an. Dies geschieht mit der Hand, mit dem Rutscher oder (vorsichtig) mit der Schleifscheibe. Nach gründlichem Abwaschen der Oberfläche und Auswaschen der Löcher mit einer Hochdruckspritze und Süßwasser muß der Bootsrumpf unter günstigen atmosphärischen Voraussetzungen mindestens zwei Monate lang zur vollen Austrocknung gelagert werden. Der Einsatz eines Heißluftgebläses kann die Trockenzeit vermindern. Nur durch sorgfältiges Austrocknen ist sichergestellt, daß noch vorhandene Feuchtigkeitsreste im Laminat völlig verdunsten.
Der Trocknungsgrad wird nach der oben genannten Prüfmethode kontrolliert. Ist völlige Trockenheit erreicht, schleift man die gesamte Fläche

noch einmal über und entfernt den Schleifstaub. Dann folgt ein verdünnter Anstrich mit einer Zwei-Komponenten-Grundierung (50%), der mit dem Pinsel aufgebracht wird. Er soll bewirken, daß alle aufgeschliffenen Blasen gefüllt und eventuell vorhandene Hohlräume ausgeglichen werden.
Eine zweite, ebenfalls mit 50% Verdünnung angerührte Grundierung folgt nach Trocknung des Erstanstrichs etwa 3 Stunden später. Wenn dieser Anstrich angetrocknet, jedoch noch leicht klebrig ist, spachtelt man die Oberfläche mit einem Zwei-Komponenten-Epoxid-Spachtel. Diese Schicht wird nach Trocknung geschliffen, ehe mindestens 3 bis 6 Anstriche einer Grundierung mit einer Mindestschichtdicke von 300 Micron (Ergiebigkeit: 750 ml/2 m^2) folgen. Nach einer Intervallzeit von ca. 5 Stunden können dann die entsprechenden Anstriche mit Antifouling aufgebracht werden.

Wenn das Laminat bereits beschädigt ist und sich viele kleine und große Blasen über das ganze Unterwasserschiff ausbreiten

Jetzt muß die alte Gelcoat-Feinschicht vollkommen entfernt werden. Da eine Handarbeit mit Schleifpapier zu lange dauert, kommt nur maschinelles Abschleifen in Frage. Besser ist, die Gelcoat-Schicht (durch einen Fachmann) mittels Strahlen und geeignetem Strahlgut entfernen zu lassen. Auch ihre völlige Beiseitigung mit Spachtel und einem Heißluftgebläse ist möglich (und von Klassifikationsgesellschaften anerkannt). Anschließend gründliches Abwaschen mit Frischwasser oder sorgfältige Reinigung mit Dampfstrahlreinigern oder Hochdruckwassergeräten, um alle Spuren von Salzen und anderen Schadstoffen zu entfernen.
Die gründliche Trocknung wird bei einer Innentemperatur (der Lagerhalle) von 15 bis 20° C und einer relativen Luftfeuchtigkeit von 65% mindestens 4 bis 6 Monate dauern. Durch Erwärmung der Flächen mittels Infrarotstrahlern bis maximal 60° C kann der Trockenvorgang bei niedriger relativer Luftfeuchtigkeit von ca. 40% auf etwa 2 Monate verkürzt werden. Die Anstricharbeiten können erst anfangen, wenn die vorgenannte Prüfmethode ausreichende Trocknung nachgewiesen hat.

Der Anstrichaufbau beginnt mit einer Versiegelung durch eine dünnflüssige Vor-Grundierung, die gut in alle Vertiefungen eindringen kann. Die Einarbeitung erfolgt mit dem Pinsel, damit man richtig in das Laminat einarbeiten und freie Glasfasern befestigen kann. Im allgemeinen genügen zwei dieser Voranstriche, doch sollten poröse Laminate besser die doppelte Anzahl erhalten. Hier hat sich ein zwei-Komponenten-Epoxid-Polyamid-Sealer zur Untergrundsättigung offener GFK-Laminate (von Hempel) besonders bewährt.

Auf den letzten angetrockneten, aber noch leicht klebrigen Anstrich folgt die Bearbeitung aller Löcher und Schadstellen mit einem Zwei-Komponenten-Epoxy-Spachtel. Ist er ausgehärtet, wird die gesamte Fläche des Unterwasserschiffes nochmals mit Zwei-Komponenten-Spachtel behandelt. Hierzu benutzt man einen sogenannten „Zahnspachtel" mit abgerundeten Zähnen, einer Zahnweite von ca. 3 mm und einer Zahntiefe von ca. 2 mm. Eine dritte Überspachtelung ist wünschenswert. Der Zahnspachtel hilft, eine gleichmäßig dicke Schicht zu erreichen und erleichtert die nachfolgende Schleifarbeit. Um die einzelnen Spachtelschichten besser erkennen zu können, tönt man die Spachtelmasse mit einigen Tropfen Farbe unterschiedlich ab.

Nach jeweiliger Trocknung und Zwischenschliff sowie dem gründlichen Entfernen von Schleifstaub trägt man anschließend etwa fünf Schichten einer hellen Zwei-Komponenten-Grundierung (z. B. Light Primer 4563) mit Pinsel oder Rolle auf. Kann man mit der Spritzfolie (für dickflüssige Farben) die Grundierung unverdünnt aufbringen, genügen zwei bis drei Schichten. Das Anstrich-Intervall zwischen den einzelnen Farbschichten sollte mindestens 24 Stunden, aber auch nicht länger betragen, damit einerseits alle eingeschlossenen Lösungsmittel verdunsten können, andererseits ein Zwischenschliff aber nicht erforderlich ist.

Eine bessere Verstreichbarkeit erreicht man, wenn man die Grundierung im Wasserbad auf max. 30 bis 40° C erwärmt. Man muß sie dann jedoch entsprechend schneller verarbeiten, weil sich die Tropfzeit in gleicher Weise verkürzt hat. Die gesamte Trockenschichtdicke der Grundierung sollte mindestens 325 Micron = 0,325 mm betragen. Man erreicht sie, wenn man eine 750-ml-Dose pro 2 m^2 Fläche rechnet.

Um eine gute Haftung der folgenden Antifouling-Anstriche zu gewährleisten, muß die erste Antifouling-Schutzschicht aufgebracht werden, solange die letzte Schicht der Grundierung noch leicht klebrig ist, d. h. innerhalb von etwa 5 Stunden. Der zweite Antifouling-Anstrich und alle weiteren Farbschichten können dann unabhängig von Zeitabständen folgen.
Nach dieser empfohlenen Reparaturmethode sind bereits einige Hundert GFK-Boote mit gutem Erfolg repariert worden, und ihre Besitzer konnten – allerdings unter Einsatz von viel Zeit und Geld – den Wert ihres Bootes erhalten. Sicher ist es aber billiger, das Unterwasserschiff von Anfang an durch die richtige Grundierung und einen qualitativ guten Antifouling-Anstrich gegen solche Zerstörungen zu schützen.

Speziell: die Pflege der aufgeblasenen Gesellen

Alle Boote aus gummiertem Gewebe sind im allgemeinen technisch so weit ausgereift und die Bootshäute von so hoher Qualität, daß sie mit minimaler Pflege auskommen. Man könnte mit wenigen Worten über ihre Behandlung und Pflege hinweggehen. Eingedenk jedoch unserer Worte zu Beginn, daß auch das Einfache für jedermann nicht immer leicht zu finden ist, widmen wir auch den aufblasbaren Gesellen, die auch als Beiboote auf größeren Yachten mitreisen, gebührende Aufmerksamkeit.

Behandlung

Wer sein Luft- oder Schlauchboot richtig behandelt, wird noch weniger Sorgen mit ihrer Pflege haben. Bei diesen transportablen Booten, die während einer Saison mehrmals auf- und abgebaut werden, sind Behandlung und Pflege eigentlich identisch, ja sie bedingen einander.
Alle Winkelkanten und Streckverbindungen hält man immer etwas unter Talkum-Puder. Hölzerne Spann- und Versteifungsleisten legt man nur bei luftleerem Schlauchkörper ein und arbeitet niemals mit Gewalt. Man beginnt mit dem Aufblasen erst nach richtigem Einbau **aller** Holzteile und achtet während des Aufblasens darauf, daß sich Holzboden und Aussteifungsleisten richtig in den dafür vorgesehenen Winkelkanten befinden.
Die Membrandichtungen der Füllventile halten hauptsächlich den Rückfluß der eingepumpten Luft in Luftpumpe oder Blasebalg auf. Völlig luftdicht sind die Kammern erst verschlossen, wenn der Ventildeckel aufgeschraubt ist. Man achte deshalb auf einwandfreie saubere Gummi-

dichtungen und führe eine Garnitur Ersatzdichtungen in seinem Reparaturbeutel mit. Poröse oder rissige Dichtungen muß man schnell austauschen.
Tragegriffe oder umlaufende Griffleinen sind zwar ausreichend befestigt, aber nur zum Heben und Bewegen des ausgerüsteten Bootes **ohne** Besatzung bestimmt. Auch Motor und Ausrüstung lade man erst im Wasser zu.
Bei schneller Fahrt in rauhem Wasser zurre man schwere Gegenstände gut fest und schütze besonders Spitzen und Schneiden, z. B. am Anker, am Bootshaken, in der Campingausrüstung. Sie können den Insassen gefährlich werden und das Material beschädigen.
Rückstände von Schmiermitteln oder Kraftstoffen im Bootsinneren können bei Dauereinwirkung Schäden an der Bootshaut und den Holzteilen verursachen. Bei motorisierten Booten vermeide man ihr Auslaufen, lenze die Bilge unterwegs oder schütte den Innenraum an Land schnell wieder aus.
Stramm aufgeblasene Boote lagere man an Land bei übergroßer Hitze möglichst schattig.
Man verpacke die Bootshaut, Holzteile, Gurte, Persennige usw. nur gut abgetrocknet für längere Zeit in Tragetaschen.

Reinigung

Zum Einwintern muß das Schlauchboot sauber sein. Man reinigt das Boot bei mäßig prall aufgeblasener Bootshaut am besten mit dem Gartenschlauch. Besonders gründlich muß man arbeiten, wenn es zuletzt im Salzwasser fuhr. Sand aus dem Bootsinneren und besonders aus dem Winkel zwischen Tragschlauch und Bootsboden läßt sich mit dem kräftigen Wasserstrahl am besten entfernen. Ein Schwamm hilft, besonders schmutzige Stellen kräftig abzuwaschen.
Gröbere und festsitzende Schmutzflecke versucht man zunächst mit Seifen- oder Waschmitteln abzuwaschen. Die zurückbleibenden Teer- oder Ölflecke lassen sich nur mit Leichtbenzin entfernen. Man kann es bei

den qualitativ guten Booten aus synthetischen Materialien unbedenklich verwenden, es greift die Bootshaut nicht an.
Stoffteile am Boot, wie Vorschiffseindeckung, Süllränder, Persennige usw. dürfen nur mit Bürste und klarem Wasser gereinigt werden, da man anderenfalls die im Stoff enthaltenen Imprägnierungsmittel bzw. die wasserabstoßende Appretur mit auswäscht.
Nach der großen Wäsche läßt man sein Luftboot aufgepumpt gut austrocknen, am besten einige Tage lang.

Aufbewahren im Winter

Die Bootslagerung eines aufblasbaren Bootes bereitet eigentlich keine Probleme. Man kann das Luftboot trocken und sauber falten und in seiner Packtasche überwintern lassen. Besser ist, wenn man es aufgepumpt in einem trockenen Raum unterbringt, z. B. im Keller oder auf dem Boden. Ein günstiger Platz kann auch die Garage sein, wo man das Boot unter der Decke aufhängen kann.
Ob aufgerüstet, schwach aufgeblasen oder verpackt – Schlauchboote sollen trocken, luftig und dunkel gelagert werden. Besonders empfindlich sind die feinen Bootshäute gegen Staub und Schmutz, so daß ein paar Holzleisten und eine Folie unter dem Bootsboden sowie ein Plastikbezug über das ganze Boot der beste Schutz sind. Bei Winterlagerung in Garagen, Werkstätten usw. achte man darauf, daß der Bootskörper nicht mit Kraftstoffen, Schmiermitteln, Batteriesäuren oder Chemikalien in Berührung kommen kann.
Nicht der Bootshaut, aber den Holzteilen kann es schaden, wenn man das Boot aufgerüstet, d. h. aufgebaut und gebrauchsfertig einlagert. Die Holzteile müssen in jedem Falle entfernt werden, weil sie im aufgebauten Boot unter Spannung stehen und sich während des mehrmonatigen Winterlagers deformieren können. Die schweren Bodenplatten lassen sich auch getrennt vom leichten Schlauchkörper lagern.
Will man sein Boot gefaltet überwintern lassen, lege man eine aus alten Zeitungen zusammengedrehte Papierwurst in die Faltstellen, damit scharfe Knicke vermieden werden.

Schlauchbootpflege

Die Sperrholzteile der Luft- und Schlauchboote sind im allgemeinen wasserfest. Sie sind auch meistens durch einen Zweikomponentenanstrich gut geschützt. Dennoch wird man beim Einwintern Scheuerstellen bemerken, die man gleich nachlackieren sollte.
Zuerst säubert man die Platten mit einer heißen Seifenlauge oder mit Benzin von allen Öl- und Fettresten, übergeschwapptem Zweitaktergemisch, Sonnenöl und Hautcreme, die man an Sonnentagen oft benutzt. Ohne diese Entfettungskur hält der Lack später nicht. Dann läßt man die Sperrholzplatten gut trocknen und schleift die Schadensstellen mit einem mittelfeinen Schleifpapier (z. B. 100er-Körnung) glatt und sauber, bis sie wieder ihre ursprüngliche Farbe erhalten. Man entfernt die Schleifrückstände und streicht zuerst mit Halböl oder Firnis, lackiert dann mit verdünntem Lack und gibt zum Schluß einen deckenden Lackanstrich. In jedem Fall muß man so oft einen verdünnten Vorstrich auftragen, bis kein Lack mehr in das Holz einzieht, sondern ein dünner Lacküberzug auf der Holzoberfläche stehen bleibt.
Will man dem Schlauchkörper etwas besonders Gutes tun, reibt man die gereinigte Bootshaut mit farblosem Bootswachs so lange ein, bis die Oberfläche glatt und glänzend ist und kein Wachs mehr aufnimmt. Das verriebene Hartwachs läßt man kurz eintrocknen und reibt dann die Bootshaut mit einem weichen Lappen blank. Wer oft in Salzwasser fährt und das Boot dann in der Sonne trocknen läßt, schenke ihm eine solche Wachsbehandlung auch während der Saison mehrmals.
Im Handel sind auch flüssige Bootspflegemittel für die Konservierung des Bootskörpers. Man trägt die Flüssigkeit mit einem weichen Baumwollappen bis zur völligen Sättigung der Bootshaut auf. Diese Bootspflegemittel sind selbstglänzend und erfordern daher kein Nachpolieren.
Die wenigen Metallteile an Bord – sowohl die Beschläge als auch die Einfassungen der Bodenbretter – sind ohnehin fast überall rost- und korrosionsfrei. Sie sind jedoch ebenfalls für einen dünnen Ölfilm oder eine Behandlung mit einem rostabweisenden Sprühmittel, wie man es

ohnehin zur Konservierung der Motorenaußenteile verwenden muß, dankbar.

Ein besonderes Augenmerk verdienen die Ventile. Schon beim Abspritzen und Abspülen des Bootes mußte man darauf achten, daß sie geschlossen waren. Manchmal glaubt man auch, daß das Boot undicht wurde, weil der Luftdruck in den Kammern nachließ. Der Grund hierfür waren meistens aber nur verschmutzte Ventile.

Wir kontrollieren zuerst, ob der schwarze Gummidichtring des Ventileinsatzes noch vollkommen glatt ist und keine Druckspuren zu erkennen sind. Sind Fremdkörper in diesen Dichtring eingepreßt, muß man sie entfernen. Auch an der Unterseite des Dichtringes kann durch Sand und Schmutz die Ursache für eine Undichtigkeit liegen. Gegebenenfalls muß der Dichtring ausgewechselt werden.

Man bürstet das Ventilgewinde mit einer harten Bürste gut sauber und bearbeitet es besonders sorgfältig, wenn man Oxydationsspuren sieht. Luftpumpen kann man im Winter geschlossen aufbewahren, den Blasebalg legt man jedoch entspannt weg. Die Gummihaut behält dann ihre glatte Form, und im nächsten Jahr pustet es sich leichter!

Auch die Innenhaut der Luftkammern hat alle zwei Jahre etwas Pflege nötig: Man gibt etwas Talkum durch den Ventilstutzen ins Boot, damit die Gummihaut auch auf ihrer Unterseite glatt und geschmeidig bleibt. Man kann sie dann unbedenklicher falten und verlängert die Lebenserwartungen seines Luftbootes beträchtlich.

Farbanstrich von Schlauchbooten

Auch Luft- und Schlauchboote, die nach jahrelangem Gebrauch äußerlich unansehnlich geworden und deren Gummierung abgeschürft ist, kann man mit einer speziellen Konservierungsfarbe streichen. Die hierfür entwickelte Gummifarbe dient nicht nur zur Verschönerung, sie ist auch eine Oberflächenimprägnierung für die Bootshaut.

Zuerst säubert man das Boot, wie im Abschnitt „Reinigung“ geschildert, ohne Seifenmittel. Dann reibt man den Bootskörper zusätzlich mit einem Lappen ab, den man schwach mit Leichtbenzin angefeuchtet hat, um Wachsrückstände aus den Poren der Bootshaut zu entfernen. Wachs- und Wachsmittelrückstände setzen nämlich die Haftfähigkeit der Farbe herab.

Nach dem Trocknen und vor dem ersten Farbanstrich werden besonders poröse oder abgeschürfte Stellen am Schlauchkörper und Bootsboden zwei- bis viermal (je nach den Erfordernissen) mit der Gummifarbe vorimprägniert. Man arbeitet am besten bei luftleeren Schlauchkammern und läßt die einzelnen Imprägnierungen eine Stunde trocknen.

Den ersten Gesamtanstrich des Schlauchbootes nimmt man bei leicht aufgeblasenen Luftkammern vor. Nach einer Trockenzeit von mindestens zwei Stunden folgt mit einem handelsüblichen Ringpinsel der zweite Gesamtanstrich, der mindestens 48 Stunden bis zur Benutzung des Bootes bzw. zum Einlagern trocknen und härten sollte. Eine Nachbehandlung mit Bootswachs oder Talkum-Puder ist empfehlenswert.

Man benötigt nur geringe Farbmengen: Für zwei Anstriche kommt man bei einem 3-m-Boot mit 2 kg, bei einem 4-m-Boot mit 2,5 kg und bei einem 5-m-Boot mit 3 kg aus. Es sind Farbtöne und Gebinde von 500 g bzw. 1 kg lieferbar. Die Pflegemittel Leichtbenzin und Tuluol kann man bei jedem Drogisten oder einem Mineralölhändler beziehen.

Sehr viel Platz kann man sparen, wenn man das Schlauchboot senkrecht stellt (Abb. 247). Ist das Beiboot nicht länger als 2,50 m, baut man einen kleinen Rost, damit auch das Heck belüftet wird, und schert einfach im oberen Drittel eine Fangleine, die an zwei seitlichen Augbolzen befestigt wird.

Abb. 247

Neue Werkzeuge und umweltfreundliche Pflegemittel

Eine Drahtbürste, die wie Sandstrahlen entrosten kann

Das flexible und für alle Bohrmaschinen geeignete Variatex-Bürstensystem erzeugt einen Sandstrahleffekt zur Entfernung von Farbschichten und zum Entrosten und Reinigen von Stahl- und Holzflächen. Auf ein flexibles Textilband sind von hinten eine Vielzahl U-förmiger Federstahldrähte gesteckt, die bei der Metallbürste etwa fünf Millimeter weit umgebogen sind (Abb. 248), während bei der Holz- und Edelstahlbürste die geradlinigen Spitzen angeschliffen wurden (Abb. 249). Man montiert diese Drahtbürste auf einen kreisförmigen Aluminium-Träger und steckt sie

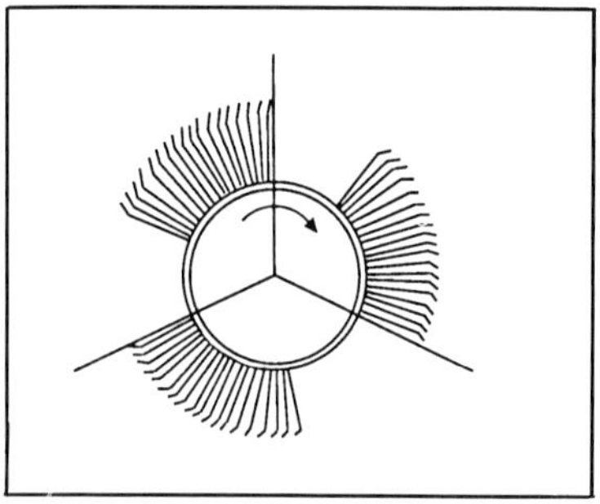

Abb. 248

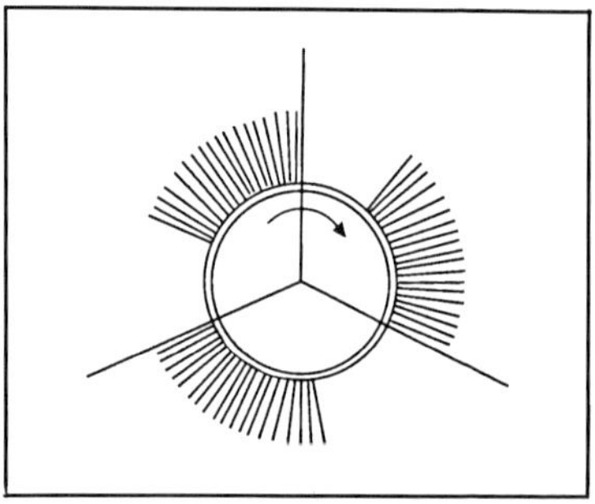

Abb. 249

dann in die Bohrfutteröffnung. Je nach Drehrichtung erzeugt die Metallbürste bei 2500–3500/min entweder einen aggressiven Sandstrahleffekt (Abb. 250 a) oder einen nachgebenden Poliereffekt (Abb. 250 b). Zum Nachschärfen läßt man die Bürste mit ihrem Innenring ca. 10 Sekunden lang unter schwachem Druck in stumpfer Laufrichtung auf einem kleinen Schleifstein rotieren (Abb. 250 c). Alle in einem kleinen Werkzeugkoffer vereinigten Teile werden von der Firma Reinhold Krumme, Franzosenweg 2, 5960 Olpe-Oberveischede, hergestellt und vertrieben.

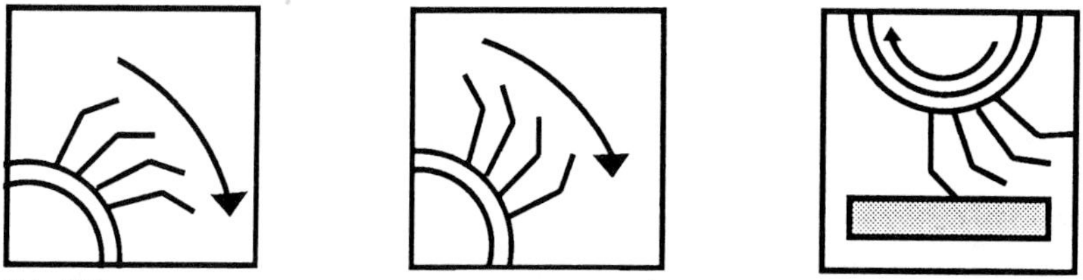

Abb. 250 a b c

Neuer Rostschutzanstrich

Einen Zinkanteil von 95% hat das neue Rostschutzmittel ZN 95, das von der Firma M. Müller, 2247 Lunden/Holstein, Tel. 04882/5354, in Zweikomponentenform (Konzentrat und Verdünner) angeboten wird. Das fast reine Zink verbindet sich mit dem Metall und verhindert nicht nur das Rosten großer Flächen, sondern auch die Rostbildung auf Schweißnähten und das Unterrosten von Lacken und Farben. Durch den Verdünner kann man die Viskosität praktisch selbst bestimmen. ZN 95 ist streich- und spritzfähig, schnelltrocknend und hitzebeständig (Flammpunkt 419°).

Konservierung und Rostschutz aus der Sprühdose

Aus dem natürlichen Wollwachs Lanolin wird das Rostschutz- und Schmiermittel Fluid-Film hergestellt, das in Sprühdosen ohne umweltschädliche Treibmittel von der Firma Alfred Hodt, Reimerstwiete 22, 2000 Hamburg 11, geliefert wird. Man kann es sowohl zur Behandlung angerosteter Flächen als auch zum Schutz von Werkzeug, blanken Alu-Stellen und elektrischer Kontakte verwenden, wo Fluid-Film auch Feuchtigkeit unterkriechen kann.

Für Ölwechsel und Bilgenreinigung

Beim Umgang mit Motorenöl, sei es Ölwechsel oder Beseitigung in der Bilge, muß man zwangsläufig mit Verschmutzungen des Arbeitsplatzes rechnen. Man hält sie in vertretbaren Grenzen und entsorgt unvermeidbare Rückstände umweltfreundlich, wenn man die notwendigen Reinigungsmittel schon vorher beschafft und bereitstellt: Öl-Absaugetücher aus einem wasserabstoßenden, schwimmfähigen Vliesstoff, der innerhalb von Sekunden das 25fache seines Eigengewichtes an Schmutzstoffen aufnehmen kann. Die Einzeltücher sind ca. 50 × 50 cm groß, wiegen trocken 50 g und kosten ca. 4,50 DM. In einem „Ölwehrset" werden 20 dieser Polypropylenvlies-Ölbindetücher einschließlich 10 Entsorgungsbeuteln sogar preisgünstig für ca. 25,– DM angeboten. Nach ihrer Reinigung sind diese Spezialtücher vielmals wiederverwendbar.
Bei Leckagen von Öl aus der Bilge in das Wasser oder auf den Winterlagerfußboden hat sich das Absorptionspulver „Rawflex ABS 6" bewährt. Es wird zur Neutralisation und Eindämmung nicht nur von Öl, sondern auch von Dieselkraftstoff und Verdünnungsmitteln als weißes, wasserunlösliches Pulver auf den verschmutzten Bereich gestreut, und nach ca. 20 Minuten kann der Schmutz als feste Masse aufgenommen werden. Preis der 250-g-Streuflasche ca. 30,– DM.

Umweltfreundliche Desinfektions- und Reinigungsmittel

Biologisch abbaubar ist das ungiftige, phosphat- und silikatfreie sowie unbrennbare Konzentrat des „Multi-Reinigers" von Teroson: In einem entsprechenden Mischungsverhältnis werden alle organischen Verschmutzungen durch Öle, Fette und Harze am Motor, an der Außenhaut im Bereich der Wasserlinie und auf Fendern beseitigt. –
Schimmelpilze und Stockflecken in der Kajüte kann man mit dem „D 1"-Schutzspray prophylaktisch verhindern und beseitigen. Seine Bestandteile sind für Mensch und Umwelt verträglich. Das 375-ml-Konzentrat kostet ca. 7,50 DM, ein 250-ml-Pumpspray ca. 12,– DM.
Frei von Säuren und Phosphaten ist auch das biologische Reinigungs-

mittel mit Lebensmittel-Unbedenklichkeits-Erklärung „Bio-Star". Es läßt sich zur Verwendung im gesamten Unterdeck-Bereich, einschließlich Kombüse und Naßzelle mit Toilette, im Verhältnis 1:10 verdünnen und kostet ca. 16,– DM für ein 1-l-Konzentrat bzw. ca. 15,– DM für den 0,5-l-Zerstäuber.

Neuversiegelung eloxierter Alu-Masten

Mit Unbill verbunden ist die Erneuerung der „künstlichen Rostschicht", wie man das Eloxieren eines Aluminium-Mastes auch erklären könnte. Denn wenn alkalische Seifen, Laugen oder Säuren die eloxierte Oberfläche stark angegriffen haben oder durch mechanische Beschädigungen sogar einzelne Stellen „ausgeblüht" sind, hilft nur noch der Transport des gealterten Mastes in ein Eloxal-Werk zur Neuversiegelung. Mit dem Eloxal-Reiniger der Firma Buchholz, Boschstraße 4, 2000 Hamburg 50, (1 l ca. 18,– DM) werden beschädigte Teile der Schutzschicht nicht nur neu versiegelt. Das aus Bimsmehl, Reiniger und Silikon bestehende Mittel ist auch ein gutes Reinigungsmittel für alle Alu-Spieren. Nach dem Einreiben und Abwischen wirkt das eloxierte Aluminium auch optisch wieder frisch.

Reinigung des Unterwasserschiffes im Wasser und an Land

Der Strahl eines Wasserschlauches reicht meistens nicht aus, um das Unterwasserschiff nicht nur von Schleim und Algen, sondern auch von Muschelbewuchs zu befreien. So ist ein Hochdruck-Reiniger unverzichtbar, den man sich schon privat anschaffen sollte (er leistet auch in Haus und Garten gute Dienste), wenn er nicht am Kran oder an der Slipanlage allen Interessenten zur Verfügung steht. Es gibt zahlreiche handelsübliche Hochdruck-Reiniger unterschiedlicher Leistung bereits ab ca. 500,– DM, die nicht nur eine stufenlose Druckregulierung, sondern auch eine zusätzliche Reinigungsmittelansaugung haben. Strahlrohr, aufsteckbare Waschbürste, 10 m Hochdruckschlauch und Ansaugeschlauch zum Reinigungsmittelkanister gehören dazu.

Zum Säubern des Unterwasserschiffes im Wasser wird das „Hullmaid"-Reinigungsgerät zum Preis von ca. 400,– DM angeboten. Es besteht aus einem drehbaren zylindrischen Hohlkörper, der geflutet werden kann und, beim Ab- und Aufgleiten am Unterwasserschiff, mit seinem Restauftrieb so viel Kraft erzeugt, daß man durch die mechanische Reibung eines drehbaren Schwammes unterschiedlicher Festigkeit Bewuchs und andere Ablagerungen wirkungsvoll entfernen kann. Mit seinem Edelstahl-Stiel von 1,4 bis 3,3 m Länge wirkt „Hullmaid" wie eine vergrößerte Lammfellrolle.

Markierungen zum Aufslippen und Kranen

Wenn man sein Boot immer am gleichen Platz seines Heimathafens aus dem Wasser nimmt, weiß man mit der Zeit genau, wie es dazu auf dem Slipwagen stehen oder richtig im Kran hängen muß. Muß man jedoch anderswo aufslippen oder kranen (nicht nur zum Einwintern in der Fremde, sondern auch zu einer Reparatur oder zur Vorbereitung einer Regatta unweit des Heimathafens während der Saison), kann man dem fremden Personal nicht deutlich genug zeigen, wo die Heißgurte anliegen müssen oder der Kielunterbau gelegt werden soll, damit das Boot sicher hängt

Abb. 251

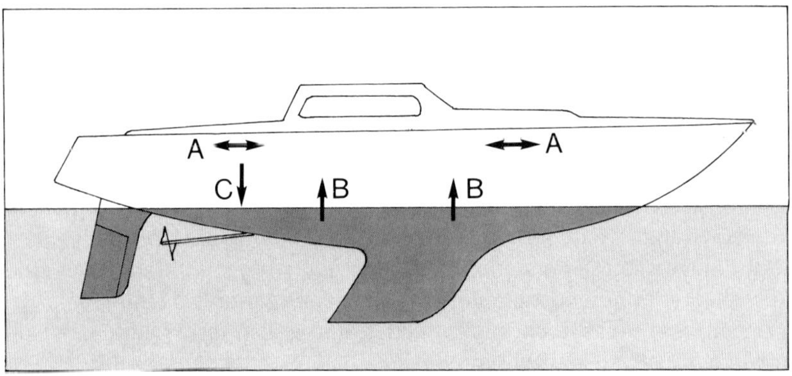

oder steht. Einfache kleine Farbmarkierungen in Kontrastfarben zum Überwasserschiff oder Wasserpaß, die Uneingeweihten gar nicht auffallen müssen, können dabei sehr hilfreich sein (Abb. 251): Dicht unter der Scheuerleiste (A) zeigen sie an, wo die (dann zur Sicherung der Scheuerleiste durch untergelegte Fender an gleicher Stelle gepolsterten) Gurte liegen müssen, damit das – durch das Gewicht des Motors sonst immer achterlastige – Boot im Kran waagerecht hängt. Die Pfeile bei B zeigen, in welchem Bereich die Kielflosse beim Aufslippen sicher aufliegen muß, und mit Markierungen wie bei C kann man nicht nur die verletzliche Wellendurchbrechung des Unterwasserschiffes andeuten, sondern auch die Position von Lot-Geber und Log-Impeller kennzeichnen, auf die man beim Umgang mit den Gurten ebenfalls zu achten hat.

Tauwerk- und Segelwäsche

Allem Tauwerk und besonders den Festmachern, die oft mit dem Schmutz von Kaianlagen Bekanntschaft machen müssen, bekommt es gut, wenn sie nach Ende der Saison nicht nur in Frischwasser durchgespült, sondern in der Waschmaschine gereinigt werden. Man packt die Leine dazu (und mehrere Leinen nacheinander) in einen entsprechend großen Kopfkissen- oder Bettbezug und nimmt sie mit in einen Waschsalon, weil sich deren größere Münzautomaten für schwergewichtige Inhalte besser eignen. Je nach Verschmutzungsgrad wähle man die erforderlichen Wasch- und/oder Spülvorgänge.
Die meisten Segelmacher bieten auch (für die Zeit von Oktober bis Februar) das Waschen ungeharzter Segel an. Ich habe jedoch festgestellt, daß keiner von ihnen diese Arbeit im eigenen Hause verrichtet, sondern alle die Segel in eine deutsche Spezialwäscherei abgeben. Wer also nicht nur organischen Schmutz und muffigen Geruch sowie Salzreste beseitigen und gleichzeitig Korrosion an den Beschlägen vermindern lassen will, ist mit einer Segelwäsche für ca. 10,– DM/kg gut bedient. Die Leistung enthält neben Waschen und Trocknen auch das Überprüfen (auf Schäden) und Zusammenlegen.